新思路 |第四版|
計算機概論
Introduction to Computer Science
4th Edition

U0077841

序

本書是針對大學「計算機概論」課程需求而編寫的一本書。書的大綱與各章所包含的內容主要是參考了國內外相關書籍並徵詢了許多大學教師的意見才決定的。每個章節均附有作者自編或精選的考題作為範例或習題，相信對於教師的教學及學生的學習成效，都將有很大的幫助。由於每個篇章的內容都是獨立的，因此授課教師可視需要調整講授順序。本書的內容包含了以下六個主要篇章：

一、資訊科技基礎篇

  資訊科技與現代新生活、數字系統與資料表示法

二、運算思維篇

  程式設計基礎、演算法導論與基礎資料結構、進階資料結構

三、資訊系統篇

  計算機軟體、CPU 排程與記憶體管理、資料處理、檔案結構與資料庫

四、資訊硬體篇

  數位邏輯、計算機組織與結構

五、網路通訊篇

  網路通訊技術原理、網際網路、電子商務與物聯網

六、資訊社會篇

  資訊安全與資訊倫理

儘管在撰寫本書的過程中已經盡力查證並仔細校閱希望能減少謬誤，但疏漏可能很難完全避免；因此希望讀者在閱讀本書時，若發現問題或錯誤時，能提供資訊給作者以做為未來改進本書內容的參考。

陳維魁

2023 年 04 月

目錄

CHAPTER 02　數字系統與資料表示法

PART 2　運算思維篇

CHAPTER 03　程式設計基礎

CHAPTER **04** 演算法導論與基礎資料結構

CHAPTER **05** 進階資料結構

PART 3 資訊系統篇

CHAPTER 06 計算機軟體

CHAPTER 07 CPU 排程與記憶體管理

CHAPTER 08　資料處理、檔案結構與資料庫

PART 4　資訊硬體篇

CHAPTER **09**　數位邏輯

CHAPTER **10**　計算機組織與結構

PART 5　網路通訊篇

CHAPTER 11　網路通訊技術原理

CHAPTER 12　網際網路、電子商務與物聯網

PART **6** 資訊社會篇

CHAPTER **13** 資訊安全與資訊倫理

🖥 線上下載

本書相關資源請至 http://books.gotop.com.tw/download/AEB004300 下載，檔案為 ZIP 格式，請讀者自行解壓縮即可。其內容僅供合法持有本書的讀者使用，未經授權不得抄襲、轉載或任意散佈。

01
CHAPTER

資訊科技與現代新生活

本章將介紹計算機發展的歷史、計算機分類與特性、計算機的軟硬體組成元件、執行時間及儲存空間的單位；最後會以幾個目前很熱門的技術或應用來說明資訊科技與現代新生活的關連。

1.1　計算機發展史

　　計算機發展的過程依時間先後可分為機械時期、真空管時期、電晶體時期、積體電路時期、微處理器時期等共五個不同時期，分別介紹如下：

一、第零代：機械時期 (1640 年代～ 1940 年代)

　　西元前 3000 年，中國人發明了可以做加、減、乘、除四則運算的算盤，所以算盤可說是計算工具發展的起源。根據文獻的記載，西方人發明最早的計算工具是法國數學家巴斯卡 (Blaise Pascal，1623-1662) 在 1642 年根據算盤計算的原理，發明了世界上第一部會自動進位的計算機稱為加法器 Pascaline，這部機器利用幾個旋轉的轉輪，每個轉輪刻有 10 個等距離的刻度，刻度表示 0 到 9 共 10 個數字，當輪子轉動一圈則位於轉動輪子左邊的輪子就受牽動而轉動一個刻度，此動作與人類慣用的十進位逢十往左進位相同，但此機器僅能處理簡單的工作，尚無實用價值。

　　西元 1673 年德國人雷布尼茲 (Gottfried Leibnitz) 改良加法器，使改良後的加法器可藉著重複的加法運算完成乘法運算。西元 1820 年法國的湯姆斯 (Charles Xavier Thomas) 改良雷布尼茲的乘法器，完成第一部可執行加、減、乘、除四則運算的機器。

　　西元 1833 年「電腦之父」巴貝奇 (Charles Babbage，1791-1871) 完成差分機 (Differential Engine)，差分機是利用蒸氣為動力的計算機；而後巴貝奇又研發出可依照指令之要求而更改執行順序的分析機 (Analytical Engine)。

圖 1-1　Pascaline 滾輪式加法器

圖 1-2　巴貝奇差分機 (圖片來源：維基百科)

西元 1890 年何樂禮 (Herman Holle-rith，1860-1929) 利用打孔卡片來處理資料，並完成該年度的人口統計分析之戶口普查工作，原本美國戶政局處理該項工作需要 7.5 年的時間，但使用了何樂禮的發明後將時間大幅縮短到只用了 2.5 年就完成了人口普查的工作。

圖 1-3 何樂禮 戶口普查機 (圖片來源：維基百科)

二、第一代：真空管時期 (1946 ～ 1953)

美國人毛齊雷 (John W. Mauchley) 在 1946 年利用真空管 (Vacuum Tube) 製作了第一部自動數位計算機 ENIAC(Electronic Numerical Integrator and Computer)。真空管原件的特性是耗電量大且體積龐大、散熱不易、故障率高、且因線路複雜，所以維修不易。在 1947 年又設計出第一部商用計算機 UNIVAC (UNIVersal Automatic Computer)，此部計算機主要是用於戶口普查的用途上。此一階段的電腦採用的程式語言是機器語言，未使用作業系統，且採用的輔助記憶體為卡片，主記憶體為磁蕊 (Magnetic Core)。磁蕊是由王安 (中國上海交通大學學士，美國哈佛大學博士，1920-1990) 所發明，它是以磁性粉末塗滿在直徑 0.3 到 2.0 mm 的圓柱形陶鐵上，圓柱中間有一導線；運作原理是利用不同的電流方向使陶鐵磁化的方向不同。本時期計算機計算的速度單位為 2^{-10} 秒 (約為 10^{-3} 秒) 稱為毫秒 (Milli-second)。

圖 1-4 真空管

三、第二代：電晶體時期 (1954 ～ 1963)

　　利用電晶體 (Transistor) 為主要元件設計出的計算機為第二代計算機。1954 年麻省理工學院 (MIT) 林肯實驗室利用電晶體製成第一部高速電子計算機 TX-O。電晶體原件的特性是體積較真空管小、耗電量較少、散熱較少，且價格較低。代表產品為 1959 年由 Honeywell 推出的 Honeywell 400。此一階段的電腦採用的程式語言是組合語言，並未使用作業系統，另外高階語言 FORTRAN 及 COBOL 在此一階段提出。此一時期的電腦採用的輔助記憶體為磁帶 (Tape)，而主記憶體則為磁蕊或磁鼓 (Magnetic Drum)。本時期計算機計算的速度單位為 2^{-20} 秒 (約為 10^{-6} 秒) 稱為微秒 (Micro-second)。

圖 1-5　電晶體

四、第三代：積體電路時期 (1964 ～ 1970)

　　1964 年 IBM 公司設計了利用積體電路 (Integrated Circuit-IC) 製造的計算機 IBM System/360。所謂的積體電路是指將電阻、電晶體及二極體等電子元件濃縮在一晶片上。在此一階段開始採用作業系統來管理系統資源，而且 APL、RPG 及 BASIC 語言陸續出現。主記憶體為半導體記憶體。本時期計算機計算的速度單位為 2^{-30} 秒 (約為 10^{-9} 秒) 稱為奈秒 (Nano-second)。

圖 1-6　積體電路

五、第四代：微處理器電腦時期 (1971 ～目前)

　　西元 1971 年四位元微處理機 INTEL 4004 發表，為微處理機之開始。微處理器電腦的主記憶體為半導體記憶體。本時期計算機計算的速度單位至少為 2^{-40} 秒 (約為 10^{-12} 秒) 稱為 pico-second。

　　根據一個晶片整合的微電子元件的數量，積體電路可以分成以下幾類：

表 積體電路分類

種類	特性
小型積體電路 (Small Scale Integrated Circuit，簡稱 SSI)	每個晶片中含有邏輯閘 10 個以下，或電晶體 100 個以下。
中型積體電路 (Medium Scale Integrated Circuit，簡稱 MSI)	每個晶片中含有邏輯閘 11~100 個，或電晶體 101~1,000 個。
大型積體電路 (Large Scale Integrated Circuit，簡稱 LSI)	每個晶片中含有邏輯閘 101~1,000 個，或電晶體 1,001~10,000 個。
超大型積體電路 (Very Large Scale Integrated Circuit，簡稱 VLSI)	每個晶片中含有邏輯閘 1,001~10,000 個，或電晶體 10,001~100,000 個。
極大型積體電路 (Ultra Large Scale Integrated Circuit，簡稱 ULSI)	每個晶片中含有邏輯閘 10,001~1,000,000 個，或電晶體 100,001~10,000,000 個。
極特大型積體電路 (Giga Scale Integrated Circuit，簡稱 GSI)	每個晶片中含有邏輯閘 1,000,001 個以上，或電晶體 10,000,001 個以上。

1.2 計算機的分類

計算機分類的方式主要可依「用途」、「處理的資料的型態」及「體積、功能、速度與價格」來做為分類的依據。

一、以「用途」來分類

若依「用途」來分類，計算機可分為「一般用途」及「特殊用途」兩類。「一般用途計算機」是指不限定使用用途的計算機，如商用或家用電腦，可被用來做為文書處理、撰寫程式、執行程式、播放音樂或上網等用途。「特殊用途計算機」是指限定使用用途的計算機，如醫院使用的醫用電腦或飛行器上使用的電腦等。

二、以「處理的資料的型態」來分類

計算機處理的資料型態分為具不連續性質的數位資料及具連續性質的類比資料兩種。若依「處理的資料的型態」來分類，計算機可分為處理數位資料的數位計算機 (Digital Computer)、處理類比資料的類比計算機 (Analog Computer) 及處理數位與類比資料的混合計算機 (Hybrid Computer) 三類。目前工程上、商用上及科學上用的計算機多屬於數位計算機類型，而類比計算機主要是用來處理電流、電壓等連續性質的資料。一般來說類比計算機速度較數位計算機快，但是精確度較差。

三、以「體積、功能、速度與價格」來分類

若依「體積、功能、速度與價格來分類」則可分為以下四種規格。

1. 超級電腦 (Super Computer)

超級電腦具功能最強、速度最快及價格最高等特性，有名的例子如 IBM 的深藍 (Deep Blue) 超級電腦，此部機器可在一秒鐘內推演 2 億個西洋棋的棋步。1996 年 2 月 10 日，深藍首次挑戰來自俄羅斯的世界西洋棋王卡茲巴洛夫 (Garry Kasparov)，以 2：4 落敗。但在 1997 年 5 月深藍捲土重來並以 3.5：2.5 的比數打敗了卡茲巴洛夫，這一場比賽不僅奠定 IBM 在超級電腦領域的地位，並開啟了人工智慧領域空前偉大的新世代，IBM 在比賽後宣佈深藍退役。2001 年 IBM 推出新一代的超級電腦 ASCI White，ASCI White 內建 8000 多顆 IBM Power3 處理器以及 160 兆位元組的儲存系統，每秒可處理 12.3 兆次的計算，主要用於核子武器測試核武試爆模擬等用途。下圖為在 2006 年 11 月的超級電腦評比中獲得最快速度榮耀的 IBM BlueGen 超級電腦。

圖 1-7　IBM BlueGen 超級電腦 (圖片來源：維基百科)

2. 大型電腦 (Large Scale Computer)

大型電腦通常是指稱為 Mainframe 的機器。使用者一般是透過螢幕和鍵盤來使用大型電腦的系統資源並完成相關之工作，目前被銀行、航空業及大型企業所廣泛採用。

3. **個人電腦 (Personal Computer，PC)**

個人電腦又稱為微電腦 (Micro Computer)。個人電腦的始祖為 Apple II (1977 年推出售價 $1,298 美元) 及 IBM PC (1981 年推出售價 $1,565 美元)。隨著科技的進步，除了一般所熟悉的桌上型電腦外，已經有許多不同型式的裝置正廣泛地被使用，例如筆記型電腦 (Notebook)、平板電腦 (Tablet PC)、智慧型手機 (Smart Phone) 等，而以上的這些裝置也都可以廣泛地被認為是個人電腦的一種。

圖 1-8　桌上型電腦、筆記型電腦、平板電腦、智慧型手機

個人電腦的價格多數介於新台幣 1 萬元至 5 萬元之間，少數比較特殊廠牌或規格的電腦 (例如 Apple 的 Mac Pro) 其價格則可能超過台幣 100 萬元以上。

圖 1-9　Apple Mac Pro 價格示意圖 (圖片來源：台灣 apple 公司官網)

4. 智慧穿戴裝置 (Intelligent Wearable Device)

傳統的穿戴式裝置是指穿戴在身上的裝置，例如手環、耳機和手錶；但是隨著科技的進步穿戴式裝置已擴大到所有可與人類進行互動的可攜式裝置。這些裝置可以支援和改善我們的日常工作和生活，讓我們能夠獲得並進而可以管控與健康、位置和工作等任務相關的資訊。目前常見的智慧穿戴裝置有智慧手錶 (例如 apple watch)、智慧型手環 (例如小米手環) 與智慧型眼鏡 (例如 google 眼鏡) 等。

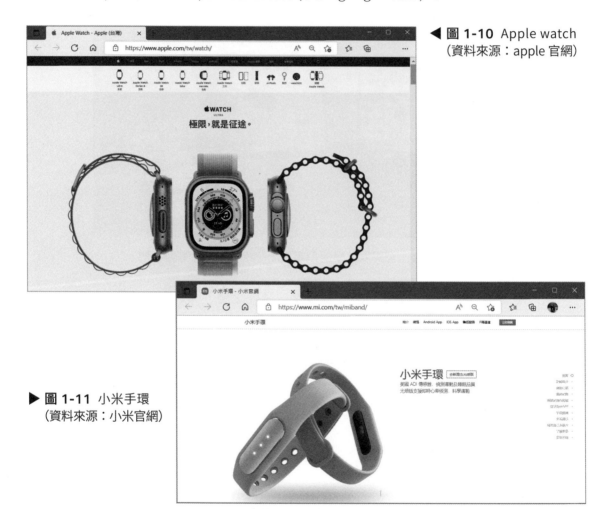

◀ 圖 1-10 Apple watch
（資料來源：apple 官網）

▶ 圖 1-11 小米手環
（資料來源：小米官網）

◀ 圖 1-12 google 眼鏡 (資料來源：維基百科)

1.3 計算機的特性

一般來說，計算機應具有三項主要特性分別是「高速計算」、「高儲存量」及「高準確度」，分別說明如下：

1. 高速計算

計算機具「高速計算」從 IBM 的深藍可在一秒鐘內推演 2 億個西洋棋的棋步及 ASCI White 每秒可處理 12.3 兆次的計算得到驗證。雖然一般的家用電腦不具有如 IBM 超級電腦一樣傑出的計算能力，但在一秒鐘內可處理數百萬個以上的基本運算卻是幾乎每台電腦都可達到的基本能力。

2. 高儲存量

假設有 20,000 本中文書，每本書都是 10 萬字左右，如果您的家裡有這麼多書，不知道房子要多大才能放得下。但是如果把這些書數位化，可能只要 1 片 4.7 G bytes 的 DVD 光碟片就能儲存所有的書籍資料。

因為一個中文字佔 2 bytes 空間，所以 1 本 10 萬字中文書約需 2×10^5 bytes 空間 (若不考慮資料格式)。DVD 容量除以 1 本 10 萬字中文書所佔空間即為可儲存的中文書數量：

> DVD 容量：4.7 G bytes = 4.7×10^9 bytes
> $4.7 \times 10^9 / 2 \times 10^5 = 23,500$ (本)

換句話來說，即使考慮資料格式，1 片 4.7 G bytes 的 DVD 光碟片儲存 20,000 本中文書也是相當可能的。所以，在資訊時代要保存大量資料是相當容易而且低成本。

3. 高準確度

「高準確度」是指輸入資料必須正確，且程式也必須沒有錯誤，則計算機執行的結果就會是正確的。舉一個因為程式錯誤造成的問題：

1962 年美國水手一號 (Mariner 1) 太空船預計前往金星，但因為 FORTRAN 程式 DO Loop 的錯誤語法，造成發射過程偏離軌道，必須摧毀太空船，損失了 1800 萬美元。錯誤程式段如下：

> DO 5 I = 1.3

FORTRAN 編譯器將此敘述解讀為：

> DO5I = 1.3

即一個名為 DO5I 的變數，設定其值為 1.3。正確寫法應如下：

DO 5 I = 1,3

上述程式段正確的原意應是執行一個會重複執行 3 次的迴圈敘述，但是因為程式設計師的疏忽，導致變成了設定一個名稱為 DO5I 的變數之值為 1.3。

所以，程式應經由「軟體測試」來驗證是否無誤。基本上，電腦具備「高準確度」的特性應該是不需懷疑的，但是至少有以下兩個條件應先被滿足：

1. 程式採用的演算法正確無誤。

2. 輸入資料正確無誤。

因為計算機有上述三項優點，因此很快地便被人類所接受，並將計算機相關技術廣泛地使用在各行各業中，例如教育機構、銀行業、運輸業、建築業等等。接下來將透過介紹計算機的組成方式，讓讀者對計算機的運作有更清楚的認識。

1.4　計算機的組成方式

電腦系統主要是由硬體及軟體所組成，電腦系統架構圖如下：

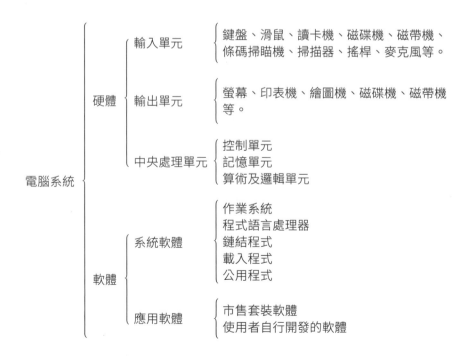

電腦系統
- 硬體
  - 輸入單元：鍵盤、滑鼠、讀卡機、磁碟機、磁帶機、條碼掃瞄機、掃描器、搖桿、麥克風等。
  - 輸出單元：螢幕、印表機、繪圖機、磁碟機、磁帶機等。
  - 中央處理單元：控制單元、記憶單元、算術及邏輯單元
- 軟體
  - 系統軟體：作業系統、程式語言處理器、鏈結程式、載入程式、公用程式
  - 應用軟體：市售套裝軟體、使用者自行開發的軟體

一、軟體

軟體 (Software) 主要分為系統軟體 (System Software) 與應用軟體 (Application Software) 兩類。系統軟體是指電腦系統為維特正常運作或開發應用程式所不可缺少的軟體，如作業系統 (Operating System，OS)、程式語言處理器 (組譯程式、編譯程式、直譯程式)、載入程式、鏈結程式、公用程式等等。應用軟體則是為了處理某個特定的問題而撰寫的程式，常用的應用軟體有兩類，分別是：

1. 市售套裝軟體，如電腦遊戲軟體、文書處理軟體及多媒體軟體等等。
2. 使用者自行撰寫的程式。

有關電腦系統軟體的介紹讀者可參考本書第六章「計算機軟體」單元，該單元中對於軟體概念有深入的介紹。

二、硬體

硬體 (Hardware) 主要分為輸入單元 (Input Unit)、輸出單元 (Output Unit) 及中央處理單元 (Central Processing Unit，CPU)。

輸入單元的工作是負責將外部的資料送入電腦系統內部，常見的輸入設備有鍵盤、滑鼠、讀卡機、磁碟機、磁帶機、條碼掃瞄機 (Bar Code Reader)、掃描器 (Scanner)、搖桿、麥克風、光學記號閱讀機 (Optical Mark Reader，OMR) 用在輸入 2B 鉛筆劃記的答案卡、磁墨字元閱讀機 (Magnetic Ink Character Reader，MICR) 常用在銀行，做為支票判讀設備及數位板 (Digitizer) 常用來做為繪圖板或手寫板。

圖 1-13　條碼掃瞄機

圖 1-14　數位板 (資料來源：Wacom 官網)

輸出單元的工作是負責將電腦系統處理所得的結果送到電腦系統的外部。常見的輸出設備有螢幕、印表機、繪圖機 (Plotter)、磁碟機、磁帶機等等。

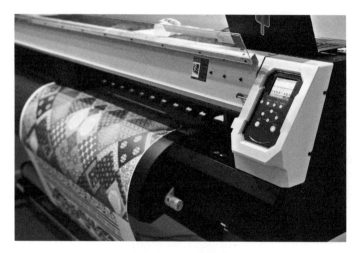

圖 1-15　繪圖機

中央處理單元由以下三大部門組成,詳細內容將於本章後半段介紹:

1. 控制單元 (Control Unit)。

2. 記憶單元 (Memory Unit)。

3. 算術及邏輯單元 (Arithmetic and Logic Unit,ALU)。

電腦系統的核心是中央處理單元,系統藉由中央處理單元內的控制單元送出控制訊號來指揮記憶單元、算術及邏輯單元與輸出入單元間的運作,並必須負責不同單元間的協調工作。電腦系統的資料流向及控制信號流向圖如下:

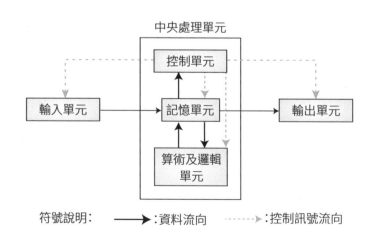

圖 1-16　電腦系統的資料流向及控制信號流向圖

由上圖可知輸入單元會將資料送往記憶單元；記憶單元會將資料送往算術及邏輯單元、控制單元與輸出單元；算術及邏輯單元則會將運算完成之結果資料送往記憶單元。而所有的控制訊號都是由控制單元發出送出到其他四個單元。

計算機五大單元運作的關連圖如下：

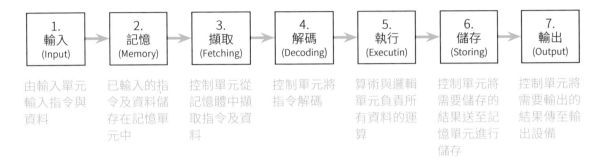

1. 輸入 (Input)	2. 記憶 (Memory)	3. 擷取 (Fetching)	4. 解碼 (Decoding)	5. 執行 (Executin)	6. 儲存 (Storing)	7. 輸出 (Output)
由輸入單元輸入指令與資料	已輸入的指令及資料儲存在記憶單元中	控制單元從記憶體中擷取指令及資料	控制單元將指令解碼	算術與邏輯單元負責所有資料的運算	控制單元將需要儲存的結果送至記憶單元進行儲存	控制單元將需要輸出的結果傳至輸出設備

圖 1-17　五大單元運作示意圖

瞭解了計算機內部五大單元的運作後，為了更熟悉計算機對於資料的處理方式，在下一節中將介紹計算機常用的單位及不同單位間的換算方式。

1.5　常用單位換算

常用單位可分為空間與時間單位兩類，分別說明如下。

一、儲存空間單位

空間單位是指電腦內部資料的儲存單位。電腦內部資料存取的最小單位為「位元組」(Byte)，1 個位元組等於 8 個位元。下表中所介紹的各種單位其實是儲存空間數量的簡稱，利用這些單位，可讓計算機的使用者，比較容易分辨實際儲存空間的大小。在下表中所提及的所有數量的單位均是指「位元組」，如硬碟容量 6 T 是指 6 T Bytes，為了簡化表示方式，因此將 Bytes 省略。

表 常用空間單位表

單位名稱	實際值	近似值	常見用途
千 (Kilo，K)	2^{10}	10^3	1 K bytes＝2^{10} bytes。
百萬 (Mega，M)	2^{20}	10^6	1 M bytes＝2^{20} bytes。 常用在表示 VCD 光碟容量 (標準容量 650 M bytes)。
十億 (Giga，G)	2^{30}	10^9	1 G bytes＝2^{30} bytes。 常用在表示隨身碟容量 (如 32G bytes)、DVD 光碟容量 (單面單層：4.7 G bytes，單面雙層：8.5 G bytes) 或記憶卡容量 (如 32G bytes)。
兆 (Tera，T)	2^{40}	10^{12}	1 T bytes＝2^{40} bytes。 常用在表示硬碟容量 (如 6T bytes)。
千兆 (Peta，P)	2^{50}	10^{15}	常用在表示網路硬碟總容量或具有大容量的儲存媒介時使用。
百京 (Exa，E)	2^{60}	10^{18}	與 Peta Byte 相同；常用在表示網路硬碟總容量或具有大容量的儲存媒介時使用。

範例 ❶

請依下列資料量的大小排列出以下四個項目之順序：

(A) 30000 KB　　　　(B) 3.2 GB　　　　(C) 3000 MB　　　　(D) 300000000 B。

解：3.2 GB ＞ 3000 MB ＞ 300000000 B ＞ 30000 KB

題意中「B」代表 Byte，這是一般廣泛被採用的簡寫方式。通常在計算本類型的題目時，會採用近似值來做計算 (除非項目與項目之間的差距很小，才會用實際值來計算)。以下為計算過程：

(A)　1KB＝10^3 B，所以 30000 KB＝$3 \times 10^4 \times 10^3$ B＝3×10^7 B

(B)　1GB＝10^9 B，所以 3.2 GB＝3.2×10^9 GB

(C)　1MB＝10^6 B，所以 3000 MB＝$3 \times 10^3 \times 10^6$ B＝3×10^9 B

(D)　300000000 B＝3×10^8 B

由以上計算可知 3.2 GB ＞ 3000 MB ＞ 300000000 B ＞ 30000 KB

🖥️ | **範例 ❷**

記憶體容量中 1M Bytes 等於多少 K Bytes？

(A) 1000　　　　(B) 1024　　　　(C) 2000　　　　(D) 2048。

解：B

(1) 採用「實際值」來計算，計算過程如下：

因為 $1\,M = 2^{20}$ 且 $1\,K = 2^{10}$，所以 $1\,M = 2^{10}\,K = 1024\,K$。

答案選 (B)。

(2) 假設採用「近似值」來計算，計算過程如下：

因為 $1\,M = 10^6$ 且 $1\,K = 10^3$，所以 $1\,M = 10^3\,K = 1000\,K$。

答案選 (A)。

請遵循「若用實際值計算找不到答案時，才採用以近似值計算求得的答案」的原則。因此本題以「實際值」計算的答案出現在選項中，因此選 (B)。

二、時間單位

時間單位是指電腦內部資料處理的速度單位。在下表中所提及的所有時間的單位均是秒 (Second)。時間量愈小代表速度愈快，因此「微微秒」速度最快、「奈秒」次之，而「毫秒」則是最慢。

📋 **常用時間單位表**

單位名稱	實際值	近似值	常見用途
毫秒 (Millisecond，m)	2^{-10}	10^{-3}	真空管計算機使用的速度單位。
微秒 (Microsecond，μ)	2^{-20}	10^{-6}	電晶體計算機使用的速度單位。
奈秒 (或毫微秒) (Nanosecond，n)	2^{-30}	10^{-9}	積體電路計算機使用的速度單位。
微微秒 (Picosecond，P)	2^{-40}	10^{-12}	超大型積體電路計算機使用的速度單位。

🖥️ | 範例 ❸

1/1000 奈秒 = _____ 秒 = _____ 毫秒 = _____ 微秒 = _____ 微微秒。

解 :

因為 1 奈秒 $= 10^{-9}$ 秒,所以

1/1000 奈秒 $= 10^{-3} \times 10^{-9}$ 秒 $= \underline{10^{-12}}$ 秒 $= \underline{10^{-9}}$ 毫秒 $= \underline{10^{-6}}$ 微秒 $= \underline{1}$ 微微秒

🖥️ | 範例 ❹

假設某部的電腦處理速度 100 MIPS,請問原則上每分鐘可處理多少個指令?

解 : 6×10^9 個指令

MIPS:每秒執行的百萬指令個數 (Million Instruction Per Second;MIPS)。

100 MIPS

= 每秒執行 100 個百萬指令

= 每秒執行 100×10^6 個指令

= 每秒執行 10^8 個指令

因此一分鐘可執行 $10^8 \times 60 = 6 \times 10^9$ 個指令。

1.6 資訊科技與現代新生活

　　本節將介紹社群媒體與自媒體、虛擬實境 / 擴增實境 / 混合實境 / 延展實境、人工智慧、區塊鏈、加密貨幣、非同質化代幣與元宇宙等新興科技或應用。

1.6.1 社群媒體與自媒體

　　社群媒體 (Social Media) 是指使用者用來創作、分享或交流意見的網路平台。藉由使用社群媒體平台,使用者可以將製作完成的影音檔上傳到社群媒體平台,全世界的其他使用者都可以藉由社群媒體平台看到或聽到創作者生產的影音內容。目前使用者常用的社群媒體有 YouTube、Facebook (臉書,已更名為 Meta)、Instagram、WeChat (微信)、TIKTOK (抖音)、Blog (博客)、Podcast (播客) 與 Line 等。

自媒體 (Self-media) 是指一般人藉由網路做為傳播媒介，向其他特定或不特定的網路使用者傳遞訊息的方式。使用者可以在社群媒體上建立屬於自己個人或某個群體的頻道；通常使用者會將自己的想要表達的資訊藉由社群媒體上的頻道來傳遞影片檔或聲音檔給其他使用者，藉以達到將自己的想法傳遞給其他人的目的。

由於社群媒體提供平台供使用者建立了自媒體的傳播模式，產生了網紅（網路紅人）這個新名詞；網紅便是指網路上很受人注目的人。例如 YouTube 平台上著名的 YouTuber 所製作的影片動輒有數百萬人次，甚至超過千萬人次觀看，對社會的影響力不可小覷。2023 年 3 月全世界訂閱人數最多的頻道是 T-Series，共有約 238 百萬人訂閱（圖 1-18a），而台灣訂閱人數最多的頻道則是「葉式特工 Yes Ranger」，共有約 454 萬人訂閱（圖 1-18b）。

圖 1-18 (a) 印度 T-Series (b) 葉式特工

1.6.2 雲端運算

雲端運算 (Cloud Computing) 將依定義、特性、服務模式與部署模式共四項重點分別介紹。

1. 雲端運算定義

依據美國國家標準與技術研究院 (NIST) 的定義，雲端運算是一種依照使用者需求，可以方便地分享電腦資源的模式。上述的電腦資源可以是網路、伺服器、儲存空間、應用程式及服務等。在雲端運算的機制下，共享的軟硬體資源和資訊可以按需求提供

給不同使用者使用，換句話來說就是使用者端可以視自己的需求決定要採用哪一種類型的雲端運算服務，採用了雲端運算的服務後，便可在最少的管理工作及服務提供者的介入下，快速地提供服務給使用者。

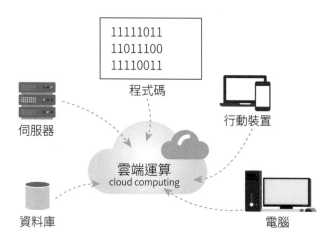

圖 1-19　雲端運算示意圖

2. 雲端運算特性

(1) 客製化服務

提供使用者可在有需要的時候，在沒有人為介入的狀況下，要求雲端運算機制提供客製化服務，例如要求提升電腦處理能力。

(2) 提供網路存取能力

藉由網路通訊技術提供雲端運算服務。

(3) 資源共用

雲端運算服務提供者的儲存空間、處理器、記憶體、網路與虛擬機器等電腦資源藉由租賃的方式，依照使用者需求可提供給多個使用者共用。

(4) 具備高彈性

雲端運算服務提供者所提供的服務，當使用者的需求有調整時，可以快速地依照使用者的需求進行變更，具備高彈性應對能力。

(5) 服務可量測

雲端運算服務提供者可自動地控制資源並最佳化使用方式，提供資源使用監控的相關報告給使用者。

3. 雲端運算的服務模式

(1) 軟體即服務 (Software as a Service，SaaS)

透過網路來使用雲端運算服務提供者的應用程式。

(2) 平台即服務 (Platform as a Service，PaaS)

讓使用者將自己發開或購買的應用程式部署 (Deploy) 至雲端運算服務提供者所提供的雲端服務環境。在本模式中，使用者可以自行部署應用程式，但不須管理或控制底層雲端基礎建設。

(3) 基礎架構即服務 (Infrastructure as a Service，IaaS)

雲端運算服務提供者準備電腦相關硬體資源包含伺服器、網路相關服務 (可包含防火牆、路由器、負載平衡等)、儲存空間等，讓使用者能夠部署與執行作業系統與應用程式等軟體。

4. 部署模式

雲端運算常見的部署模式有以下四種。

(1) 公有雲 (Public Cloud)

公有雲是提供公眾使用且規模較大的雲端運算環境與資源，部署在雲端服務提供者的處所。

(2) 私有雲 (Private Cloud)

私有雲的雲端運算環境由特定一個組織建立與營運管理，私有雲建置地點可能在企業擁有的處所或外部所租借的環境中。

(3) 社群雲 (Community Cloud)

社群雲是為特定社群的組織或消費者所共享的雲端運算環境與資源 (例如金融服務業或百貨服務業等)

(4) 混和雲 (Hybrid Cloud)

由公有雲、私有雲或社群雲中之兩種或以上的雲所組成。

1.6.3 邊緣運算

邊緣運算 (Edge Computing) 主要的運作原理是將應用程式、數據資料與服務的運算，由傳統上主電腦系統處理模式改由邊緣的裝置來處理。例如在物聯網系統中的感測裝置，若感測裝置具備基本的運算能力，則可將收集到的資料先行在位處邊緣的感測裝置先行處理，這樣的做法可以加快資料的處理速度，減少反應延遲。在這種架構下，資料的分析與知識的產生，更接近於數據資料的來源，因此更適合處理巨量資料。

1.6.4 虛擬實境 / 擴增實境 / 混合實境 / 延展實境

虛擬實境 (Virtual Reality，VR) 是指利用電腦資訊技術產生一個三維空間的虛擬世界，提供使用者關於視覺等感官的類比，讓使用者有身歷其境的感覺，藉由虛擬實境技術，當使用者進行位置移動時，藉由使用者身上所穿或配戴的虛擬實境設備，例如手套，手套可以將手移動的位移資料傳遞給電腦，電腦可以立即進行複雜的運算，將精確的三維世界影像傳回產生臨場感。虛擬實境技術整合了電腦圖學、人工智慧、感測、顯示、網路通訊及平行處理等技術，進而實現了虛擬體驗擬真化的目標。

圖 1-20 虛擬實境示意圖

擴增實境 (Augmented Reality，AR) 是指讓電腦中程式執行後所顯示在螢幕上的畫面與現實世界的場景進行結合與互動的技術。擴增實境技術是透過攝影機所拍攝的影

像位置及角度並加上影像分析動作，讓螢幕上的畫面與現
實世界場景進行結合與互動。AR 很有名的應用是手機應用
程式寶可夢 (Pokemon GO) ，在寶可夢遊戲中，遊戲者可
以開啟 AR 功能便可將遊戲內的寶可夢與現實世界場景進行
結合與互動。右圖便是寶可夢遊戲中的「超夢」透過 AR 技
術與日本伊豆河津櫻的現實場景進行結合與互動的擴增實
境相片。

圖 1-21　擴增實境示意圖

　　混合實境 (Mixed Reality，MR) 指的是將虛擬實境 (VR) 與擴增實境 (AR) 技術結
合後產生的合成品；也就是將真實世界和虛擬世界結合後進行創造了一個新的成品，在這
個新的成品中，實際存在的真實物體可以和數位資料共存並能夠即時互動。下圖是未來醫
院中外科醫生使用混合實境技術進行心臟手術，互動動畫中會顯示患者的生命體徵。

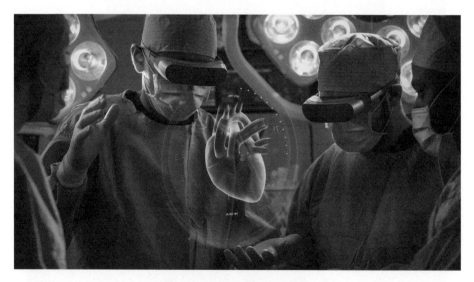

圖 1-22　混合實境示意圖

　　延展實境 (Extended Reality，XR) 指的是將真實世界、虛擬世界和人機互動設備
結合的技術。延展實境可以應用在許多領域，例如教育訓練、賣場行銷、房地產銷售等。

1.6.5 人工智慧

人工智慧 (Artificial Intelligence，AI) 是指由人類所製造出來的機器所表現出來的智慧。

人工智慧很重要的一項特性是能夠從過去經歷的遭遇中獲取經驗，並進而做出合理的決策。日本於 1982 年宣佈人工智慧電腦計畫，期望使計算機具有與人類一般之智慧，能累積知識、自行推理，並且具備處理聲音訊號的能力，而此一時期主要是強調平行處理的能力，主要應用領域則為機器人 (Robot)、虛擬實境 (Virtual Reality) 及專家系統 (Expert System) 等。

1.6.6 ChatGPT

OpenAI 公司於 2015 年成立，主要目標是研究和開發人工智慧技術，並將其應用於解決現實世界中的問題。在 2018 年，OpenAI 開始 GPT-2 專案，GPT-2 目的為訓練一種大型語言模型，以實現自然語言生成的目標。GPT-2 可以自動產生品質佳且流暢的文句，例如新聞文章、小說甚至詩歌。2020 年 OpenAI 發表 GPT-3，GPT-3 能夠產生更長、更具有邏輯性的文句，並且可以處理各種與語言處理相關的工作，包括問答、文件生成、摘要和翻譯等。

ChatGPT 是 OpenAI 公司基於 GPT-3 的改進版本，於 2022 年 11 月發表。ChatGPT 是一種大型語言模型，它具有以下特點和主要功能：

1. 文章生成：ChatGPT 可以通過理解語言的語法和語意，自動產生符合語言規範和意義的文句，包括短句、段落和文章等。

2. 交互對話：ChatGPT 可以實現人機對話，根據用戶的提問和回答，產生相應的文句回應。

3. 文句修訂：ChatGPT 可以檢測文句中的錯誤或不恰當的用詞和語句，並提出更正建議，以改進文句的準確性和可讀性。

4. 文件摘要：ChatGPT 可以自動從長文件中提取關鍵訊息，縮短文件長度，生成簡潔明瞭的文件摘要。

5. 語言翻譯：ChatGPT 可以將一種語言翻譯成另一種語言，並生成符合目標語言語法和語意的翻譯文件。

ChatGPT 除了是一種功能強大的語言處理工具外，也可以回答關於撰寫程式 (Coding) 相關的問題，或提供某些程式設計方面的建議和提示。在 2023 年 3 月，ChatGPT-4 上市，ChatGPT-4 比 ChatGPT 有更強大的功能並能更精確地回答使用者提問的問題，根據媒體的報導 ChatGPT-4 不僅在律師資格考贏過 9 成的對手，在美國 SAT 考試的各項成績也名列前茅；相信未來的世界會因 ChatGPT 這項人工智慧研究的重要成果帶來相當大的改變，也為自然語言處理領域的發展帶來了新希望。

1.6.7 Midjourney

Midjourney 是 AI 圖像生成平台於 2022 年 7 月進入公開測試階段，使用者可在服務平台上輸入提示詞，Midjourney 便會幫助使用者自動生成圖像。Midjourney 平台利用 AI 技術生成的圖像雖不是真實的影像但具有非常逼真的效果，因此在現實的世界中要判斷一張在網路上流傳照片的真假似乎有越來越難的趨勢。

1.6.8 大數據與資料探勘

大數據 (Big Data) 指的是傳統應用軟體無法處理的大量或複雜的數據資料。大數據資料又稱巨量資料或海量資料。舉例來說，在物聯網系統中，透過感測裝置所收集到的資料，每秒鐘可能就可感測到上億筆，一天所必須處理的資料量便是天文數字般的數量；這樣的資料量便是大數據資料。大數據資料通常只是觀察或追蹤發生的事件所產生的數據資料，例如空氣或水質品質感測資料，通常包含的數據量超出傳統軟體在可接受的時間內處理的能力，由於目前硬體感測技術的進步，發布新數據的便捷性以及全球大多數政府對高透明度的要求，大數據分析在現代資訊科技的研究中越來越受到人們所重視。

資料探勘 (Data Mining) 是運用人工智慧、機器學習、統計學和資料庫的交叉方法在大數據資料中發現模式的計算過程。資料探勘過程的目標是從一個大數據資料中提取資訊，並將其轉換成可理解的結構，以進一步使用。資料探勘在網路購物領域的應用範例如下：網路購物平台藉由分析大量的客戶購買資料後，發現雖然是不同的客戶但是卻有類似的購買行為，例如購買過 A 商品的顧客有 85% 的可能在未來 2 週左右的時間便會購買 B 商品，這樣的分析結果可以應用在若有顧客下單購買了 A 商品時，網路購物平台此時便可將 B 商品的購買訊息提示給客戶知道，如此一來便有機會可以提升營業額。

1.6.9 區塊鏈

區塊鏈 (Block Chain) 是藉由密碼學與共識機制等技術所建立，並可保存完整交易過程的機制。區塊鏈是一種去中心化的機制，每次交易的處理都會記錄成資料的區塊，所有區塊會彼此相連，所有的交易均會以不可逆的鏈結組成區塊鏈。

在區塊鏈機制中，無論是個人對個人、銀行對銀行、個人對銀行，彼此都能互相轉帳，不需透過中介機構；此外在區塊鏈機制中交易資料必須經過加密且採用分散儲存模式，交易紀錄在理論上是無法被竄改的。目前區塊鏈技術最大的應用是加密貨幣。

1.6.10 加密貨幣

加密貨幣 (Cryptocurrency) 是使用密碼學原理而產生的一種貨幣。加密貨幣與紙鈔貨幣相同均需要防偽造設計，並且具備了紙鈔貨幣很難達到的匿名性。全世界第一個加密貨幣是在 2009 年出現的比特幣 (Bitcoin)，與比特幣相似的加密貨幣，有超過千種以上，均可在公開的市場上流通。目前市面上常見的加密貨幣除了比特幣以外，還有以太坊 (Ethereum)、幣安幣 (Binance Coin)、萊持幣 (Litecoin) 等。

比特幣 (Bitcoin)　　　以太坊 (Ethereum)　　幣安幣 (Binance Coin)　　萊持幣 (Litecoin)

因為只要具有如同比特幣一樣的基本特性，例如防偽造、匿名性、透明性及去中心化等特性，任何人或機構均可在任何時間設計出新的加密貨幣，而新的加密貨幣可以具備更多的功能，例如更完善的隱私保護、更快的運算速度、可支援數位智慧型合約等。由於目前大部分被廣泛接受或使用的加密貨幣通常都不是由政府機構所發行，因此這些加密貨幣彼此間是處於平等的狀態，使用者決定採用何種加密貨幣應該要多比較與觀察，以免遭受損失。

1.6.11 非同質化代幣

非同質化代幣 (Non-Fungible Token，NFT) 通常被用來作為虛擬商品所有權憑證使用。例如數位藝術品、畫作、相片、聲音、音樂、影片或遊戲等。

利用 NFT 技術可將數位檔案與 NFT 代幣連結，擁有數位檔案的 NFT 代幣就相當於擁有了使用數位檔案的憑證。購買人可向數位檔案擁有者購買該數位檔案的 NFT 代幣；

當購買人擁有了該數位檔案的 NFT 代幣後，便擁有了數位檔案的使用權。NFT 代幣也可以應用在數位遊戲中的資產所有權，例如遊戲開發商可將遊戲的虛擬世界中的某塊土地利用 NFT 技術將土地與 NFT 代幣連結，便可販賣虛擬世界中的土地給買家。

圖 1-23　MCH+ 設計的 NFT 圖標

1.6.12 元宇宙

元宇宙 (Metaverse) 是一個虛擬空間，而此虛擬空間是利用 3D 技術所建構而成。因為利用 3D 技術所建構的元宇宙必須盡可能地與真實世界趨近相同，所以在元宇宙的世界中必須建置關鍵基礎設施、一般道路、高速公路、火車站、停車場、體育館、學校、公園、商店、各類動植物等。在元宇宙的空間中的元件愈接近真實世界的呈現方式便愈能吸引人停留在元宇宙虛擬空間中。然而要建置一個可以吸引人的元宇宙空間，5G 通訊、AR、VR、MR、XR、AI、區塊鏈、加密貨幣、NFT 等技術將缺一不可。

圖 1-24　元宇宙（Metaverse）

本章重點回顧

- 計算機發展史由開始到現在依序為機械時期、真空管時期、電晶體時期、積體電路時期及微處理器電腦時期。

- 計算機分類的方式主要可依「用途」、「處理的資料的型態」及「體積、功能、速度與價格」來做為分類的依據。

- 計算機具有三項主要特性分別是「高速計算」、「高儲存量」及「高準確度」。

- 電腦系統主要是由硬體及軟體所組成。硬體主要分為輸入單元、輸出單元及中央處理單元 (CPU)。軟體主要分為系統軟體與應用軟體兩類。

- 空間單位是指電腦內部資料的儲存單位。電腦內部資料存取的最小單位為位元組 (Byte)，1 個位元組等於 8 個位元。空間儲存單位由小至大依序為 K(Kilo)、M(Mega)、G(Giga)、T(Tera)、P(Peta) 與 E(Exa)；空間單位的大小關係如下：

$$1 \text{ EB} = 10^3 \text{ PB} = 10^6 \text{ TB} = 10^9 \text{ GB} = 10^{12} \text{ MB} = 10^{15} \text{ KB}$$

- 時間單位是指電腦內部資料處理的速度單位，時間量愈小代表速度愈快，因此微微秒 (Picosecond) 速度最快、奈秒 (Nanosecond) 次之，微秒 (Microsecond) 第三，而毫秒 (Millisecond) 則是最慢。 時間單位的大小關係如下：

$$1 \text{ Picosecond} = 10^{-3} \text{ Nanosecond} = 10^{-6} \text{ Microsecond} = 10^{-9} \text{ Millisecond}$$

- 資訊科技與現代新生活之重點有社群媒體與自媒體、雲端運算、邊緣運算、虛擬實境 / 擴增實境 / 混合實境 / 延展實境、人工智慧、大數據與資料探勘、區塊鏈、加密貨幣、非同質化代幣與元宇宙等新科技或應用。

本章習題

選擇題

( ) 1. 我們常見傳播媒體提及，現代電腦中的許多元件是用「VLSI」技術作成的。請問「VLSI」指的是什麼？

    (A) 可回收的環保材料　　　　(B) 記憶體　　　(C) 超導體

    (D) 超大型積體電路　　　　　(E) 抗熱材料。

( ) 2. 製造電腦的主要元件材料有：①積體電路 (IC)、②真空管、③超大型積體電路 (VLSI)、④電晶體，其技術的演進順序為何？

    (A) ②①③④　　(B) ④②③①　　(C) ④①③②　　(D) ②④①③。

( ) 3. 負責處理計算機的所有作業順序以及其他單元之間動作的協調的單元是？

    (A) 記憶單元　　　　　　　(B) 算術及邏輯運算單元

    (C) 控制單元　　　　　　　(D) 輸入單元。

( ) 4. 以下哪些設備可當作輸入，也可以當作輸出設備？

    (A) 鍵盤、顯示器　　　　　(B) 鍵盤、印表機

    (C) 磁碟機、磁帶機　　　　(D) 磁碟機、印表機。

( ) 5. 以下何者不是電腦硬體？

    (A) 中央處理單元　(B) 記憶體　　(C) 編譯器　　(D) 匯流排。

( ) 6. 一位元組包含多少個位元？

    (A) 8　　　　(B) 4　　　　(C) 2　　　　(D) 1。

( ) 7. 1K 位元組等於多少個位元組？

    (A) 256　　　(B) 512　　　(C) 1000　　(D) 1024。

( ) 8. 我們向電腦廠商購買個人電腦時，指定記憶體要 4GB，請問 4GB 是指以下的哪一項？

    (A) 磁碟　　　(B) ROM　　(C) RAM　　(D) Cache Memory。

( ) 9. 一般記憶容量 1M bytes，實際上可以儲存多少位元 (bits)？

    (A) 10^6 bits　(B) 2^{13} bits　(C) 2^{20} bits　(D) 2^{23} bits。

( ) 10. 一個 30 GB 容量的硬碟可存資料量為？

    (A) 3×10^5 bytes　(B) 3×10^8 bytes　(C) 3×10^9 bytes　(D) 3×10^{10} bytes。

( ) 11. 若硬碟容量為 1G 位元組是指硬碟的記憶容量為？

    (A) 2^{33} bits　(B) 2^{13} bytes　(C) 2^{23} bytes　(D) 2^{33} bytes。

( ) 12. 1000KB 和 1MB 何者表示較大的值？

      (A) 前者   (B) 後者   (C) 相等   (D) 無法比較。

( ) 13. 若每個中文字可用 16 位元表示，現有台北市 200 萬人，每個人的名字最多有 4 個中文字，試問要使用多少記憶空間方能全部記錄所有人的名字？

      (A) 16 M bytes   (B) 32 M bytes   (C) 16 G bytes   (D) 32 G bytes。

( ) 14. 奈米科技中的「奈」(Nano) 是指？

      (A) 10^{-3} (B) 10^{-6} (C) 10^{-9} (D) 10^{-12}。

( ) 15. 電腦的處理速度有以奈秒 (Nanosecond) 為單位，則 1/100 奈秒表示什麼？

      (A) 10^{-3} (B) 10^{-6} 秒   (C) 10^{-9} 秒   (D) 10^{-11} 秒。

( ) 16. 以下何者不正確？

      (A) ns=10^{-9} 秒   (B) μs=10^{-6} 秒   (C) ps=10^{-12} 秒   (D) ms=10^{-4} 秒。

( ) 17. 下列哪一個時間最短？

      (A) Millisecond   (B) Nanosecond   (C) Picosecond   (D) Microsecond。

( ) 18. 如果我們想將一篇報紙的長篇文章的內容，自動而不用一字字地輸入電腦，需要配備哪些軟硬體？①印表機、②掃描機、③光筆 (Light Pen)、④光學字元辨識 (ORC) 軟體、⑤ 繪圖機 (Plotter)？

      (A) ① ②   (B) ③ ④   (C) ② ④   (D) ② ⑤。

( ) 19. 以下所列，哪一項全部都是硬體設備？

      (A) 編輯器、編譯器、網路卡、顯示器   (B) 網路卡、顯示器、印表機、編譯器
      (C) 編輯器、網路卡、印表機、讀卡機   (D) 顯示器、印表機、網路卡、讀卡機。

( ) 20. 關於電腦機房的清潔管理，何者不正確？

      (A) 嚴禁抽菸及飲食   (B) 避免使用金屬毛刷
      (C) 經常打蠟地板   (D) 定期對高架地板下的地面吸塵。

☺ 應 | 用 | 題

1. 試簡述計算機硬體有哪幾部門，其中各有哪些機件？各有何用途？

2. 解釋名詞：

    (1) 軟體 (Software)

    (2) 韌體 (Firmware)

    (3) 硬體 (Hardware)

3. 在資料處理中，系統軟體 (System Software) 和應用軟體 (Application Software) 有何關係，試舉實例說明之。

4. 一般而言，每個中文字佔用 2 個位元組表示。這樣最多可以表示多少個不同的中文字或符號？

5. 假設 500 頁的中文書，每頁平均 1500 字（每個字以 16 位元編碼），請問一片 680 M 位元組的 CD 約可存幾本中文書？

6. 請簡要說明計算機三項主要特性。

7. 請說明何謂「網路紅人」？

8. 解釋名詞：

   (1) 虛擬實境 (VR)

   (2) 擴增實境 (AR)

   (3) 混合實境 (MR)

   (4) 延展實境 (XR)

9. 請簡要說明區塊鏈技術採用「去中心化」機制主要的目的為何？

10. 請簡要說明數位貨幣應具備「匿名性」(Anonymous) 的理由為何？

02
CHAPTER

數字系統與資料表示法

資料在電腦內部的表示方式與人類所慣用的表示法不同。在電腦內部所使用的資料表示法為二進位,二進位資料的處理方式及運算與人類所慣用的十進位資料有很大的差異。

本章將針對使用在電腦內部的資料表示法及相關的運算方法做介紹,包含以下四個主題:

2.1 數字系統

2.2 補數

2.3 浮點數

2.4 資料表示法

2.1　數字系統

由於計算機只能處理二進位系統,即由 0 與 1 所構成的數字系統,因此本節的學習目標為瞭解:

➡ 二進位數字系統。

➡ 不同進位數字系統間其數值應如何轉換以及運算。

2.1.1 數字系統中數值的表示法

假設採用 r 進位數字系統,則 A 為此數字系統中的一數值,其表示法有以下三種: A_r、$A_{(r)}$ 及 $(A)_r$。另外,有一個基本觀念是必須被強調的,就是:

r 進位數字系統由 r 個符號組成

比如說,二進位系統是由兩個符號所組成,而十進位系統則是由十個符號所組成;其他進位系統均可依此類推。

💻 **範例 1**

下列哪一種表示法是錯誤的:

(A) $(234.5)_{10}$　(B) $(234.5)_5$　(C) $(1101.1101)_2$　(D) $(456.7)_8$。

解:B

在這個例子裡,$(234.5)_5$ 表示法錯誤的理由是因為在五進位系統中只允許出現 0、1、2、3 及 4 共 5 個符號,但題目中出現了 5,因此有誤。

2.1.2 常見數字系統介紹

常用的進位系統之規定與範例,整理如下表:

名稱	規定	範例
2 進位系統	由 0 與 1,共兩個符號組成。	0000_2,0001_2,0010_2,0011_2,0100_2,0101_2,0110_2,0111_2,1000_2,…。
4 進位系統	由 0,1,2,3,共四個符號組成。	0000_4,0001_4,0002_4,0003_4,0010_4,0011_4,0012_4,0013_4,0020_4,…。

名稱	規定	範例
8 進位系統	由 0，1，2，3，4，5，6，7，共八個符號組成。	0000_8，0001_8，0002_8，0003_8，0004_8，0005_8，0006_8，0007_8，0010_8，…。
10 進位系統	由 0，1，2，3，4，5，6，7，8，9，共十個符號組成。	0000_{10}，0001_{10}，0002_{10}，0003_{10}，0004_{10}，0005_{10}，0006_{10}，0007_{10}，0008_{10}，0009_{10}，0010_{10}，…。
16 進位系統	由 0，1，2，3，4，5，6，7，8，9，A，B，C，D，E，F，共十六個符號組成。	0000_{16}，0001_{16}，0002_{16}，0003_{16}，0004_{16}，0005_{16}，0006_{16}，0007_{16}，0008_{16}，0009_{16}，$000A_{16}$，$000B_{16}$，$000C_{16}$，$000D_{16}$，$000E_{16}$，$000F_{16}$，0010_{16}，…。

此處必須特別強調並請讀者注意一件事：在本節的介紹中並未包含全部的進位系統，比如說，3 進位、5 進位、6 進位、7 進位、9 進位、11 進位、12 進位，……，99 進位，100 進位，……。以上所列出的這些進位系統實際上都是存在的，**只是比較不常見**。因為有無限多種進位系統，因此無法一一列舉只能把最常用的特別舉出來做說明。

下表是將二～十六進位數字系統的相關重點整理而成之表格。

數字系統	基底	可使用的符號	英文名稱
二進位	2	0~1	Binary
三進位	3	0~2	Ternary
四進位	4	0~3	Quaternary
五進位	5	0~4	Quinary
六進位	6	0~5	Senary
七進位	7	0~6	Septerary
八進位	8	0~7	Octal
九進位	9	0~8	Nonary
十進位	10	0~9	Decimal
十一進位	11	0~9, A	Undenary
十二進位	12	0~9, A~B	Dvodenary
十三進位	13	0~9, A~C	Tradenary
十四進位	14	0~9, A~D	Quatuordenary
十五進位	15	0~9, A~E	Quindenary
十六進位	16	0~9, A~F	Hexadecimal

2.1.3 數字系統的轉換

因為人類慣用十進位系統，但電腦卻是採用二進位系統，因此十進位系統與二進位系統間的轉換法便成了必須瞭解的問題。事實上，十進位系統與二進位系統間的轉換只是「數字系統轉換」主題的一部分，為了讓讀者對「數字系統轉換」有完整的認識，本節將依以下四個主題做介紹。

- 十進位轉換為 r 進位數字系統。
- 二的次方類數字系統間的轉換。
- r 進位轉換為十進位數字系統。
- 其他類型數字系統間的轉換。

一、十進位轉換為 r 進位

若要將以十進位數字系統表示的數值轉換為 r 進位數字系統表示的數值，作法應分成整數部分與小數部分各別處理。

1. 整數部分

利用除法運算來完成轉換之工作，其作法敘述如下：

- 以十進位數字系統表示之值的整數部分做為被除數，而除數則固定為 r，執行除法運算；除法運算的商數將成為下一次除法運算的被除數，而餘數將成為結果之一部分。

- 反覆執行上述動作直到除法運算之商為 0 時結束 (商數為 0 為除法運算之終止條件)。

- 結果值由歷次除法運算之餘數構成。

2. 小數部分

利用乘法運算來完成轉換之工作，其作法敘述如下：

- 以十進位數字系統表示之值的小數部分做為被乘數，而乘數則固定為 r，執行乘法運算；乘法運算的小數將成為下一次乘法運算的被乘數。

- 反覆執行上述動作直到乘法運算之小數部分為 0 時，或計算至題目所規定之位數時為止 (乘法運算之終止條件)。

- 結果值由歷次乘法運算之整數部分構成。

💻 | **範例 ➊**

將十進位的 34.25_{10} 轉換成相對應的二進位，八進位與十六進位表示法。

解

二進位表示法

(1) 整數部分 (34_{10})

$$
\begin{array}{r|l}
2 & 34 \\
2 & 17 \quad \cdots 0 \\
2 & 8 \quad \cdots 1 \\
2 & 4 \quad \cdots 0 \\
2 & 2 \quad \cdots 0 \\
2 & 1 \quad \cdots 0 \\
& 0 \quad \cdots 1
\end{array}
$$

結果由下取至上

此時因為除法運算的商數為 0（商數為 0 為除法運算之終止條件），因此終止。
所以題目十進位數值整數部分轉換成二進位值的結果為 $34_{10} = 100010_2$。

(2) 小數部分 (0.25_{10})

第一次乘法計算：0.25*2＝0.5（對應的二進位值的第一位小數為 0)

第二次乘法計算：0.5*2＝1（對應的二進位值的第二位小數為 1)

此時因為乘法計算的小數部分為 0（乘法運算之終止條件），因此終止。

所以題目十進位數值小數部分轉換成二進位值的結果為 $0.25_{10} = 0.01_2$

綜合 (1)(2)，$(32.25)_{10} = (100010.01)_2$

八進位表示法

(1) 整數部分 (34_{10})

$$
\begin{array}{r|l}
8 & 34 \\
8 & 4 \quad \cdots 2 \\
& 0 \quad \cdots 4
\end{array}
$$

結果由下取至上

此時因為除法運算的商數為 0，因此終止。所以題目十進位數值整數部分轉換成
八進位值的結果為 $34_{10} = 42_8$

(2) 小數部分 (0.25_{10})

第一次乘法計算：0.25*8＝2 (對應的八進位值的第一位小數為 2)

此時因為乘法計算的小數部分為 0，因此終止。所以題目十進位數值小數部分轉換成八進位值的結果為 $0.25_{10}＝0.2_8$

綜合 (1)(2)，$(32.25)_{10}＝(42.2)_8$

十六進位表示法

(1) 整數部分 (34_{10})

$$\begin{array}{r|l} 16 & 34 \\ \hline 16 & 2 \quad \cdots 2 \\ \hline & 0 \quad \cdots 2 \end{array}$$ 結果由下取至上

此時因為除法運算的商數為 0，因此終止。所以題目十進位數值整數部分轉換成十六進位值的結果為 $34_{10}＝22_{16}$

(2) 小數部分 (0.25_{10})

第一次乘法計算：0.25*16＝4 (對應的十六進位值的第一位小數為 4)

此時因為乘法計算的小數部分為 0，因此終止。所以題目十進位數值小數部分轉換成八進位值的結果為 $0.25_{10}＝0.4_{16}$

綜合 (1)(2)，$(32.25)_{10}＝(22.4)_{16}$

💻 | 範例 ❷

將十進位的 0.2_{10} 轉換成相對應的二進位表示法。

解

本範例的目的是說明若十進位數值之小數值轉換為 r 進位系統時，若發生誤差應如何處理。

第一次乘法計算：0.2*2＝0.4 (對應的二進位值的第一位小數為 0)

第二次乘法計算：0.4*2＝0.8 (對應的二進位值的第二位小數為 0)

第三次乘法計算：0.8*2＝1.6 (對應的二進位值的第三位小數為 1)

第四次乘法計算：0.6*2＝1.2 (對應的二進位值的第四位小數為 1)

請注意，此時若繼續執行第五次乘法計算其結果將與第一次乘法計算完全相同；換句話說，每執行四次乘法運算是一個循環，不論執行多少次乘法運算，乘法運算結果的

小數部分皆不會為 0，因此無法滿足第一個乘法運算之終止條件 (即乘法運算之小數部分為 0)，此時只能取有限位數來表示結果 (若題目有規定則計算至題目所規定之位數為止)。假設本題規定取 8 位小數則答案如下：

$0.2_{10} = 0.00110011_2$

二、r 進位轉換為十進位

「r 進位轉換為十進位」的作法為「十進位轉換為 r 進位」作法的反運算，作法介紹如下。

作法：假設數值表示為 $A_{n-1}A_{n-2}\cdots\cdots A_1A_0 \cdot A_{-1}A_{-2}\cdots A_{-m}$

則此數值相對應的十進位表示法則為

$$A_{n-1} \times r^{n-1} + A_{n-2} \times r^{n-2} + \cdots\cdots + A_1 \times r^1 + A_0 \times r^0 + A_{-1} \times r^{-1} + A_{-2} \times r^{-2} + \cdots + A_{-m} \times r^{-m}$$

🖥️ | 範例 ❶

$11101011.1011_2 = ($ _____ $)_{10}$

解

11101011.1011_2

$= 1 \times 2^7 + 1 \times 2^6 + 1 \times 2^5 + 0 \times 2^4 + 1 \times 2^3 + 0 \times 2^2 + 1 \times 2^1 + 1 \times 2^0 + 1 \times 2^{-1} + 0 \times 2^{-2} + 1 \times 2^{-3} + 1 \times 2^{-4}$

$= 128 + 64 + 32 + 8 + 2 + 1 + 0.5 + 0.125 + 0.0625$

$= 235.6875$

🖥️ | 範例 ❷

$(34.56)_8 = ($ _____ $)_{10}$

解 $(34.56)_8$

$= (3 \times 8^1 + 4 \times 8^0 + 5 \times 8^{-1} + 6 \times 8^{-2})_{10}$

$= (24 + 4 + \dfrac{5}{8} + \dfrac{6}{8^2})_{10}$

$= (28 + \dfrac{5}{8} + \dfrac{6}{64})_{10}$

$= (28\dfrac{23}{32})_{10}$

🖥️ | 範例 ❸

$BAD_{16} = $ _____ $_{10}$

解 BAD_{16}

$= (B \times 16^2 + A \times 16^1 + D \times 16^0)_{10}$

$= (11 \times 16^2 + 10 \times 16^1 + 13 \times 16^0)_{10}$

$= (2816 + 160 + 13)_{10}$

$= (2989)_{10}$

三、二的次方類數字系統間的轉換

若二的次方類數字系統間要執行轉換動作，有以下兩種作法。

1. 利用十進位系統來協助轉換，作法如下：

$$2^X \text{ 進位值} \xrightarrow{\text{轉換}} 10 \text{ 進位值} \xrightarrow{\text{轉換}} 2^Y \text{ 進位值，其中} X \neq Y \text{。}$$

2. 直接轉換，作法如下：

$$2^X \text{ 進位值} \xrightarrow{\text{轉換}} 2^Y \text{ 進位值，其中} X \neq Y \text{。}$$

由於第一種作法的計算過程較複雜，因此不建議採用。以下將介紹第二種作法的處理方式。

常見的二的次方類數字系統有二進位、四進位、八進位與十六進位，轉換方式分別介紹如下。

1. 二進位值與四進位值之間的轉換

● 二進位值轉換為四進位值

以小數點為中心，分別向左及向右「2」個數字為單位，若最後一組資料不足 2 個數字時，則以 0 填滿即可。根據「四進位值與二進位值之對照表」將每組的 2 個數字轉換成相對應的四進位值即為所求。四進位值與二進位值之對照表如右表。

四進位	二進位
0	00
1	01
2	10
3	11

💻 | 範例 ❶

$(11010110101.1011)_2 = \underline{}_4$

解　122311.23_4

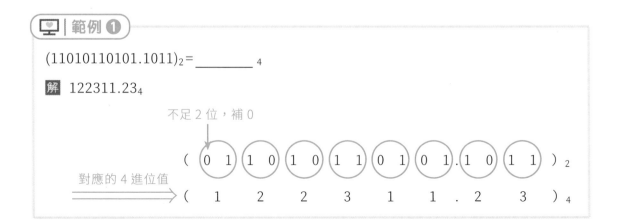

● 四進位值轉換為二進位值

以小數點為中心，分別向左及向右「1」個數字為單位。根據「四進位值與二進位值之對照表」將每組數字轉換成相對應的 2 個二進位值即為所求。

💻 | 範例 ❷

$122311.23_4 =$ _____ $_2$

解 11010110101.1011_2，作法說明如下：

$$\underline{1}\ \underline{2}\ \underline{2}\ \underline{3}\ \underline{1}\ \underline{1}\ .\ \underline{2}\ \underline{3}\ _4$$

⬇ 每個 4 進位數字轉換成 2 個 2 進位數字

$$\underline{01}\ \underline{10}\ \underline{10}\ \underline{11}\ \underline{01}\ \underline{01}\ .\ \underline{10}\ \underline{11}$$

⬇ 結果為

$$1\ 1\ 0\ 1\ 0\ 1\ 1\ 0\ 1\ 0\ 1\ .\ 1\ 0\ 1\ 1\ _2$$

2. 二進位值與八進位值之間的轉換

● 二進位值轉換為八進位值

以小數點為中心，分別向左及向右「3」個數字為單位，若最後一組資料不足 3 個數字時，則以 0 填滿即可。根據「八進位值與二進位值之對照表」將每組的 3 個數字轉換成相對應的八進位值即為所求。八進位值與二進位值之對照表如右表。

八進位	二進位
0	000
1	001
2	010
3	011
4	100
5	101
6	110
7	111

💻 | 範例 ❸

$11010110101.1011_2 =$ _____ $_8$

解 3265.54_8

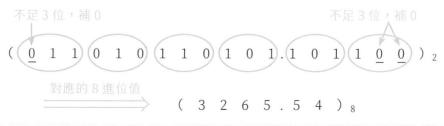

● 八進位值轉換為二進位值

以小數點為中心，分別向左及向右「1」個數字為單位。根據「八進位值與二進位值之對照表」將每組數字轉換成相對應的 3 個二進位值即為所求。

範例 ④

$3265.54_8 =$ _____ $_2$

解 11010110101.1011_2，作法說明如下：

$$\underline{3} \quad \underline{2} \quad \underline{6} \quad \underline{5} \quad . \quad \underline{5} \quad \underline{4}_8$$

⇩ 每個 8 進位數字轉換成 3 個 2 進位數字

$$\underline{011} \quad \underline{010} \quad \underline{110} \quad \underline{101} \quad . \quad \underline{101} \quad \underline{100}$$

⇩ 結果為

$$1 \ 1 \ 0 \ 1 \ 0 \ 1 \ 1 \ 0 \ 1 \ 0 \ 1 \ . \ 1 \ 0 \ 1 \ 1_2$$

3. 二進位值與十六進位值之間的轉換

● 二進位值轉換為十六進位值

以小數點為中心，分別向左及向右「4」個數字為單位，若最後一組資料不足 4 個數字時，則以 0 填滿即可。根據「十六進位值與二進位值之對照表」將每組的 4 個數字轉換成相對應的十六進位值即為所求。十六進位值與二進位值之對照表如下：

十六進位	二進位	十六進位	二進位	十六進位	二進位	十六進位	二進位
0	0000	4	0100	8	1000	C	1100
1	0001	5	0101	9	1001	D	1101
2	0010	6	0110	A	1010	E	1110
3	0011	7	0111	B	1011	F	1111

範例 ⑤

$11010110101.1011_2 =$ _____ $_{16}$

解 $6B5.B_{16}$

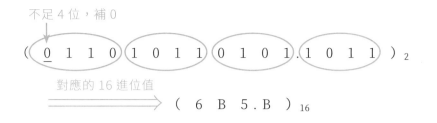

- 十六進位值轉換為二進位值

  以小數點為中心，分別向左及向右「1」個數字為單位。根據「十六進位值與二進位值之對照表」將每組數字轉換成相對應的 4 個二進位值即為所求。

範例 6

$6B5.B_{16} = $ _____ $_2$

解 11010110101.1011_2，作法說明如下：

$$\underline{6} \quad \underline{B} \quad \underline{5} \ . \ \underline{B} \ _{16}$$

⬇ 每個 16 進位數字轉換成 4 個 2 進位數字

$$\underline{0110} \quad \underline{1011} \quad \underline{0101} \ . \ \underline{1011}$$

⬇ 結果為

$$1 \ 1 \ 0 \ 1 \ 0 \ 1 \ 1 \ 0 \ 1 \ 0 \ 1 \ . \ 1 \ 0 \ 1 \ 1 \ _2$$

範例 7

(1) 如何將「四進位值轉換成八進位值」？

(2) 如何將「八進位值轉換成四進位值」？

(3) 如何將「四進位值轉換成十六進位值」？

(4) 如何將「十六進位值轉換成四進位值」？

(5) 如何將「八進位值轉換成十六進位值」？

(6) 如何將「十六進位值轉換成八進位值」？

解

均以二進位為中介者。以四進位轉換成八進位為例，說明作法。先將四進位轉換成二進位，然後再將此二進位值轉換成八進位，即為所求。其他如八進位轉換成四進位、四進位轉換成十六進位等轉換均是以二進位為中介者來進行處理即可。

範例 8

$(68)_{10} = ($ _____ $)_2 = ($ _____ $)_4 = ($ _____ $)_8 = ($ _____ $)_{16}$

解 $68_{10} = 1000100_2 = 1010_4 = 104_8 = 44_{16}$

(1) $68_{10} = $ _____ $_2$

```
2 | 68
2 | 34  …0
2 | 17  …0
2 |  8  …1
2 |  4  …0
2 |  2  …0
2 |  1  …0
     0  …1
```
結果由下取至上

所以答案為：1000100_2

(2) 因為題意要求計算 68_{10} 對應的四、八及十六進位值，因此可由二進位值直接來計算較快，求解過程如下：

① $1000100_2 = $ _____ $_4$

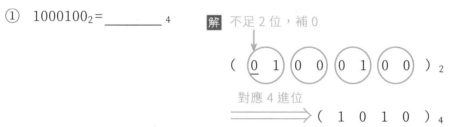

解 不足 2 位，補 0

$(\underline{0}\ 1\quad 0\ 0\quad 0\ 1\quad 0\ 0)_2$

對應 4 進位 $\Longrightarrow (1\ 0\ 1\ 0)_4$

② $1000100_2 = $ _____ $_8$

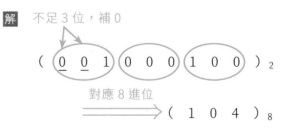

解 不足 3 位，補 0

$(\underline{0}\ \underline{0}\ 1\quad 0\ 0\ 0\quad 1\ 0\ 0)_2$

對應 8 進位 $\Longrightarrow (1\ 0\ 4)_8$

③ $1000100_2 = $ _____ $_{16}$

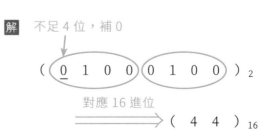

解 不足 4 位，補 0

$(\underline{0}\ 1\ 0\ 0\quad 0\ 1\ 0\ 0)_2$

對應 16 進位 $\Longrightarrow (4\ 4)_{16}$

四、其他類型數字系統間的轉換

若兩個數字系統欲執行轉換工作，但不屬於以上三種類型者，則無法做直接轉換的工作，必須透過一個中間者來做兩者之間的轉換工作。即，

> **X 進位數值 ⇔ 10 進位數值 ⇔ Y 進位數值**
> （中間者）

🖥 | **範例 ❶**

$(1234.567)_8 = $ _____ $_6$，整數及小數部分各取 4 位結果

解

(1) 首先將 $(1234.567)_8$ 轉換成相對應的 10 進位數值

$1 \times 8^3 + 2 \times 8^2 + 3 \times 8^1 + 4 \times 8^0 + 5 \times 8^{-1} + 6 \times 8^{-2} + 7 \times 8^{-3} = (668.732421875)_{10}$

(2) 其次將 $(668.732421875)_{10}$ 轉為 6 進位

① 整數部分：

```
6 | 668
6 | 111  …2
6 | 18   …3
6 | 3    …0
    0    …3
```

結果由下取至上　　$668_{10} = 3032_6$

② 小數部分：

接著進行小數部分的轉換

第一次乘法計算：0.732421875*6 = 4.39453125
(對應的六進位值的第一位小數為 4)

第二次乘法計算：0.39453125*6 = 2.3671875
(對應的六進位值的第二位小數為 2)

第三次乘法計算：0.3671875*6 = 2.203125
(對應的六進位值的第三位小數為 2)

第四次乘法計算：0.203125*6 = 1.21875
(對應的六進位值的第四位小數為 1)

因為題目規定計算至第 4 位小數，因此答案如下：
$0.732421875_{10} = 0.4221_6$

綜和整數部分與小數部分之結果，本題答案如下：
$(1234.567)_8 = (668.732421875)_{10} = (3032.4221)_6$

2.2　補數

本節將介紹補數 (Complement) 的相關知識及補數在計算機系統中的作用。

2.2.1　補數的作用

由一個簡單的算術計算開始：

A − B

＝A ＋ (-B)

由以上的運算式可知：

「A 減 B」＝「A 加 (負 B)」

在本小節中將為讀者介紹一個重要的觀念：

一個數的「負數」便是「補數」

因此，

A ＋ (-B)

＝A ＋ (B 的補數)

若計算機可提供補數功能，便可將減法運算轉換成加法及補數運算來取代，所以在計算機之內部便不需要減法器，只要有加法器及補數計算能力即可。如此一來，便可簡化電路的設計並降低硬體成本。

2.2.2　補數的種類及計算方式

假設基底為 N 則有二種相對應的補數表示法，分別為 N 的補數及 (N − 1) 的補數。若 N 為 10 則有 10 的補數與 9 的補數兩種，若 N 為 9 則有 9 的補數與 8 的補數兩種，若 N 為 2 則有 2 的補數與 1 的補數兩種。

假設基底為 N，補數的計算方式介紹如下。

1. (N − 1) 的補數

利用 (N − 1) 減去每個數值即為 (N − 1) 的補數。

📺 | 範例 ❶

若 N =10，試求 5678 之 9 的補數為何？

解
$$
\begin{array}{r}
9 9 9 9 \\
-)\quad 5 6 7 8 \\
\hline
4 3 2 1
\end{array}
$$

← (N − 1)=(10 − 1)= 9

← 5678_{10} 的 9 的補數

2. N 的補數

利用 (N − 1) 減去每個數值最後的結果的最小位元再往前進一位，即為 N 的補數。

📺 | 範例 ❷

若 N =10 則 5678 之 10 的補數為何？

解
$$
\begin{array}{r}
9 9 9 9 \\
-)\quad 5 6 7 8 \\
\hline
4 3 2 1 \\
+\qquad 1 \\
\hline
4 3 2 2
\end{array}
$$

← (N − 1)=(10 − 1)=9

← 5678_{10} 的 10 的補數

由以上兩個範例得知，

> **N 的補數 =(N − 1) 的補數 + 最小位元再往前進一位**

📺 | 範例 ❸

若 N =9 則 5678 之 8 的補數及 9 的補數各別為何？

解
$$
\begin{array}{r}
8 8 8 8 \\
-)\quad 5 6 7 8 \\
\hline
3 2 1 0 \\
+\qquad 1 \\
\hline
3 2 1 1
\end{array}
$$

← (N − 1)=(9 − 1)=8

← 5678_9 的 8 的補數

← 5678_9 的 9 的補數

由範例 1 及範例 3，我們可觀察到一個現象：5678_{10} 的 9 的補數值與 5678_9 的 9 的補數值，會因為基底值不同而使得對應的 9 的補數值不同。

範例 4

10101011_2 的 1 的補數與 2 的補數各別為何？

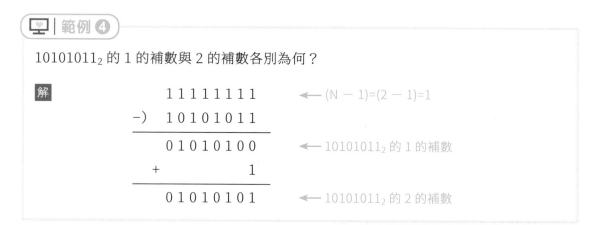

　　　　　　11111111　　　　← (N − 1)=(2 − 1)=1

　　-)　10101011

　　　　　01010100　　　　← 10101011_2 的 1 的補數

　　　+　　　　　　1

　　　　　01010101　　　　← 10101011_2 的 2 的補數

這裡必須針對 2 進位值求 1 的補數之作法特別做一說明。由於當 N＝2 時，N − 1 之值為 1(即被減數之值為 1)，若原題意值為 0(即減數)，由於被減數之值為 1，則結果為 1；若原題意值為 1(即減數)，由於被減數之值為 1，則結果為 0。換言之，若要求 10101011_2 相對應之 1 的補數時，可直接將題意之 2 進值的 1 變 0，0 變 1 即為所求。

　1　0　1　0　1　0　1　1

　↓　↓　↓　↓　↓　↓　↓　↓　　0 變 1，1 變 0

　0　1　0　1　0　1　0　0　← 10101011 的 1 的補數

2.2.3 補數在減法運算上的應用

補數在減法運算上的應用分為 1 的補數及 2 的補數兩種作法，分別介紹如下。

1. 利用 1 的補數來執行減法運算，作法如下：

(1) 計算減數的 1 的補數。

(2) 將減數的 1 的補數與被減數相加所得之結果，依據結果值是否有進位執行以下判斷：

- 若有進位則表示結果為正，此時需將結果 (不含進位部分) 的最小位元往前進一位即為所求。

- 若無進位則表示計算結果為負值，此時需取結果的 1 的補數且在其前加上一負號即為所求。

🖥️ | **範例 ❶**

試把十進制中的 26 與 12 化成二進制，再以 1 的補數計算。$26_{10} - 12_{10}$。

解

首先計算 26_{10} 與 12_{10} 對應的二進位值：$26_{10} = 11010_2$、$12_{10} = 1100_2$，這裡有一個小細節，絕對不能忽略，因為減數只有 4 bits 比被減數位數 5 bits 少，此時務必將減數之位數補到與被減數相同 (也就是說將 1100_2 調整為 01100_2)；若未執行此動作則無法正確求出答案。

其次，求減數 "01100" 的 1 的補數為 "10011"

接下來，將減數的 1 的補數與被減數相加

$$
\begin{array}{r}
1\,1\,0\,1\,0 \\
+\ \ 1\,0\,0\,1\,1 \\
\hline
\end{array}
$$
進位 ⟶ ①0 1 1 0 1

若有進位則表示結果為正，此時需將結果 (不含進位部分) 的最小位元往前進一位即為所求。因此答案為 01110_2。

🖥️ | **範例 ❷**

以 1 的補數求 $1100_2 - 11010_2 =$ ？

解

首先，求 "11010" 的 1 的補數為 "00101"

其次，

$$
\begin{array}{r}
1\,1\,0\,0 \\
+\ \ 0\,0\,1\,0\,1 \\
\hline
1\,0\,0\,0\,1
\end{array}
$$

因為無進位，代表結果為負，因此必須求 "10001" 的 1 的補數 "01110"，最後需在 "01110" 前加上負號，因此結果為 -01110 (即 -14)。

2. 利用 2 的補數來執行減法運算，作法如下：

（1）計算減數的 2 的補數。

（2）將減數的 2 的補數與被減數相加所得之結果，依據結果值是否有進位執行以下判斷：

- 若有進位則表示結果為正，此時此結果即為所求。

- 若無進位則表示計算結果為負值，此時需取結果的 2 的補數且在其前加上一負號即為所求。

範例 ❸

試把十進制中的 26 與 12 化成二進制，再以 2 的補數計算。$26_{10} - 12_{10}$。

解

首先計算 26_{10} 與 12_{10} 對應的二進位值：$26_{10} = 11010_2$、$12_{10} = 1100_2$，將減數之位數補到與被減數相同 (也就是說將 1100_2 調整為 01100_2)。

其次，求減數 "01100" 的 2 的補數為 "10100"

接下來，將減數的 1 的補數與被減數相加

$$
\begin{array}{r}
1\,1\,0\,1\,0 \\
+\quad 1\,0\,1\,0\,0 \\
\hline
進位 \rightarrow ①\,0\,1\,1\,1\,0
\end{array}
$$

若有進位則表示結果為正，此時需將結果 (不含進位部分) 的最小位元往前進一位即為所求。因此答案為 01110_2。

範例 ❹

以 1 的補數求 $1100_2 - 11010_2 = $？

解

首先，求 "11010" 的 1 的補數為 "00101"

其次，

$$
\begin{array}{r}
1\,1\,0\,0 \\
+\quad 0\,0\,1\,0\,1 \\
\hline
1\,0\,0\,0\,1
\end{array}
$$

因為無進位，代表結果為負，因此必須求"10001"的 1 的補數"01110"，最後需在"01110"前加上負號，因此結果為 -01110 (即 -14)。

2.2.4 二進位整數表示法

　　二進位整數表示法共有三種，分別是符號大小表示法、1 的補數表示法及 2 的補數表示法。其中 2 的補數表示法是最實用的一種表示法。分別介紹如下。

1. **二進位整數的「符號大小表示法」(Sign-magnitude)**

　　加上一個額外的位元，稱為符號位元 (Sign Bit) 在最左邊，用來表示數值的正負號，正數以 0 表示，負數則以 1 表示。而數值的大小則放在符號位元的右方位置即可。這種作法最接近人類的資料表示習慣。

　　若數值大小為 13_{10}，則 13_{10} 表示為二進位值之「符號大小表示法」如下（假設以最少位元數 5 bits 來表示）

$$13_{10} = 1101_2$$

　　因此，$+13_{10} = 01101_2$，$-13_{10} = 11101_2$

　　若利用「符號大小表示法」來表示資料則不能利用前一節中所介紹的「補數加法」來替代減法計算，因此通常計算機是不會採用此種作法。

2. **二進位整數的「1 的補數表示法」(1's Complement)**

　　若數值為正數則符號位元設定為 0，數值的大小則放在符號位元的右方位置即可。若數值為負數，則對該負數對應的正數之「1 的補數表示法」取 1 的補數結果即為所求。

　　若數值大小為 13_{10}，則 13_{10} 表示為二進位值之「1 的補數表示法」如下（假設以最少位元數 5 bits 來表示）

$$13_{10} = 1101_2$$

　　因此，$+13_{10} = 01101_2$，而 -13_{10} 則是對 01101_2 取 1 的補數，結果為 10010_2

　　所以，$+13_{10}$ 的「1 的補數表示法」為 01101_2；-13_{10} 的「1 的補數表示法」為 10010_2。

3. 二進位整數的「2 的補數表示法」(2's Ccomplement)

若數值為正數則符號位元設定為 0，數值的大小則放在符號位元的右方位置即可。若數值為負數，則對該負數對應的正數之「2 的補數表示法」取 2 的補數結果即為所求。

若數值大小為 13_{10}，則 13_{10} 表示為二進位值之「2 的補數表示法」如下（假設以最少位元數 5 bits 來表示）

$$13_{10} = 1101_2$$

因此，$+13_{10} = 01101_2$，而 -13_{10} 則是對 01101_2 取 2 的補數，結果為 10011_2

所以，$+13_{10}$ 的「2 的補數表示法」為 01101_2；-13_{10} 的「2 的補數表示法」為 10011_2。

💻 | **範例 ❶**

請以 7 bits 分別用以下三種表示法來表示整數 -60。

(1) 符號大小表示法　　(2) 1 的補數表示法　　(3) 2 的補數表示法

解

(1) 符號大小表示法：

　　數值大小為 $60_{10} = 111100_2$

　　因此，$+60_{10} = 0111100_2$，$-60_{10} = 1111100_2$

(2) 1 的補數表示法：

　　$+60_{10} = 0111100_2$，而 -60_{10} 則是對 0111100_2 取 1 的補數，結果為 1000011_2。所以，$+60_{10}$ 的「1 的補數表示法」為 0111100_2；-60_{10} 的「1 的補數表示法」為 1000011_2。

(3) 2 的補數表示法：

　　$+60_{10} = 0111100_2$，而 -60_{10} 則是對 0111100_2 取 2 的補數，結果為 1000100_2。所以，$+60_{10}$ 的「2 的補數表示法」為 0111100_2；-60_{10} 的「2 的補數表示法」為 1000100_2。

🖥 │ **範例 ❷**

請以 16 bits 分別用以下三種表示法來表示整數 -60。(結果值需以 16 進位表示)

(1) 符號大小表示法　　(2) 1 的補數表示法　　(3) 2 的補數表示法

解

(1) 符號大小表示法：

數值大小為 $60_{10} = 111100_2$，由於題意要求以 16 bits 表示，因此數值部分必須補足至 15 位，即 $60_{10} = 000000000111100_2$

因此，

$+60_{10} = 0000000000111100_2 = 003C_{16}$，

$-60_{10} = 1000000000111100_2 = 803C_{16}$

(2) 1 的補數表示法：

$+60_{10} = 0000000000111100_2$，而 -60_{10} 則是對 0000000000111100_2 取 1 的補數，結果為 1111111111000011_2。

所以，

$+60_{10}$ 的 16 bits「1 的補數表示法」為 $0000000000111100_2 = 003C_{16}$，

-60_{10} 的 16 bits「1 的補數表示法」為 $1111111111000011_2 = FFC3_{16}$。

(3) 2 的補數表示法：

$+60_{10} = 0000000000111100_2$，而 -60_{10} 則是對 0000000000111100_2 取 2 的補數，結果為 1111111111000100_2。

所以，

$+60_{10}$ 的 16 bits「1 的補數表示法」為 $0000000000111100_2 = 003C_{16}$，

-60_{10} 的 16 bits「1 的補數表示法」為 $1111111111000100_2 = FFC4_{16}$。

2.2.5 整數表示法範圍比較

　　在符號大小表示法、1 的補數表示法及 2 的補數表示法這三種表示法間最應注意的差異處為資料表示的範圍值。

下表為利用三種方法處理 4 個位元資料時的資料表示法。

	符號大小表示法 +0～+7	1 的補數表示法 +0～+7	2 的補數表示法 +0～+7
正數	+0：0000 +1：0001 +2：0010 +3：0011 +4：0100 +5：0101 +6：0110 +7：0111	+0：0000 +1：0001 +2：0010 +3：0011 +4：0100 +5：0101 +6：0110 +7：0111	+0：0000 +1：0001 +2：0010 +3：0011 +4：0100 +5：0101 +6：0110 +7：0111
	符號大小表示法 -0～-7	1 的補數表示法 -0～-7	2 的補數表示法 -1～-8
負數	-0：1000 -1：1001 -2：1010 -3：1011 -4：1100 -5：1101 -6：1110 -7：1111	-0：1111 -1：1110 -2：1101 -3：1100 -4：1011 -5：1010 -6：1001 -7：1000	-8：1000 -1：1111 -2：1110 -3：1101 -4：1100 -5：1011 -6：1010 -7：1001

💻 | 範例 ❶

假設計算機的資料以 n 個位元來表示，請分別就以下三種情況，說明其值的範圍。

（1）符號大小表示法　　（2）1 的補數表示法　　（3）2 的補數表示法

解

資料以 n 個位元來表示，代表全部可以表示的資料量為 2^n 個。由於「符號大小表示法」及「1 的補數表示法」正數及負數的數量恰好各佔總資料量的一半，即 2^{n-1} 個，因此值的範圍如下：

（1）「符號大小表示法」以 n 個位元來表示數值範圍為 $-(2^{n-1}-1)$～$(2^{n-1}-1)$

（2）「1 的補數表示法」以 n 個位元來表示數值範圍為 $-(2^{n-1}-1)$～$(2^{n-1}-1)$

（3）「2 的補數表示法」以 n 個位元來表示數值範圍為 -2^{n-1}～$(2^{n-1}-1)$

下表為三種資料表示法，在位元數不同時的資料表示範圍整理表。

	符號大小表示法	1 的補數表示法	2 的補數表示法
4 位元	-7 ~ +7	-7 ~ +7	-8 ~ +7
5 位元	-15 ~ +15	-15 ~ +15	-16 ~ +15
6 位元	-31 ~ +31	-31 ~ +31	-32 ~ +31
7 位元	-63 ~ +63	-63 ~ +63	-64 ~ +63
8 位元	-127 ~ +127	-127 ~ +127	-128 ~ +127
9 位元	-255 ~ +255	-255 ~ +255	-256 ~ +255
10 位元	-511 ~ +511	-511 ~ +511	-512 ~ +511
11 位元	-1023~ +1023	-1023~ +1023	-1024~ +1023
16 位元	-32767~ +32767	-32767~ +32767	-32768~ +32767

2.2.6 補數表示法比較

利用下表來示「1 的補數表示法」及「2 的補數表示法」的不同。

	1 的補數表示法	2 的補數表示法
計算方式	計算「1 的補數」較容易，只需將 $0 \rightarrow 1$，$1 \rightarrow 0$ 即可	先計算得到「1 的補數」再將最小位元往前進 1 位
零的個數	有正零與負零兩種表示法易造成混淆	只有一種零
資料表示範圍（假設有 n 位元）	$-(2^{n-1} - 1) \sim (2^{n-1} - 1)$	$-2^{n-1} \sim (2^{n-1} - 1)$

2.3 浮點數

本節將介紹浮點數相關的觀念。

2.3.1 基本觀念

浮點數的特性是指可表示很大或很小的數值。

浮點數表示法的格式如下：

$$n = \pm .A \times base^{\,exponent}$$

符號 n 表示要表示為浮點數的數值，符號 A 為尾數 (Mantissa)，有時亦可稱為有效數，base 則為數字系統的基底值，若採二進位系統則基底值為 2，若為十進位系統則基底值便為 10，最後 exponent 則是代表指數部分。

2.3.2 圖解浮點數

浮點數表示法可以下圖解釋：

S	C	M

第一個項目 S 是做為「符號位元」(Sign Bit)，若 S=0 代表浮點數之值為正，若 S=0 則代表浮點數之值為負。

第二個項目 C 代表「特性值」(Characteristic Value)，特性值的表示法有以下二種：

1.「偏移值表示法」

$$特性值 = 指數值 + 偏移值\,(offset)$$
$$\Rightarrow 指數值 = 特性值 - 偏移值$$

利用以下範例做解釋：

假設特性值部分有 5 個 bits，則其可表示的值將共有 $2^5 = 32$ 個 (即 0 ～ 31)。

此時偏移值 (offset) $= 2^5 / 2 = 2^4 = 16$

因此指數值之範圍為 -16~15。

將常見的情形整理如下表，供讀者參考：

特性值位元數	可表示資料數	特性值範圍	偏移值	指數值範圍
4	$2^4 = 16$	0~15	$2^4/2 = 2^3$	-8~7
5	$2^5 = 32$	0~31	$2^5/2 = 2^4$	-16~15
6	$2^6 = 64$	0~63	$2^6/2 = 2^5$	-32~31
7	$2^7 = 128$	0~127	$2^7/2 = 2^6$	-64~63
8	$2^8 = 256$	0~255	$2^8/2 = 2^7$	-128~127

2.「2 的補數表示法」

特性值直接以「2 的補數表示法」來表示。由於「2 的補數表示法」已在本章 2-2 節介紹，所以此處不再說明作法。

第三個項目 M 則是代表尾數 (Mantissa)，M 值的表示必須先經過正規化 (Normalization) 的動作，而正規化的動作是指調整 mantissa 之值使 mantissa 的第一個值不為 0。

🖥 **範例 ①**

計算機內部的表示法，是由 0 與 1 表示，組成數字時，是二進制數。如果所表示的是實數，常用浮點數法。假設一個浮點數格式如下：

符號	指數	有效數
一個位元	六個位元	九個位元

其底數是 2，指數是以 2 補數表示，有效數則是正規化之後的分數，請問以下浮點數的真正值是多少？

(1) 0 101000 111010111

(2) 1 010011 111010111

解 (1) $+0.111010111 \times 2^{-24}$ (2) $-0.111010111 \times 2^{19}$

解此類題目的關鍵在於指數部分的處理問題。

(1) 指數部分為 101000，因為指數是以 2 的補數表示，因此本題之指數為負數 (因為符號位元為 1)，所以必須對 101000_2 取 2 的補數，101000_2 的 2 的補數為 $011000_2 = 24_{10}$，所以指數部分 101000_2 代表的值為 -24。因此答案為 $+0.111010111 \times 2^{-24}$。

(2) 指數部分為 010011，因為指數是以 2 的補數表示，因此本題之指數為正數 (因為符號位元為 0)，所以不必對 010011_2 取 2 的補數，$010011_2 = 19_{10}$，所以指數部分 010011_2 代表的值為 19。因此答案為 $-0.111010111 \times 2^{19}$。

💻│範例 ❷

計算機內部的表示法，是由 0 與 1 表示，組成數字時，是二進制數。如果所表示的是實數，常用浮點數法。假設一個浮點數格式如下：

S	C	M

其中 S 部分佔 1bit、C 部分佔 6 bits、M 部分佔 9 bits。底數是 2，指數是以偏移值法表示，有效數則是正規化之後的分數，請問以下浮點數在計算機內部之表示法為何？

(1) $+0.101010111 \times 2^{-24}$

(2) $-0.101010111 \times 2^{16}$

解　(1) 0001000101010111　(2) 1110000101010111

(1) 真實指數值為 -24，加上偏移值 $2^6/2 = 32$，結果為 $-24+32 = 8_{10} = 001000_2$，因此 C 應填入 001000_2，所以本題答案為

$$\underline{0}\ \underline{001000}\ \underline{101010111}$$

(2) 真實指數值為 16，加上偏移值 $2^6/2 = 32$，結果為 $16+32 = 48_{10} = 110000_2$，因此 C 應填入 110000_2，所以本題答案為

$$\underline{1}\ \underline{110000}\ \underline{101010111}$$

💻│範例 ❸

浮點數的「精確度」是由「符號位元」、「尾數」及「特性值」以上三項中的哪一項來決定？

解

浮點數的「精確度」是由「尾數」來決定；也就是說，若「尾數」有 N 個位元，則浮點數的「精確度」便是 N 個位元。

假設有一浮點數規格如下圖所示：

0	1	5	6	15
S	E		Mantissa	

由於「尾數」部分共有 10 個位元，因此浮點數的「精確度」為 10 個位元。

2.4 資料表示法

　　資料表示法一般分為兩類,即數字碼 (Numeric Code) 與文字碼 (Alphanumeric Code)。數字碼是用來表示數字,文字碼則是用來表示數字英文字母及常見的特殊符號。本章將依序介紹常見的數字碼與文字碼。

2.4.1 數字碼

　　常見的數字碼可分為「BCD 碼」(BCD code)、「加三碼」、「8,4,-2,-1 碼」、「二五碼」及「格雷碼」(Gray Code) 等。以下將分別介紹各種數字碼。提醒讀者注意,本節所介紹的數字碼表示法因為不是很實用,因此並不常被使用。

1. 「BCD 碼」

　　在「BCD 碼」中利用 4 個位元為一組的二進位數來表示阿拉伯數字 0 ～ 9。「BCD 碼」範例請見下表。

十進位數	BCD 碼	十進位數	BCD 碼
0	0000	10	0001 0000
1	0001	11	0001 0001
2	0010	......	......
3	0011	20	0010 0000
4	0100	21	0010 0001
5	0101	......	......
6	0110	200	0010 0000 0000
7	0111		
8	1000		
9	1001		

　　由以上的說明知「BCD 碼」表示法共使用了 4 bits 來表示資料,而 4 bits 共可表示 $2^4=16$ 種不同的符號,但因為「BCD 碼」只有十個符號 (0~9),因此有六種表示法 (即 10~15) 未使用。換句話來說,1010、1011、1100、1101、1110 及 1111 這六種表示法不是 BCD 碼。

💻| 範例 ❶

試將十進位數 46_{10} 轉成等值的 BCD 碼,其結果為何?

(A) 00101100　(B) 00101110　(C) 01000110　(D) 01000111。

解 C

要將 46_{10} 轉成等值的 BCD 碼,必須將 4 與 6 分開處理,作法如下:

4 對應的 BCD 碼為 0100。

6 對應的 BCD 碼為 0110。

合併以上兩個數字對應的 BCD 碼,結果為 01000110,因此結果為 C。

請注意,有時會因為未看清楚題意直接將 46_{10} 轉換成二進位 00101110_2,請勿犯此錯誤!

💻| 範例 ❷

BCD 碼 00110111 換為十進位是?(A) 37　(B) 54　(C) 55　(D) 56。

解 A

將 BCD 碼 00110111 拆成 4 bits 為一組後各自轉成對應的阿拉伯數字即為所求。作法如下:

$$0011 \longrightarrow 3 , 0111 \longrightarrow 7$$

所以,BCD 碼 00110111 對應的十進位值為 37。

2. 「加三碼」(Excess-3 Code)

由相對應的 BCD Code 加上 3_{10}(即 0011_2)。

「加三碼」範例請見下表。

十進位數	加三碼
0	0011
1	0100
2	0101
3	0110
4	0111

十進位數	加三碼
5	1000
6	1001
7	1010
8	1011
9	1100
10	0100 0011
11	0100 0100
……	……
20	0101 0011
21	0101 0100
……	……
200	0101 0011 0011

「加三碼」具有「自我補數」(Self-complement) 的特性，所謂的「自我補數」是指十進位數對應的「加三碼」值之 1 的補數與其十進位數對應的之 9 的補數值的「加三碼」值相等。

例如以下範例：

十進位數	加三碼	1 的補數	十進位數	9 的補數	加三碼
0	0011	1100	0	9	1100
1	0100	1011	1	8	1011
2	0101	1010	2	7	1010
3	0110	1001	3	6	1001
4	0111	1000	4	5	1000
5	1000	0111	5	4	0111
6	1001	0110	6	3	0110
7	1010	0101	7	2	0101
8	1011	0100	8	1	0100
9	1100	0011	9	0	0011

由上面兩表可知最右邊的兩個欄位值恰好全等,這就是所謂的「自我補數」。

因為「加三碼」共使用了 4 bits 來表示資料,而 4 bits 共可表示 $2^4 = 16$ 種不同的符號,但因為「加三碼」只用了十個符號 (0+3~9+3,即 3~12),因此有六種表示法 (即 0~2,13~15) 未使用。換句話來說,0000、0001、0010、1101、1110 及 1111 這六種表示法不是「加三碼」。

3. 「8,4,-2,-1 碼」

「8,4,-2,-1 碼」為「BCD 碼」的變形,同樣是以 4 個位元來表示一個阿拉伯數字,「8,4,-2,-1」代表各位元的權重 (weight),例如,十進位的 5 以「8,4,-2,-1 碼」來表示作法如下:

$$5_{10} = 1 \times 8 + 0 \times 4 + 1 \times (-2) + 1 \times (-1) = 1011_{8 , 4 , -2 , -1}$$

「8,4,-2,-1 碼」範例請見下表。

十進位數	8,4,-2,-1 碼
0	0000
1	0111
2	0110
3	0101
4	0100
5	1011
6	1010
7	1001
8	1000
9	1111
10	0111 0000
11	0111 0111
……	……
20	0110 0000
21	0110 0111
……	……
200	0110 0000 0000

4. 「二五碼」

「二五碼」為「BCD 碼」的變形,「二五碼」又稱為「5043210 碼」。將「5043210」7 個數值分成兩組,第一組為「50」,第二組為「43210」,在表示數值時每組恰有一個 1。「5043210」代表各位元的權重,例如,十進位的 5 以「二五碼」來表示作法如下:

$$5_{10} = 1 \times (5) + 0 \times (0) + 0 \times (4) + 0 \times (3) + 0 \times (2) + 0 \times (1) + 1 \times (0)$$
$$= 1000001 _{\text{二五碼}}$$

「二五碼」範例請見下表。

十進位數	5 0	4 3 2 1 0
0	0 1	0 0 0 0 1
1	0 1	0 0 0 1 0
2	0 1	0 0 1 0 0
3	0 1	0 1 0 0 0
4	0 1	1 0 0 0 0
5	1 0	0 0 0 0 1
6	1 0	0 0 0 1 0
7	1 0	0 0 1 0 0
8	1 0	0 1 0 0 0
9	1 0	1 0 0 0 0
10	0100010	0100001
11	0100010	0100010
......		......
20	0100100	0100001
21	0100100	0100010
......		......
200	0100100	0100001 0100001

由以上的敘述得知「二五碼」利用了七個位元來表示一個阿拉伯數字,因為太浪費記憶體空間,所以不實用。

5.「格雷碼」(Gray Code)

「格雷碼」又稱為「反射碼」(Reflected Code)。其特徵為相鄰的十進位數值其「格雷碼」僅相差一個位元。常見的轉換方式有兩類，分別介紹如下。

● 二進位數轉換為「格雷碼」

將二進位數的最左端加上一個「0」。由最左邊開始，對數值二、二執行 XOR 運算，結果即為「格雷碼」。將 0～9 轉換成相對應的格雷碼，結果如下表所示：

十進位數	左端加零	格雷碼
0	0 0000	0000
1	0 0001	0001
2	0 0010	0011
3	0 0011	0010
4	0 0100	0110
5	0 0101	0111
6	0 0110	0101
7	0 0111	0100
8	0 1000	1100
9	0 1001	1101

● 「格雷碼」轉換為二進位數

由最左邊的位元開始計算其左方「1」的個數 (若自己為「1」不得計入)，若「1」的數目為偶數個，則該位元值不變，但若「1」的數目為奇數個，則變更其值為 1 的補數。「格雷碼」轉換為二進位數的範例請見下表：

格雷碼	各位元左方「1」的個數	二進位數	十進位數
0000	0000	0000	0
0001	0000	0001	1
0011	0001	0010	2
0010	0001	0011	3
0110	0012	0100	4

格雷碼	各位元左方「1」的個數	二進位數	十進位數
0111	0012	0101	5
0101	0011	0110	6
0100	0011	0111	7
1100	0122	1000	8
1101	0122	1001	9

2.4.2 文字碼

文字碼可用來表示 10 個阿拉伯數字 (0 ～ 9)，英文字母及某些常見的符號如 ＋，-，＊，／，＄，？，…等等。仔細地來計算一下符號的個數：英文字母大小寫各有 26 個，共有 52 個字元，阿拉伯數字有 10 個，如此一來已經有 62 個字元；此外，還有一些特殊的符號如 ~、!、@、#、$、%、(、)、&、^ 等符號，光這些符號就已經超過 70 個。此時若只用 6 個位元則最多只能表示 2^6＝64 個符號，因此至少需要 7 個位元才能表示所有符號。

常見的文字碼有「標準 BCD 碼」、「EBCDIC 碼」及「ASCII 碼」。分別介紹如下。

1. 「標準 BCD 碼」(Standard BCD Code)

標準的 BCD 碼是由 IBM 發展，又稱為 BCDIC 碼 (BCD Interchange Code)，共有 6 個位元，可表示 2^6 種符號。左方兩個為區域位元 (Zone Bit)，右方四個為資料位元 (Digit Bit)，「標準 BCD 碼」格式如下：

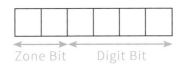

2. 「EBCDIC 碼」(Extended BCD Interchange Code)

EBCDIC 碼由 IBM 發展，一般用於大型的計算機中。EBCDIC 碼是將標準 BCD code 6 個位元的長度擴充為 8 個位元，可表示 2^8 種符號。左方四個為區域位元 (Zone Bit)，右方四個為資料位元 (Digit Bit)，「EBCDIC 碼」格式如下：

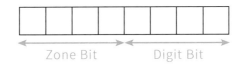

3. 「ASCII 碼」(American Standard Code for Information Interchange Code)

「ASCII 碼」利用 7 個資料位元來表示資料，因此可表示 $2^7=128$ 種不同的符號，但在實際應用時，「ASCII 碼」會利用額外的一個 bit 作為「parity check」用途，因此每一個「ASCII 碼」共有 8 個位元。常用的符號如阿拉伯數字 0~9、英文大寫字母 A~Z 及英文小寫字母 a~z 對應「ASCII 碼」如下表：

符號	十進位	ASCII 碼	符號	十進位	ASCII 碼
0	48	00110000	A	65	01000001
1	49	00110001	B	66	01000010
2	50	00110010	C	67	01000011
3	51	00110011	…		
4	52	00110100	Z	90	01011010
5	53	00110101	a	97	01100001
6	54	00110110	b	98	01100010
7	55	00110111	c	99	01100011
8	56	00111000	…		
9	57	00111001	z	122	01111010

由以上表格內容知，在「ASCII 碼」的編碼規則中，阿拉伯數字是依 0、1、2…、9 的次序來編碼，大寫英文字母是依 A、B、C、…、Z 的次序來編碼，而小寫英文字母則是依 a、b、c、…、z 的次序來編碼，建議讀者將「0」、「A」及「a」的「ASCII 碼」背下來，因為只要記得「0」的「ASCII 碼」，便可推得「1」~「9」的「ASCII 碼」，也就是說只要記得一個阿拉伯數字「0」的「ASCII 碼」便可推得其他九個阿拉伯數字的「ASCII 碼」；同理只要記得「A」的「ASCII 碼」，便可推得「B」~「Z」的「ASCII 碼」，也就是說只要記得一個大寫英文字母「A」的「ASCII 碼」便可推得其他二十五個大寫英文字母的「ASCII 碼」。

下表為「ASCII 碼」的完整資料。

十進位碼	字元	十進位碼	字元	十進位碼	字元	十進位碼	字元
0		32		64	@	96	`
1		33	!	65	A	97	a
2		34	"	66	B	98	b
3	♥	35	#	67	C	99	c
4	♦	36	$	68	D	100	d
5	♣	37	%	69	E	101	e
6	♠	38	&	70	F	102	f
7		39	'	71	G	103	g
8		40	(	72	H	104	h
9		41	)	73	I	105	i
10		42	*	74	J	106	j
11	♂	43	+	75	K	107	k
12	♀	44	,	76	L	108	l
13	♪	45	-	77	M	109	m
14	♫	46	.	78	N	110	n
15		47	/	79	O	111	o
16		48	0	80	P	112	p
17		49	1	81	Q	113	q
18	↕	50	2	82	R	114	r
19	‼	51	3	83	S	115	s
20	¶	52	4	84	T	116	t
21	§	53	5	85	U	117	u
22		54	6	86	V	118	v
23		55	7	87	W	119	w
24	↑	56	8	88	X	120	x
25	↓	57	9	89	Y	121	y
26	→	58	:	90	Z	122	z
27	←	59	;	91	[	123	{
28	∟	60	<	92	\	124		
29	↔	61	=	93	]	125	}
30	▲	62	>	94	^	126	~
31	▼	63	?	95	_	127	⌂

本章重點回顧

✓ 數字系統中數值的表示法：r 進位數字系統由 r 個符號組成。所以 2 進位系統由 2 個符號組成，10 進位數字系統由 10 個符號組成，16 進位數字系統由 16 個符號組成，其餘依此類推。

✓ 數字系統的轉換共有四個主題，分別為：

1. 十進位轉換為 r 進位數字系統。在本類轉換方法中，十進位整數轉換為 r 進位時，絕對不會有誤差產生。

2. r 進位轉換為十進位數字系統。

3. 二的次方類數字系統間的轉換。

4. 其他類型數字系統間的轉換。

✓ 當基底為 N 時，補數的種類為 N 的補數與 (N-1) 的補數。所以基底為 2 時 (2 進位系統) 補數的種類為 2 的補數與 1 的補數，基底為 8 時 (8 進位系統) 補數的種類為 8 的補數與 7 的補數，所以基底為 10 時 (10 進位系統) 補數的種類為 10 的補數與 9 的補數，其餘依此類推。

✓ 補數在減法運算上的應用：在計算機中會採用補數與加法運算來替代減法運算，所以在真實的計算機中不會有減法器存在。

✓ 二進位整數表示法共有三種分別為「符號大小表示法」、「1 的補數表示法」與「2 的補數表示法」。假設有 N 個位元，則三種表示法各別所能表示的資料範圍如下：

1. 符號大小表示法：$-(2^{n-1} - 1) \sim (2^{n-1} - 1)$。

2. 1 的補數表示法：$-(2^{n-1} - 1) \sim (2^{n-1} - 1)$。

3. 2 的補數表示法：$-2^{n-1} \sim (2^{n-1} - 1)$。

✓ 1 的補數表示法中有兩種 0(正 0 與 負 0)，2 的補數表示法只有一種 0。

✓ 浮點數的特性是指可表示很大或很小的數值。浮點數表示法的關鍵問題是指數如何表示？指數常用的表示法為偏移值法表示法與 2 的補數表示法。

✓ 常見的數字碼可分為「BCD 碼」、「加三碼」、「8，4，-2，-1 碼」、「二五碼」及「格雷碼」(Gray Code) 等。其中「BCD 碼」與「格雷碼」應特別注意作法。

✓ ASCII 碼是個人電腦所使用的文字碼。

選 | 擇 | 題

( ) 1. 將實數 $(1.04)_{10}$ 轉換成基底為 2 的數 X，並且計算至小數點後第十位，則 X 總共有幾個 1？

(A) 3　　　　　(B) 4　　　　　(C) 5　　　　　(D) 6。

( ) 2. 假設 $(222)_X = (42)_{10}$，則 X 的值為何？

(A) 6　　　　　(B) 5　　　　　(C) 4　　　　　(D) 3。

( ) 3. $A = 1001001.011_2$，$B = 1022.223_4$，$C = 78.732_9$，則此三數字大小關係為何？

(A) B > C > A　　(B) A > B > C　　(C) A > C > B　　(D) B > A > C。

( ) 4. 十六進位數 $(AD.D8)_{16}$ 等於八進位數的哪一數值？

(A) $(706.72)_8$　(B) $(178.53)_8$　(C) $(255.66)_8$　(D) $(75.64)_8$

( ) 5. 下列何者無法以 2 進制精確的表示出來？

(A) $1234\frac{5}{8}$　(B) $3456\frac{1}{4}$　(C) $2345\frac{1}{10}$　(D) $4567\frac{9}{16}$。

( ) 6. 下列對數字的敘述何者是錯誤的？

(A) 任何有限位數的十進位整數都可用有限位數的二進位來表示

(B) 任何有限位數的十進位實數都可用有限位數的二進位來表示

(C) 任何有限位數的二進位整數都可用有限位數的十進位來表示

(D) 任何有限位數的二進位實數都可用有限位數的十進位來表示。

( ) 7. 以下哪一項正確？

(A) 二進位數字 10100101 的 1 的補數為 01011010

(B) 二進位數字 10100101 的 1 的補數為 01011011

(C) 二進位數字 10100101 的 2 的補數為 01011010

(D) 二進位數字 10100101 的 2 的補數為 10100110。

( ) 8. 針對二進位的補數，何者錯誤？

(A) 若採用 1 的補數，則 0 有兩種表示法

(B) 2 的補數法可以多表示一個數值

(C) 建立 2 的補數比較容易

(D) 1 的補數常用來做邏輯運算，而 2 的補數做算術運算。

( ) 9. 456_{10} 之 9 的補數值為？

(A) 457_{10}　　(B) 455_{10}　　(C) 544_{10}　　(D) 543_{10}。

( ) 10. $(75.5625)_{10}$ 其值等於 X_2，X_2 的 2 補數為何？

(A) 110101.1111_2 (B) 110100.0111_2

(C) 110101.0111_2 (D) 110100.0110_2。

( ) 11. 下列何者不是十進位數 -9 的表示法？

(A) 符號大小表示法：1001001   (B) 二進位之 1 補數表示法：1110110

(C) 二進位之 2 補數表示法：1110111 (D) 八進位之 8 補數表示法：70256。

( ) 12. 將兩個採 r 補數表示法且底數為 r 的數字相減。若運算結果產生端進位 (End Carry)，其所代表的意義為何？

(A) 運算結果為正確值   (B) 將運算結果加上 1 方為正確值

(C) 將運算結果減去 1 方為正確值   (D) 取運算結果之 r 補數，並加上負號。

( ) 13. 有關「符號大小表示法」之二進位數字表示法，下列敘述何者錯誤？

(A) 符號 - 大小表示法中，數字 0 有兩種表示方式

(B) 1 的補數表示法較之具同樣位元數之 2 的補數表示法所能表示之數字範圍小

(C) 2 的補數表示法中，正數與負數相減有可能產生溢位（Overflow）

(D) 2 的補數表示法中，數字 0 有兩種表示方式。

( ) 14. 一間中學有 900 人，至少需要多少位元來儲存每個人的學號？

(A) 8   (B) 9   (C) 10   (D) 11。

( ) 15. 浮點數的表示法中，不含下面哪一部分？

(A) 符號位元   (B) 底數部分 (Base)

(C) 指數部分   (D) 有效數部分 (Mantissa)。

( ) 16. 實數線上的任何數是否可以用計算機記憶體精確表達？

(A) 都可以

(B) 有的可以，有的不可以

(C) 小數位數 10 位以內可以，否則不可以

(D) $-4.6 \times 10^{-38} \sim 4.6 \times 10^{38}$ 之間的數都可以。

( ) 17. 下列哪一個是正確的敘述？

(A) 若記憶體是 9 個位元的，且採用 2 的補數儲存整數，那麼它可儲存的數值範圍是 -256~256

(B) 若某計算機可以儲存的實數範圍是 $4.6 \times 10^{-38} \sim 4.6 \times 10^{38}$，那麼在這範圍的每一個實數都有辦法在記憶體內表示出來

(C) 若記憶體是 16 個位元，那麼可以表示的不同資料個數有 2^{16} 個

(D) 中文字通常用一個位元組來儲存。

(　　) 18. 二進位數 1100101 之葛雷碼表示為？

  (A)1010111   (B)1011111   (C)1010000   (D)1101111。

(　　) 19. 字母 A 的 ASCII 碼用 16 進位數表示？

  (A) 41   (B) 43   (C) 48   (D) 4A。

(　　) 20. 電腦最常使用的資訊交換碼是？

  (A)BCD   (B)ASCII   (C)CRC   (D)Hamming Code。

應 | 用 | 題

1. 將十進位的 $60\frac{13}{16}_{10}$ 轉換成相對應的十六進位表示法。

2. 若 $(234)_Y = (69)_{10}$，請問 Y 之值為何？

3. 一般電腦中央處理器內只有加法器，沒有減法器，請問中央處理器如何執行減法指令？

4. 試把十進位中的 138 與 100 化成二進位，再分別以 1 的補數及 2 的補數計算 $138_{10} - 100_{10}$ 之結果。

5. 計算機中表示二進位整數值的方法有三種，以八位元表示十進位數 -10 為例，說明此三種方法。

6. 請回答以下問題：

 (1) 12345_6 之 6 的補數及 5 的補數？

 (2) 045621_7 之 7 的補數及 6 的補數？

 (3) 045621_8 之 8 的補數及 7 的補數？

 (4) 045621_9 之 9 的補數及 8 的補數？

7. 下列各數為以 2 的補數表示之 2 進位值。請將下列各數轉換成十進位值。

 (1) 10110010 (2) 00110010 (3) 11100110 (4) 00101010

8. 計算機內部的表示法，是由 0 與 1 表示，組成數字時，是二進制數。如果所表示的是實數，常用浮點數法。假設一個浮點數格式如下：

符號	指數	有效數
一個位元	六個位元	九個位元

 其底數是 2，有效數則是正規化之後的分數，請問以下浮點數的真正值是多少？

 (1) 1111100111010111（指數以 2 的補數表示）

 (2) 0011111100110010（指數以「偏移值表示法」表示）

9. 計算機內部表示實數時,通常採用浮點數系統,如下圖:

0	1		5	6		15
S		E			Mantissa	

其中 S 為符號位元 (Sign Bit),指數 (Exponent) 部分採用「偏移值表示法」。請問此格式:

(1) 能表示之最小正數為何?

(2) 能表示之最大負數為何?

(3) 能表示之最大正數為何?

(4) 能表示之最小負數為何?

10. 試將十進位數 46_{10} 轉成等值的 BCD 碼,其結果為何?

03
CHAPTER

程式設計基礎

本章將介紹運算思維（Computational Thinking）、程式語言的分類、近代知名程式語言之特性、物件導向程式語言、高階語言處理器、資料型態、程式設計基本觀念與程式設計的三大結構等內容。

3.1 運算思維

　　運算思維是指利用電腦解決問題時所使用的「思考模式」；這裡所指的「思考模式」就是「思維」。簡單來說，運算思維可用以下步驟來說明：

1. 定義問題。
2. 描述解決問題的方法。
3. 利用電腦能夠接受的表達方式讓電腦來解決問題。

　　由上面的敘述可知，運算思維是指利用電腦來解決問題。所以「如何讓電腦來解決問題？」便成為理解「運算思維」的重要任務。

　　要讓電腦來解決問題，最直接的做法就是瞭解人類與電腦溝通的方式，而要與電腦溝通並讓電腦協助解決問題就必須由學習「設計程式的方法」學起。本章將藉由介紹程式設計的基礎知識，進而讓讀者瞭解運算思維的涵義。

3.2 程式語言的分類

　　程式語言是由一組系統化的符號所構成之集合，使用程式語言的目的則是利用這些符號來表達某種機器解決特定問題的步驟。例如 C 程式語言要求程式設計師使用規定的符號 (如「!=」代表「不等於」、「==」代表「等於」、「&&」代表邏輯運算「and」、「||」代表邏輯運算「or」、「!」代表邏輯運算「not」等等)。

　　程式語言依照出現的先後次序共可分成五代，分別是機器語言、組合語言、高階語言、極高階語言及自然語言，各代語言的特性及區別分別敘述如下。

　　第一代程式語言為機器語言 (Machine Language)，由於機器語言的指令與資料均由二進碼所組成，因此利用機器語言所寫成的程式碼不需經由語言處理器的處理便可直接在機器上執行。此類程式語言最難學習，不易使用，而且具最高的機器相關性 (Machine Dependence)。

　　第二代程式語言是組合語言 (Assembly Language)，利用組合語言所寫成的程式碼必須經由組譯程式 (Assembler) 的處理才可以在機器上執行。機器語言與組合語言合稱為低階語言。若將組合語言與機器語言做一比較，組合語言的可讀性較佳，較容易學習，但是程式執行的效率則較差。

第三代程式語言為高階語言 (High Level Language) 又稱為程序導向語言 (Procedure Oriented Language)，利用此類語言寫成的程式碼必須經過編譯程式 (Compiler) 或直譯程式 (Interpreter) 處理過後方可執行，如 Pascal、C、C++、Basic，Fortran 與 Cobol。

第四代程式語言為極高階語言，此類語言又稱為問題導向語言 (Problem Oriented Language)，如 SQL (Structured Query Language)。

第五代程式語言為自然語言 (Nature Language)，此類語言又稱為知識庫語言 (Knowledge Based Language)，語法十分接近人類日常生活所用的語言，如英文、日文或中文。

 ## 3.3 近代知名程式語言簡介

本節將介紹近代知名的程式語言的特色。

1. Fortran 程式語言

Fortran(FORmula TRANslator Language) 是 IBM 的 John Backus 在 1950 年代中期所開發，是世界上第一個出現的高階語言：Fortran 語言主要是針對科學計算而設計，具固定格式 (當時 Fortran 規定程式必須從第七行開始寫起)，首創了輸出入格式化 (I/O format) 的觀念，允許「隱含性變數」(Implicit Variable)，如變數的第一個字元為 I、J、K、L、M、N 時，該變數可不經宣告即內定為整數型態。

2. Cobol 程式語言

Cobol（COmmon Business Oriental Language）發展於 1960～1970 年代，由美國防部贊助開發完成，主要用於商業資料處理，語法傾向自然語言 (Natural Language)。首創以雜訊字 (Noise Word) 觀念來編寫程式碼。

3. Basic 程式語言

Basic 語言（Beginner's All-purpose Symbolic Instruction Code）在 1960 年代中期發展，是一個相當適合初學者使用的語言，不僅語法結構簡單，操作也相當容易。它是一種交談式 (Interactive) 的語言，利用直譯器 (Interpreter) 來處理程式。

4. Pascal 程式語言

1975 年一個以數學家 Blaise Pascal 之名命名的程式語言 Pascal 誕生了，Pascal 採區塊結構 (Block Structure) 來寫作程式，首創集合 (Set) 資料型態供程式設計師使用，Pascal 語言最大的優勢是具備嚴謹的語法結構，讓使用者不容易犯錯，非常適合教學用途。實際上，現在 Pascal 也已經從舞台消失了，理由是她並未具備高可攜性。

5. C 與 C++ 程式語言

C 語言是由貝爾實驗室於 1970 年代所發展出來，採區塊結構，具高可攜性，因此適合發展系統程式。利用 C 語言撰寫的程式相同字元的大小寫 (如 A 及 a) 會被視為是不同的符號，這點和其他的高階語言有十分顯著的不同。C++ 是 C 語言的物件導向版程式開發工具。C++ 語言是由 Bjarne Stroustrup 在貝爾實驗室中設計而得。C++ 語言設計的主要目標是希望能實現物件導向程式設計的理想。

6. Java 程式語言

Java 語言是由 Sun Microsystems 沿襲了 C 語言的語法，並加入許多新的程式結構元素發展而成的物件導向程式語言。與一般高階語言不同的是 Java 語言為提昇程式的安全性，取消了指標 (Pointer) 資料型態、多重繼承 (Multiple Inheritance) 及運算子覆載 (Operator Overloading) 等功能。Java 語言允許其程式碼能夠透過網路系統到另一個機器平台上執行，這是因為利用 Java 語言寫成的程式碼經由語言處理器 (Compiler) 處理後產生 Byte Code，Byte Code 可在不同的機器平台上移植，當要執行時，再由 Java 的直譯器 (Interpreter) 處理此 byte code 即可。

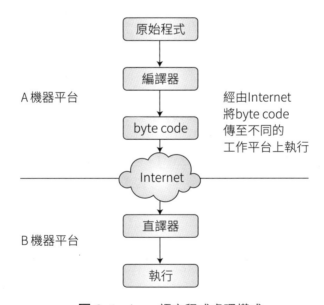

圖 3-1 Java 語言程式處理模式

7. Python

Python 是一種直譯式程式語言，是由荷蘭籍的程式設計師 Rossum 於 1980 年代後期所開發。Python 可以支援多種程式設計架構，例如函數式、指令式、反射式、結構化和物件導向程式設計。Python 支援動態型態系統與具備自動管理記憶體之垃圾回收功能 (就是不需透過作業系統來回收程式不再使用的記憶體空間)。最值得重視的是

Python 擁有一個巨大而廣泛的程式庫 (Library)，使用者可直接使用程式庫中的函式，不需自己撰寫程式碼，大幅降低了程式設計的難度，並且可節省大量的程式開發時間。

3.4 物件導向程式語言

若採用傳統的高階程式語言作為程式開發的工具，不同程式間即使有部分的程式段功能相似 (甚至幾乎相同) 也不容易共用，而且若由多人分工來完成一個程式，不同程式段間資料的使用問題也相當複雜。為了解決上述的問題，因此物件導向程式語言 (Object Oriented Programming Language，OOPL) 被提出來。接下來將介紹物件導向程式語言的基礎觀念。

物件導向程式語言有三大特徵列出如下：

1. 資訊隱藏或稱為封裝 (Encapsulation)。
2. 繼承 (Inheritance) 能力。
3. 多面性 (Polymorphism)。

「封裝」主要的目的就是期望能將不希望給外界知道的資訊隱藏起來，也就是達到「資訊隱藏」(Information Hidden) 的目的。所以封裝主要的目的，就是要達到保密的效果。通常在寫作程式時可以利用將變數宣告為不同等級便可達到「資訊隱藏」的效果。比如說，在 C 程式語言中，若變數在副程式的內部宣告，則副程式的外部程式段便無法存取此內部宣告的變數，這就是一種「資訊隱藏」的效果。

在 C++ 語言中類別 (Class) 可視為資料型態，而物件 (Object) 則是根據類別所定義出來的變數。如以下範列：

```
class Employee{
     protected:
          char Name[8];
     private:
          int ID;
     public:
          int XXX(void);
};
Employee peter, mary;
// peter, mary 為根據類別 Employee 所定義出來的物件。
```

上例中的 Name 與 ID 為類別內的資料成員 (Data Member)，而 XXX 則為函式成員 (Function Member)。通常類別中的資料成員會被設定為 private 或 protected，而函式成員則會被設定為 public，以做為存取類別中之資料成員的管道。在類別結構裡 private、protected 與 public 的使用區別整理如下表：

位置 安全等級	類別內	衍生類別內	其他類別
private	可引用	不可引用	不可引用
protected	可引用	可引用	不可引用
public	可引用	可引用	可引用

以「ID」為例，因為「ID」被宣告為 private，因此只有 Employee 內部可以引用「ID」，而 Employee 的衍生類別或其他類別皆無法引用「ID」，如此一來便可達到「資訊隱藏」的效果。

「繼承」是指程式語言可利用已建立好的類別（Class）來產生新的類別，依此方式產生的新類別將可繼承所有原來類別的特性，並可依需要新增或刪除特定的功能。因此「繼承」是類別要完成擴充目的的基本要件。C++ 語言允許 1 對 1、1 對多、多對 1 的繼承方式，而 JAVA 語言則僅允許允許 1 對 1 的繼承方式。若程式語言具備「繼承」能力則程式的可重用性將較高，較易擴充且較易維護。

「多面性」代表具相同名稱的函式，但卻具有不同的功能。如 C++ 語言允許以下程式段之寫法：

```
print(int xxx);
print(double xxx);
print(char xxx);
print(long xxx);
```

這裡有四個 print 函式，雖然函式的名稱都是 print，但是因為參數的型態不同，因此會被視為是四個不同的函式。

當利用高階語言或物件導向程式語言為工具撰寫完原始程式後，必須將原始程式碼交由程式語言處理器翻譯成機器能處理的格式，程式才可以開始執行的動作。下一小節將介紹高階語言的處理器。

3.5 高階語言處理器

　　高階語言處理器主要的作用是利用高階語言寫成的程式段翻譯成機器可處理的碼。主要可分成編譯器 (Compiler) 及直譯器 (Interpreter) 兩類。編譯器 (也可稱為編譯程式) 會對原始程式碼中的每一條敘述，按照先後順序均做一次之處理，並產生對應的目的碼。直譯器 (也可稱為直譯程式) 會對原始程式碼中的敘述，按照執行的先後順序做處理，並直接產生程式執行結果。利用以下的實際範例作一說明：

🖥 | 範例 ❶

假設以下程式執行時未發生例外情況 (Exception)，請根據下列程式片段，分別說明若語言處理器為編譯器及直譯器時處理方式各別為何？

行號

  1. 例外處理敘述 1

  2. 例外處理敘述 2

  3. 例外處理敘述 3

  4. 一般敘述 1 (程式由此開始執行)

  5. 迴圈結構由此開始

  6. // 前測迴圈結構

  7. // 條件測試動作在第 5 行

  8. // 迴圈敘述為 6~9 行

  9. // 共執行 2 次

10. 迴圈結構結束處

11. 一般敘述 2

12. 一般敘述 3 (程式結束處)

解

編譯器對以上程式的處理順序如下：

第 1 行→第 2 行→第 3 行→第 4 行→第 5 行→第 6 行→第 7 行→第 8 行→第 9 行→第 10 行→第 11 行→第 12 行

因為編譯器會對原始程式碼中的每一條敘述，按照先後順序均做一次之處理，並產生對應的目的碼，因此不論將來在執行時，某條敘述可能不會執行（如第 1~3 行的例外處理敘述）或將在執行時會被執行多次（如第 6~9 行的迴圈敘述），對編譯器而言均只做一次之處理。

直譯器對以上程式的處理順序如下：

第 4 行→第 5 行→第 6 行→第 7 行→第 8 行→第 9 行→第 10 行→第 5 行→第 6 行→第 7 行→第 8 行→第 9 行→第 10 行→第 5 行→第 11 行→第 12 行

因為直譯器會對原始程式碼中的敘述，按照執行的先後順序做處理，並直接產生程式執行結果，因為題意已假設執行時未發生例外狀況，因此第 1~3 行的例外處理敘述直譯器不做處理，而第 6~9 行的迴圈敘述則需處理二次。

編譯器及直譯器之區別整理如下表：

語言處理器 比較項目	編譯器	直譯器
輸入	高階語言的程式	高階語言的程式
輸出	目的碼	執行結果
處理速度	較快	較慢
空間	需求較多	需求較少
除錯能力	較差	較佳
彈性	較佳	較差

3.6 程式設計基本觀念

本節將介紹程式設計的基本工具與觀念，包含的主題有流程圖、結構化程式設計及程式語言的運算子。

3.6.1 流程圖

發展程式時可利用流程圖 (Flow Chart) 來做為分析的工具，而流程圖主要的作用便是將計算方法轉換為圖形化的方式來表達。採用流程圖的主要優點為以圖形來表示程式邏輯，因此可讀性較高、容易維護及容易除錯等三項。

常用流程圖符號如下表：

編號	圖形	意義
1		開始或結束符號
2		敘述符號
3		副程式符號
4		條件判斷符號
5		輸入或輸出符號
6		連接符號
7		流向符號

下圖為判斷課程是否必須重修之過程所對應的流程圖。

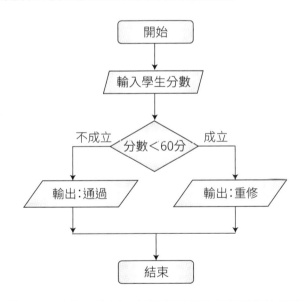

圖 3-2 流程圖實例：判斷課程是否必須重修流程圖

3.6.2 結構化程式設計

　　結構化程式設計是指從事程式設計的過程中，依照程式的邏輯特性將程式細分成幾個較小的問題，再將這些較小的問題同樣依照程式的邏輯特性再往下細分成更小的問題，依

此類推直到很容易編寫程式的單元時為止。當採用結構化程式設計法來設計程式時，應當盡量避免使用 goto 命令，以避免破壞程式的可讀性及結構性。採用結構化程式設計的主要優點是程式可分工完成、容易除錯、可讀性較高及較容易維護；主要的缺點則是經由結構化程式設計原則產生的程式碼通常會較大，如此一來將使得程式執行時間較久。

以編輯程式 (Editor) 為例，說明結構化程式設計的處理過程如下：將「設計編輯程式」這個問題依照編輯程式的邏輯特性將程式細分成「輸入」、「輸出」及「資料處理」三個較小的問題，再將「資料處理」同樣依照程式的邏輯特性再往下細分成「新增資料」、「修改資料」、「儲存資料」及「刪除資料」四個更小的問題，由於此四個問題已經很容易編寫程式碼，因此不再往下細分成更小的問題。

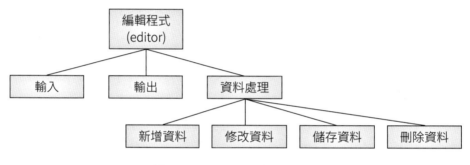

圖 3-3 結構化程式設計範例

3.6.3 程式語言的運算子

一般高階語言常用的運算子 (Operator) 有三類，分別是算術、關係及邏輯運算子。這三類運算子的關係如下表所示：

表 程式語言的運算子分類

運算子	運算優先順序	範例
算術運算子	最高	次方、乘號、除號、加號及減號
關係運算子	次之	等於、不等於、小於、大於、小於或等於、大於或等於
邏輯運算子	最低	not、and、or

程式語言對運算子定義運算優先順序的主要目的是希望程式能有唯一的執行結果，若運算子之運算優先順序未定義，則可能使得程式執行結果不唯一。

3.7 程式設計的三大結構

結構化程式設計的基本結構共有循序結構 (Sequential Structure)、選擇結構 (Selection Structure) 及反覆結構 (Iteration Sstructure) 三類。

3.7.1 循序結構

循序執行的程式段即為循序結構。

如以下範例：

$$
\begin{aligned}
&敘述_1;\\
&敘述_2;\\
&\cdots\\
&敘述_n;
\end{aligned}
$$

圖 3-4　循序結構示意圖

以上 n 條敘述按照敘述 $_1$、敘述 $_2$、…、敘述 $_n$ 的順序執行。

以一個基本但十分重要的範例來說明。假設有兩個變數分別是 A 與 B，若目前 A 的值為 2，B 的值為 3，若要將變數 A 與 B 的值交換，程式應如何撰寫？假設十分直覺地將 B 的值設定給 A，再將 A 的值設定給 B，如以下程式段：

$$
\begin{aligned}
&A = B;\\
&B = A;
\end{aligned}
$$

執行完以上程式段後，變數 A 與 B 的值均將為 3，並無法順利將 A 與 B 的值交換，理由是第一條「A = B;」敘述會使得 A 原本的值 2 被 B 的值 3 覆蓋掉 (Overwrite)，當執行第二條「B = A;」敘述時，已經無法取得 A 原本之值 2，而是取得 3 之值。因此以上的程式片段並無法將變數 A 與 B 的值交換。再思考以下程式片段：

$$
\begin{aligned}
&T = B;\\
&B = A;\\
&A = T;
\end{aligned}
$$

　　此程式段中新增了一個暫時變數 T，首先執行「T＝B;」敘述，此敘述之執行會將 B 原本的值 3 設定給 T(此時 T 的值為 3)，然後執行「B＝A;」敘述，此敘述之執行會將 A 的值 2 設定給 B(此時 B 的值將變為 2)，最後執行「A＝T;」敘述，此時 A 的值將變為 3，如此一來變數 A 與 B 之值便順利地交換了。變數 A 與 B 的值交換也可寫成以下之程式段：

$$T = A;$$
$$A = B;$$
$$B = T;$$

　　重要結論：若要將兩個變數的值交換，最少應增加一個額外變數。

3.7.2 選擇結構

　　選擇結構可分為單路選擇結構、雙路選擇結構及多重選擇結構三種。

一、單路選擇結構

　　單路選擇結構 (Single Path Selection Structure) 的語意是指條件成立時，有對應的敘述應被處理，但是當條件不成立時，則沒有對應的敘述應被處理，因此稱為單路選擇結構。以虛擬碼 (Pseudo Code) 撰寫的單路選擇結構之語法如下：

> **if (條件) then 條件成立時應執行的敘述**

對應的流程圖如下：

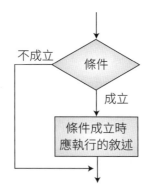

圖 3-5 單路選擇結構流程圖

範例 ❶

以下程式段執行之結果為何？

    X=1;
    if X > 1 then X=X+10;
    print X

解 1

第一條敘述設定了 X 之值為 1，但由於條件 X>1 不成立，因此 X＝X＋10 敘述並不會被執行，所以最後一條敘述輸出的 X 值為 1。對應的流程圖如下：

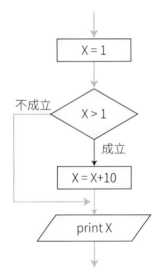

其中綠色部分代表執行時實際的執行流程。

範例 ❷

以下程式段執行之結果為何？

    X=2;
    if X > 1 then X=X+10;
    print X

解 12

第一條敘述設定了 X 之值為 2，由於條件 X>1 成立，因此 X＝X＋10 敘述會被執行，所以最後一條敘述輸出的 X 值為 12。對應的流程圖如下：

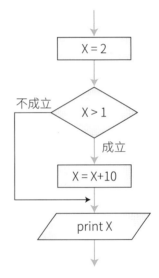

其中綠色部分代表執行時實際的執行流程。

C/C++/Java 語言提供的單路選擇結構語法為：

if (條件) { 條件成立時應執行的敘述 }

其中若「條件成立時應執行的敘述」只有一條敘述則 {} 可以省略不寫，但是若「條件成立時應執行的敘述」為兩條或兩條以上的敘述群，則 {} 必須保留下來。

Basic 語言提供的單路選擇選擇結構語法為：

if 條件 then 條件成立時應執行的敘述

其中若「條件成立時應執行的敘述」可以為該條敘述的行號或直接為該條敘述皆可。

不論是何種語言,以上的單路選擇敘述均代表條件成立時執行對應之敘述,但若條件不成立則直接執行 if 結構的下一條敘述。

二、雙路選擇結構

雙路選擇結構 (Double Path Selection Structure) 的語意是指條件成立時,有相對應的敘述必須被處理,而且當條件不成立時,也有相對應的敘述要處理,因此稱為雙路選擇結構。以虛擬碼 (Pseudo Code) 撰寫的雙路選擇結構之語法如下:

> if (條件) then 條件成立時應執行的敘述
> else 條件不成立時應執行的敘述

對應的流程圖如下:

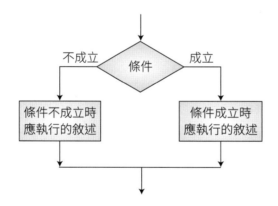

圖 3-6　雙路選擇結構流程圖

📺 | 範例 ❶

以下程式段執行之結果為何?

$X = 1$
if $X > 1$ then $X = X + 10$　else $X = X + 20$
print X

解 21

第一條敘述設定了 X 之值為 1,但由於條件 X>1 不成立,因此執行 $X = X + 20$ 敘述,所以最後一條敘述輸出的 X 值為 21。對應的流程圖如下:

其中綠色部分代表執行時實際的執行流程。

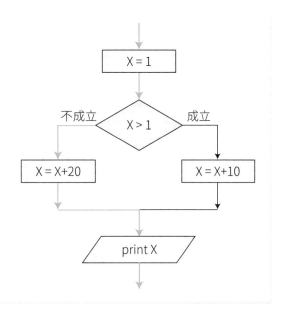

📺│範例 ❷

以下程式段執行之結果為何？

    X = 2
    if X > 1 then X = X + 10 else X = X + 20
    print X

解 12

第一條敘述設定了 X 之值為 2，由於條件 X>1 成立，因此執行 X = X + 10 敘述，所以最後一條敘述輸出的 X 值為 12。對應的流程圖如右：

其中綠色部分代表執行時實際的執行流程。

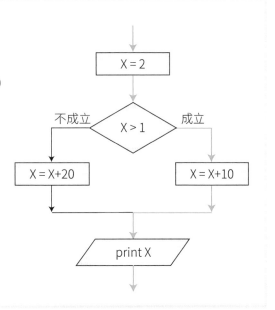

C/C++/Java 語言提供的雙路選擇結構語法為：

> **if (條件) { 條件成立時應執行的敘述 }**
> **else { 條件不成立時應執行的敘述 }**

其中若「條件 (不) 成立時應執行的敘述」只有一條敘述則 {} 可以省略不寫，但是若「條件 (不) 成立時應執行的敘述」為二條或二條以上的敘述群，則 {} 必須保留下來。

💻│ 範例 ❸

當 X 的值為 (1)5 (2)15 (3) 25 時，以下程式段執行之結果為何？

  A = X;
  if (A > 10) if (A > 20) A = A*10; else A = A*20;
  printf("%d", A);

解 (1) 5　(2) 300　(3) 250

題意中的敘述：

$$\text{if } (A > 10) \text{ if } (A > 20) A = A*10; \text{ else } A = A*20;$$

有兩個 if、一個 else，解題的關鍵便是「else 與哪一個 if 配對」，近代的高階語言多是採用「最接近未結合原則」。此原則是指 else 會與左方最接近的 if 結合，但前題是此 if 必須尚未跟其他 else 結合。因此題意中的敘述，else 是與第二個 if 結合，換句話來說，第二個 if 屬於雙路選擇結構，第一個 if 因為沒有可配對的 else，因此屬於單路選擇結構。

$$\text{if } (A > 10) \text{ if } (A > 20) A = A*10; \text{ else } A = A*20;$$

對應流程圖如下：

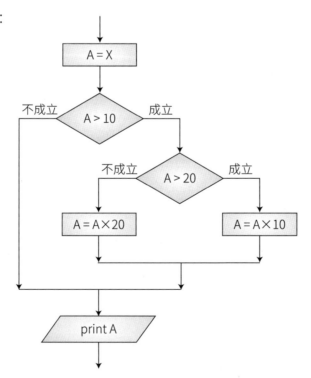

(1)　X 的值為 5 時，直接執行 print A 敘述，因此輸出結果為 5。

(2)　X 的值為 15 時，執行 A = A*20 敘述，再執行 print A 敘述，因此輸出結果為 300。

(3)　X 的值為 25 時，執行 A = A*10 敘述，再執行 print A 敘述，因此輸出結果為 250。

🖥 範例 4

當 X 的值為 (1)5 (2)15 (3) 25 時，以下程式段執行之結果為何？

    A = X;
    if (A > 10) { if (A > 20) A = A*10; } else A = A*20;
    printf("%d", A);

解 (1) 100　(2) 15　(3) 250

題意中的敘述：

$$if (A > 10) \{ if (A > 20) A = A*10; \} \ else \ A = A*20;$$

因為第二個 if 被「{ }」限定了作用的範圍，因此題意中的敘述，else 是與第一個 if 結合，換句話來說，第一個 if 屬於雙路選擇結構，第二個 if 因為沒有可配對的 else，因此屬於單路選擇結構。

對應流程圖如下：

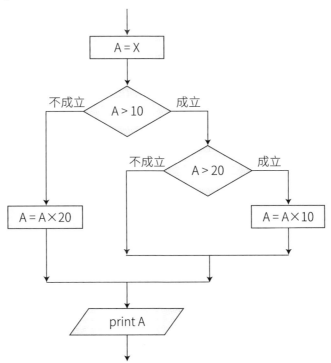

(1) X 的值為 5 時，執行 A = A*20 敘述，再執行 print A 敘述，因此輸出結果為 100。

(2) X 的值為 15 時，直接執行 print A 敘述，因此輸出結果為 15。

(3) X 的值為 25 時，執行 A = A*10 敘述，再執行 print A 敘述，因此輸出結果為 250。

三、多重選擇結構

最後一種選擇結構為多重選擇結構 (Multiple Path Selection Structure)，在一般的高階語言中常見的多重選擇結構為 switch 結構。

C/C++/java 語言的 switch 結構之語法如下：

```
switch (N)
{
  case(L1):    exp1;
               break;
  case(L2):    exp2;
               break;
     .....
  case(Ln-1):  expn-1);
               break;
  default: expn;   }
```

以上 switch 結構的語意若以多層次的 if-else 結構來描述，對應之敘述如下：

```
if  (N = L1) exp1;
else  if  (N = L2) exp2;
       else  if  (N = L3)  exp3;
          ...
          else  if  (N = Ln-1)  expn-1;
               else  expn;
```

C 語言的 switch 敘述屬於外顯分歧（Explicit Branch）結構；換句話說，若要表達相同的語意，「break」命令是不應省略。但是若將以上的 switch 結構改寫如下（將「break」命令全部去掉）：

```
switch (N)
{
  case(L1):    exp1;
  case(L2):    exp2;
     .....
  case(Ln-1):    expn-1);
  default: expn;   }
```

以上 switch 結構的語意若以多層次的 if-else 結構來描述，對應之敘述如下：

```
if  (N=L₁)  {exp1; exp2; exp3; …; expn-1; expn;}
else  if  (N=L₂)  {exp2; exp3; …; expn-1; expn;}
      else  if  (N=L₃)  { exp3; …; expn-1; expn;}
         …
        else  if  (N=Ln-1)  {expn-1; expn;}
             else  expn;
```

3.7.3 反覆結構

反覆結構是指重複執行的敘述群。反覆結構分為兩類，一種是前測迴路 (Pre-test Loop)，另一種則是後測迴路 (Post-test Loop)。

一、前測迴路

前測迴路的運作原則是先判斷執行迴圈敘述的條件是否成立，若「成立」則執行迴圈敘述，若「不成立」則跳離迴圈結構，測試的特性為迴圈執行的最少次數是 0 次，最多次數是無限多次。前測迴路的程式流程圖如下：

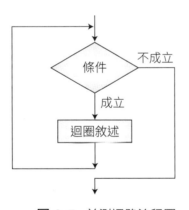

圖 3-7 前測迴路流程圖

常見的前測迴路可分為兩類，分別是「while-loop」及「for-loop」。首先介紹「while-loop」，C/C++/Java 語言的「while-loop」語法結構如下：

```
while (< 條件 >)
{
        迴圈敘述

}
```

　　若「迴圈敘述」只有一條，語法結構中的「{」及「}」可以省略，否則「{」及「}」必須被保留下來。假設要以「while-loop」設計寫一個程式片段來完成「s＝1＋2＋…＋100」的工作，程式可撰寫如下：

```
s=0;
i=1;
while (i ≤ 100)
{
    s=s+i;
    i=i+1;
}
```

　　此程式段的「條件」5 為「i <=100」，若條件成立則迴圈敘述「s=s+i;　i=i+1;」將被執行，因此在 i 的值為 1~100 時迴圈敘述會執行。

　　迴圈敘述第 1 次執行時，會將 1 與 s 之值相加 (此時 s 之值變為 0＋1，i 的值為 1＋1)。

　　迴圈敘述第 2 次執行時，會將 2 與 s 之值相加 (此時 s 之值變為 0＋1＋2，i 的值為 2＋1)。

　　迴圈敘述第 3 次執行時，會將 3 與 s 之值相加 (此時 s 之值變為 0＋1＋2＋3，i 的值為 3＋1)。

　　…

　　迴圈敘述第 100 次執行時，會將 100 與 s 之值相加 (此時 s 之值變為 0＋1＋2＋3＋…＋100，i 的值為 100＋1)。

　　當對迴圈結構的條件敘述「while (i <=100)」作第 101 次測試時，將因為 i＝101 而得到條件不成立的結果，此時將跳離此迴圈結構。

　　此程式段結束執行的動作後，i 的值為 101，s 的值為 1＋2＋3＋…＋100，迴圈敘述執行的次數為 100 次，條件敘述「while (i <=100)」執行的次數為 101 次。下表為迴圈執行時，迴圈執行次數與變數 s 及 i 值之關係表。

迴圈敘述第？次執行	s 值	i 值
1	0+1	2
2	0+1+2	3
3	0+1+2+3	4
…	…	…
99	0+1+2+3+…+99	100
100	0+1+2+3+…+99+100	101

接下來介紹第二種前測迴路「for-loop」。C/C++/Java 語言的「for-loop」語法結構如下：

```
for (exp1; exp2; exp3)
{
    迴圈敘述
}
exp1：設定控制變數之初值。
exp2：設定迴圈執行時，控制變數之範圍。
exp3：設定控制變數變化的情況。
```

假設要以「for-loop」寫一程式片段來完成「s＝1+2+…+100」的工作，程式可撰寫如下：

```
s = 0;
for (i = 1; i ≤ 100; i = i + 1)
    s = s + i;
```

此程式段迴圈執行的「條件」為「i <=100」，若條件成立則迴圈敘述「s＝s+i;」將被執行，因此在 i 的值為 1~100 時迴圈敘述會執行。

迴圈敘述第 1 次執行時，會將 1 與 s 之值相加 (此時 s 之值變為 0+1)。

迴圈敘述第 2 次執行時，會將 2 與 s 之值相加 (此時 s 之值變為 0+1+2)。

迴圈敘述第 3 次執行時，會將 3 與 s 之值相加 (此時 s 之值變為 0+1+2+3)。

…

迴圈敘述第 100 次執行時會將 100 與 s 之值相加 (此時 s 之值變為 0+1+2+3+…+100)。

當對迴圈結構的條件敘述「i ＜＝100」作第 101 次測試時，將因為 i＝101 而得到條件不成立的結果，此時將跳離此迴圈結構。

此程式段結束執行的動作後，i 的值為 101，s 的值為 1+2+3+…+100，迴圈敘述執行的次數為 100 次，條件敘述「i ＜＝100」執行的次數為 101 次。每當執行完迴圈敘述後，便會將控制變數 i 之值將加 1，透過變數 i 的值來控制迴圈執行的次數，因此 i 被稱為「控制變數」。

🖥 | 範例 ❶

C 程式片段如下：

```
s = 0;
for (i=1; i ≤ 15; i=i+2)
  s = s+i;
printf( "%d" , s)
```

試以數學式計算出當程式執行後，何數將被印出？

解

迴圈敘述第？次執行	i 值	s 值
1	1	0+1
2	3	0+1+3
3	5	0+1+3+5
4	7	0+1+3+5+7
5	9	0+1+3+5+7+9
6	11	0+1+3+5+7+9+11
7	13	0+1+3+5+7+9+11+13
8	15	0+1+3+5+7+9+11+13+15

讀者在思考這個範例時應該有一個疑問，就是「迴圈敘述為什麼執行 8 次？」。由程式段可知迴圈執行的條件為「i ＜＝15」，這個範例應以「等差級數」的觀念來解題。「等差級數基本公式」如下：

$$a_n = a_1 + (n-1) \times d$$

其中 a_n 為等差級數的第 n 項，a_1 為等差級數的第 1 項，n 代表等差級數的項數，d 則是代表等差級數的公差。

此類題型標準的解題步驟如下：

1. 以題意的控制變數最大可能整數值為等差級數的 a_n 項，因此本題 a_n 值先預估為 15。

2. 等差級數的第 1 項 a_1 為控制變數的初值，因此本題 a_1 值為 1。

3. 等差級數的公差 d 為控制變數值的變化情況，因此本題 d 值為 2。

4. 將各項變數值套入「等差級數基本公式」，求出 n 值：

   $a_n = a_1 + (n-1) \times d$
   $\Rightarrow 15 = 1 + (n-1) \times 2$
   $\Rightarrow n = (15-1)/2 + 1$
   $\Rightarrow n = 8$

   此處求出的 n 值為 8，代表共有 8 個值 (即 1、3、5、7、9、11、13 及 15) 可讓迴圈執行；換句話說，也就是迴圈共會執行 8 次。

   結論：等差級數的項數便是迴圈執行的次數。

5. 利用等差級數求和公式計算 s 值。等差級數求和公式如下：

$$s = (a_1 + a_n) \times n/2$$

   本題 s 值求法如下：

   $s = (1+15) \times 8/2 = 64$

二、後測迴路

後測迴路的運作原則是先執行迴圈敘述，再判斷繼續執行迴圈敘述的條件是否成立，若「成立」則執行迴圈敘述，若「不成立」則跳離迴圈結構，測試的特性為迴圈執行的最少次數是 1 次，最多次數是無限多次。後測迴路的程式流程圖如右：

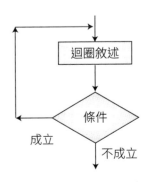

圖 3-8 後測迴路流程圖

C/C++/Java 語言的後測迴路的語法結構如右：

```
do {
    迴圈敘述
} while (< 條件 >)
```

先執行迴圈敘述再檢查 < 條件 >，< 條件 > 成立時執行迴圈敘述，當 < 條件 > 不成立時將離開迴圈結構。

假設要以「do-while loop」寫一程式片段來完成「s=1+2+…+100」的工作，程式可撰寫如下：

```
s = 0;
i = 1;
do {
    s = s + i;
    i = i + 1;
} while (i ≤ 100)
```

此程式段的「條件」為「i <=100」，先執行迴圈敘述「s=s+i;　i=i+1;」再做條件測試，若條件成立則再執行迴圈敘述「s=s+i;　i=i+1;」一次，因此在 i 的值為 1~100 時迴圈敘述會執行。

迴圈敘述第 1 次執行時，會將 1 與 s 之值相加 (此時 s 之值變為 0+1，i 的值為 1+1)。

迴圈敘述第 2 次執行時，會將 2 與 s 之值相加 (此時 s 之值變為 0+1+2，i 的值為 2+1)。

迴圈敘述第 3 次執行時，會將 3 與 s 之值相加 (此時 s 之值變為 0+1+2+3，i 的值為 3+1)。

…

迴圈敘述第 100 次執行時，會將 100 與 s 之值相加 (此時 s 之值變為 0+1+2+3+…+100，i 的值為 100+1)。

當對迴圈結構的條件敘述「while (i <=100)」作第 100 次測試時，將因為 i=101 而得到條件不成立的結果，此時將跳離此迴圈結構。此程式段結束執行的動作後，i 的值為 101，s 的值為 1+2+3+…+100，迴圈敘述執行的次數為 100 次。下表為迴圈執行時，迴圈執行次數與變數 s 及 i 值之關係表。

迴圈敘述第？次執行	s 值	i 值
1	0+1	2
2	0+1+2	3
3	0+1+2+3	4
…	…	…
99	0+1+2+3+⋯+99	100
100	0+1+2+3+⋯+99+100	101

最後以一個十分經典的範例來結束本小節。

🖥️ | **範例 ➊**

請以 for-loop 設計程式段，此程式段可求得

(1) S 的值，S = 1 + 2 + 3 + ⋯ + N。

(2) N 的階層值，N! = 1 × 2 × 3 × ⋯ × N。

解

題目	求 S， S=1+2+3+⋯+N	求 f， f=1×2×3×⋯×N=N!

程式段	`S=0;`
	`for（i=1; i≤N; i++)`
	　　`S=S+i;`
		`f=1;`
		`for（i=1; i≤N; i++)`
		　　`f=f*i;`

這兩個問題的解法很相似，請務必徹底瞭解作法。

本章重點回顧

- 運算思維是指利用電腦解決問題時所使用的思考模式,如何讓電腦來解決問題?便成為了理解運算思維的重要任務。

- 程式語言是由一組系統化的符號所構成之集合,使用程式語言的目的則是利用這些符號來表達某種機器解決特定問題的步驟。人類慣用的表示法可能會與程式語言不同,例如人類通常在日常生活中習慣用「≠」來表示「不等於」,但程式語言一般會用「< >」或「!=」來表示「不等於」。

- 程式語言由第一代至第五代分別是機器語言、組合語言、高階語言、極高階語言與自然語言。

- Fortran 是第一個高階語言。

- 物件導向程式語言三大特徵分別是資訊隱藏 (封裝)、繼承與多面性。

- 高階語言處理器主要可分成編譯器及直譯器兩類。

- 流程圖是將計算方法轉換為圖形化的方式來表達。採用流程圖的主要優點為可讀性較高、容易維護及容易除錯等三項。

- 結構化程式設計是指從事程式設計的過程中,依照程式的邏輯特性將程式細分成幾個較小的問題,再將這些較小的問題同樣依照程式的邏輯特性再往下細分成更小的問題,依此類推直到很容易編寫程式的單元時為止。

- 結構化程式設計的基本結構共有循序結構、選擇結構及反覆結構三種。

☺ **選 | 擇 | 題**

( ) 1. 與機器語言相比，下列何者不是高階程式語言的優點？

(A) 高可攜性　　　(B) 高可讀性　　　(C) 高執行效率　　　(D) 高維護性。

( ) 2. 程式語言可分為機械語言、低階語言、高階語言、極高階語言與自然語言，以下何者為低階語言？

(A) SQL　　　　　(B) 組合語言　　　(C) BASIC　　　　(D) PASCAL。

( ) 3. 下列關於高階語言與低階語言之比較，何者正確？

(A) 低階語言較易撰寫 (Coding)　　　(B) 低階語言執行速度較慢
(C) 高階語言可讀性較高　　　　　　　(D) 高階語言執行速度較快。

( ) 4. 下列有關 C 語言的敘述，何者錯誤？

(A) C 語言採用區塊結構　　(B) 用 C 語言撰寫的程式是由一群函式所組成
(C) C 語言為高階語言　　　(D) C 語言將大小寫符號視為相同。

( ) 5.　BASIC、C、C++ 和 Java 這四個程式語言中，哪個沒有 goto 指令？

(A) BASIC　　　　(B) C　　　　　　(C)C++　　　　　(D) Java。

( ) 6. 在物件導向設計中，類別是由相同性質的何種元件所集合而成？

(A) 屬性 (Attributes)　　　　　　　(B) 群集 (Aggregation)
(C) 物件 (Objects)　　　　　　　　(D) 訊息 (Messages)。

( ) 7. 以下哪一種物件導向的特性使得程式設計時可以重複使用軟體元件，減少系統發展所需的時間和成本並增加系統的可擴充性？

(A) 封裝性　　　　(B) 繼承性　　　　(C) 結構性　　　　(D) 多型性。

( ) 8. 將 C 語言撰寫的原始程式轉換成個人電腦能理解的機器碼，需要哪一種程式？

(A) 編譯器　　　　(B) 直譯器　　　　(C) 組譯器　　　　(D) 瀏覽器。

( ) 9. 下列何者不是 C 或 C++ 的迴圈指令？

(A) while 迴圈　　(B) for 迴圈　　　(C) loop 迴圈　　　(D) do while 迴圈。

( ) 10. 下列選項中為有關 C 與 C++ 程式語言之比較，何者正確？

(A) C 之歷史較 C++ 長久，並且 C 具有支援物件導向程式設計之功能
(B) C 與 C++ 支援之資料型態相同，並使用相同之運算符號
(C) C 是 C++ 發展之基礎，故兩者之語法規則相似
(D) C 語言編寫之程式使用編譯器處理，C++ 語言編寫之程式使用直譯器處理。

( ) 11. 編譯程式和直譯程式之比較，下列何者正確？

　　(A) 編譯程式為低階語言，直譯程式為高階語言
　　(B) 編譯程式處理速度較快
　　(C) 直譯程式語法通常比編譯程式簡單
　　(D) 編譯程式無法執行迴圈功能。

( ) 12. 程式在經過編譯程式轉換成目的碼的過程中，電腦會檢查以下的哪一種錯誤？
　　(A) 語法錯誤 (Syntax Error)　　(B) 語意錯誤 (Semantics Error)
　　(C) 執行錯誤 (Run time Error)　(D) 邏輯錯誤 (Logical Error)。

( ) 13. 為了求解某一個問題而根據規定的圖形符號，以圖形來表示處理流程的工具稱
　　為？

　　(A) 流程圖　　　　(B) 結構圖　　　　(C) 演算法　　　　(D) 直譯程式。

( ) 14. 下列哪一項不是結構化程式設計的目的？

　　(A) 增加程式可讀性　　　　　　(B) 減少測試程式的時間
　　(C) 減少程式維護時間　　　　　(D) 縮小程式碼。

( ) 15. 結構化程式設計不允許使用？

　　(A) 循序結構　　(B) 選擇結構　　(C) 反覆結構　　(D) 跳躍結構。

( ) 16. 下列何者是程式模組化的主要優點？

　　(A) 產生的程式碼較短　　　　　(B) 程式的執行速度較快
　　(C) 程式的記憶體空間需求較少　(D) 軟體較易重複使用。

( ) 17. 若 count 的值為 7，則在 C 程式中，「sum ＝ ++count」執行後，sum 與
　　count 的值分別為何？

　　(A) 7 與 7　　(B) 8 與 8　　(C) 7 與 8　　(D) 8 與 7。

( ) 18. 以下程式片段執行完畢後，變數 X 的值應為多少？

　　(A) 20　　　　(B) 25　　　　(C) 35　　　　(D) 60。

```
X = 20 ;
if (X > 5) X=X+5 ;
if (X > 10) X=X+10 ;
if (X > 40) X=X+30 ;
```

(   ) 19. 有一 C 語言之 switch 敘述如下：

```
switch (x)
{
case 1: y= 'a'; break ;
case 2:
case 3: y= 'b'; break ;
default: y = 'c' ;
}
```

此敘述等同於下列哪一個程式片段？

(A) if (x = = 1) y = 'a';
    if (x = = 2 || x = = 3) y = 'b';
    y = 'c' ;

(B) if (x = = 1) y = 'a';
    else if (x = = 2 || x = = 3) y = 'b';
    else y = 'c' ;

(C) if (x = = 1) y = 'a';
    if (x >= 2 && x <= 3) y = 'b';
    y = 'c';

(D) if (x = = 1) y = 'a';
    else if (x >= 2 && x <= 3) y = 'b';
    else y = 'c';

(   ) 20. 撰寫程式時，在程式中加「註解」的主要用途為何？
    (A) 簡化編譯過程　　　　　　(B) 執行檔最佳化
    (C) 增加程式的可讀性　　　　(D) 增加程式的彈性。

應 | 用 | 題

1. 請解釋何謂「運算思維」？

2. 何謂結構化程式設計？它有何特性？有何優缺點？試說明之。

3. 請說明程式設計的三大結構。

4. 程式語言會規定運算子優先順序 (Operator Precedence)，主要考慮的原因為何？

本章習題

5. 在物件導向分析設計 (Object-oriented Analysis and Design) 中，類別 (Cclass) 與物件 (Object) 兩者有何關係？

6. 在軟體開發時，常要用到資訊隱藏的原則，請解釋此原則。

7. C 程式語言提供三種迴圈結構：for- 迴圈、while- 迴圈和 do-while- 迴圈。請說明這三種迴圈使用的時機。

8. 何謂例外處理（Exception Handling）？例外處理有何優點？並以 C++ 或 JAVA 說明程式語言如何提供例外處理功能。

9. 執行下面程式，可能得到幾種不同的 V 值，分別為何？使 V 值為 1 的條件為何？（請將條件盡量簡化）

```
V=1;
if C and L then V=2
else if not C then
      begin
        if S and Y then V=3
        else if S and (not Y) then V=4
      end
```

10. 執行下面程式時：

(1) 可不可能在第 7 行產生執行時的錯誤 (Run-time Error)？為什麼？

(2) 若 D 原來的值為 0，可不可能在第 3 行產生執行時的錯誤？為什麼？

```
1  A := A*A;
2  D := D+A;
3  E := (A+B+C)/D;
4  B := 2*A;
5  C := A+B;
6  Writeln (B, D, C, E);
7  D := sqrt(C);      // sqrt() 為開根號函式
8  F := A+B+C+D+E;
```

04 CHAPTER 演算法導論與基礎資料結構

一般來說，程式製作的過程為程式設計師會先根據使用者的需求來設計演算法 (Algorithm)，然後再挑選一個適合的程式語言，根據程式語言的語法及設計好的演算法來撰寫 (Coding) 程式。由此可知程式設計與演算法之間的關係十分密切。本章將介紹演算法的相關知識與基礎資料結構，包含的主題有演算法基本觀念、演算法分析、常用程式設計方法、發展程式的方法與基礎資料結構 (包含陣列、鏈結串列、堆疊、佇列及樹狀結構)。

4.1　演算法基本觀念

4.2　演算法分析

4.3　常用程式設計方法

4.4　發展程式的方法

4.5　基礎資料結構

4.1　演算法基本觀念

演算法是指是有限數目指令的集合，利用這群指令撰寫的程式可以完成某個特定的工作。演算法有五項基本的條件，必須五項條件都滿足才符合演算法的要求，五項條件分述如下：

1. **輸入 (Input) 條件：**

   0 個或 0 個以上的輸入，也就是說演算法允許沒有輸入。

2. **輸出 (Output) 條件：**

   演算法要求至少應有 1 個輸出。

3. **明確性 (Definiteness) 條件：**

   演算法要求定義必須明確不可模擬兩可 (Ambiguous)。

4. **有限性 (Finiteness) 條件：**

   演算法要求不可存在無窮迴路 (Infinite Loop)，也就是說必須在有限步驟內完作。

5. **有效性 (Effectiveness) 條件：**

   演算法執行的結果應是正確的。

任何一種計算方法必須滿足以上五項條件才符合演算法的要求。如果某一種計算方法執行的結果是錯誤的，就算該計算方法滿足輸入、輸出、明確性及有限性四項條件，而且或許執行的速度也很快，但是一個錯誤的計算方法就不能算是演算法。

「程式中不應有無窮迴路」是普遍被認同的一個觀念，但是事實上「無窮迴路」對於某些程式卻是必須的，比如作業系統本身便是一個反覆執行「無窮迴路」的程式 (她始終在等候使用者提出要求服務的請求)。程式設計師撰寫程式時經常會利用流程圖做為設計程式的輔助工作，流程圖與程式是相關連的。所以說流程圖與程式都允許「無窮迴路」，因此並非所有的流程圖與程式都能滿足演算法的要求。

實例：一個演算法的例子

```
排序副程式 SORT(D, N)
 依序處理 D 中的第 1 筆至第 N 筆資料
  {
  由 D[i] 到 D[N] 中找出最小的值 D[j]
  交換 (D[i],D[j])
  }
```

上面所敘述的演算法若轉換成程式段則相對應的程式段將如下所示：

```
SORT(D, n)
{
  for (i=1; i ≤ n; i++)
  { j=i;
    for (k=j+1; k ≤ n; k++)
      if (D[k]<D[j]) j=k;
    T=D[i];
    D[i]=D[j];
    D[j]=T; }
}
```

4.2　演算法分析

由於程式是根據演算法撰寫而成，因此程式與其對應的演算法關係必定非常密切；若演算法設計得宜，則程式的執行效率及記憶體空間的使用情形都會處於較理想的狀況。

分析或評估程式效能的方法可分別就「程式執行所需的時間」(Time) 與「程式執行所需的記憶體空間」(Space) 兩方面來著手。

影響程式執行時間的因素有以下四點：

1. 輸入資料的數量。
2. 所採用的演算法之時間複雜度 (Time Complexity)。
3. 編譯器的優劣。
4. 計算機的執行速度。

通常執行演算法分析時只會考慮輸入資料的數量和演算法之時間或空間複雜度。漸進符號 (Asymptotic Symbols) 常被用來分析演算法的時間或空間複雜度，雖然漸進符號無法精確地表達演算法實際需要的執行時間或記憶體空間，但因可利用簡單的近似值表達演算法所需的時間或空間複雜度，因此被廣泛採用。

最常被使用來表達演算法的漸進符號為「O」(唸作 big-oh)，說明如下：

O：$f(n) = O(g(n))$ 若且為若存在兩個正整數 N 與 c，使得當 $n \geq N$ 時，$f(n) \leq c \times g(n)$。

「O」代表函數的漸進上限，若 $f(n) = O(g(n))$，則 $O(g(n))$ 便代表函數 $f(n)$ 的漸進上限，例如 $f(n) = 3n^2 + 4n + 5$，則 $O(n^2)$ 便代表函數 $f(n)$ 的漸進上限。簡單的來說就是，只要 n 的值夠大，用 n^2 的值就可來做為整個多項式 $3n^2 + 4n + 5$ 的近似值。

假設 n 表示要處理的資料量則常見的時間複雜度有以下八種：

編號	符號	意義
1	$O(1)$	常數時間 (Constant time)
2	$O(\log_2 n)$	次線性時間 (Sub-linear Time)，一般以 $O(\log n)$ 表示
3	$O(n)$	線性時間 (Linear Time)
4	$O(n\log_2 n)$	線性乘次線性時間 (Sub-linear Time)，一般以 $O(n \log n)$ 表示
5	$O(n^2)$	平方時間 (Quadratic Time)
6	$O(n^3)$	立方時間 (Cubic Time)
7	$O(2^n)$	指數時間 (Exponential Time)
8	$O(n!)$	階層時間

請注意：

$O(1) < O(\log_2 n) < O(n) < O(n\log_2 n) < O(n^2) < O(n^3) < O(2^n) < O(n!)$

🖥 | 範例 ❶

寫出下列 $f(n)$ 的時間複雜度：

(1) $5\log n + 100$

(2) $8n^3 - 15$

(3) $20n^2 + 400$

(4) $20n^3 + 30n^2 + 40n\log n + 50n$

解

(1) $5 \log n + 100 = O(\log n)$

(2) $8n^3 - 15 = O(n^3)$

(3) $20n^2 + 400 = O(n^2)$

(4) $20n^3 + 30n^2 + 40n\log n + 50n = O(n^3)$

範例 ❷

利用以下程式段來說明 $f(n) = 2 \times n^2 + 3 \times n + 500$ 的邏輯意義，在程式段中使用到的 P、Q 及 R 滿足 $P + Q + R = 500$，詳細程式段如下：

```
敘述 ₁;
敘述 ₂;
...
敘述 P
for (i=1; i<=n; i++)
    for (j=1; j<=n; j++)
        { 敘述 ₁;
          敘述 ₂; }
敘述 ₁;
敘述 ₂;
...
敘述 Q
for (i=1; i<=n; i++)
    {   敘述 ₁;
        敘述 ₂;
        敘述 ₃; }
敘述 ₁;
敘述 ₂;
...
敘述 R
```

解

在此程式內的雙層迴圈之迴圈敘述有兩條，共執行 $2 \times n^2$ 次，單層迴圈之迴圈敘述有三條，共執行 $3 \times n$ 次，其他一般敘述共有 $P + Q + R = 500$ 條，因此執行的總敘述數為 $2 \times n^2 + 3 \times n + 500$，利用下表做一簡單分析：

n 值	10	100	1000	10000
$(2 \times n^2 + 3 \times n + 500)$ 值	730	20800	2003500	100030500

由上表知，當 n 值愈大 $2 \times n^2$ 的值佔 $(2 \times n^2 + 3 \times n + 500)$ 值之比重就愈大，也就是說，只要 n 夠大，n^2 這一項便足以用來做為 $(2 \times n^2 + 3 \times n + 500)$ 之近似值，而且 n 值愈大精確度便愈高。

4.3　常用程式設計方法

運算思維 (Computational Thinking) 是指利用電腦解決問題的思維來解決問題的能力。簡單來說，運算思維就是「設計程式的方法」。

程式產生的過程一般可分為需求 (Requirement)、設計 (Design)、分析 (Analysis)、再修飾與編碼 (Refinement and Coding) 及驗證 (Verification) 五個階段。「需求階段」是根據程式的要求定義出所有可能的輸入及輸出狀況。「設計階段」是根據需求設計出相對應的演算法。「分析階段」是嘗試設計出兩種以上不同的演算法，再由不同的演算法中決定何者最佳。「再修飾與編碼階段」是選擇適當的程式語言開發工具對最佳演算法編碼並撰寫出對應的程式。「驗證階段」是對撰寫出的程式執行證明 (Proving)、測試 (Testing) 及除錯 (Debugging) 三項工作。

常用的程式設計方法有遞迴法 (Recursive Method)、貪婪法 (Greedy Method)、個別擊破法 (Divide and Conquer) 及動態程式法 (Dynamic Programming) 四種，以下僅先對遞迴法做詳細介紹，另外三種程式設計方法則僅因屬於較進階內容，此處僅做概略說明。

1. 遞迴法

允許副程式直接或間接呼叫本身便稱之為遞迴法。目前常用的程式語言開發工具均提供遞迴功能，如 C、C++、Java 及 Visual Basic 等。

範例 ❶

利用遞迴法設計一個演算法來計算 $s=1+2+\cdots+n$ 的值，其中 n>1 且 n 為整數。

解

```
int f(int n)
{
if (n =1) return (1)      ;
else return (f(n-1)+n);
}
```

範例 ❷

利用遞迴法法設計一個演算法來計算 $n!=1\times2\times\cdots\times n$ 的值，其中 n>1 且 n 為整數。

解

```
int f(int n)
{
if (n =1) return (1)      ;
else return (f(n-1)*n);
}
```

2. **貪婪法**

貪婪法的原則是求出現階段的最佳選擇。將求解的過程細分成一系列的子步驟，每個子步驟所做的選擇都是目前最佳的，而且每個子步驟的選擇在往後皆不得被變更。例如 Dijkstra 的單一起點最短路徑演算法，Prime 的最小生成樹演算法和無失真編碼的霍夫曼演算法，都是採用貪婪法。

3. **個別擊破法**

將一個問題分解成數個較小的問題，若某些小問題可繼續再被細分，便再將小問題往下再細分成更小的問題，依此類推直到問題獲得解答為止。最後將分解後問題的解答合併成分解前問題的解答，依此類推直到獲得原始問題的解答為止。常見的個別擊破法演算法的範例有快速排序法、二元樹追蹤、圖形的深度優先搜尋及廣度優先搜尋等方法。

4. **動態程式法**

動態程式法除了考慮目前的狀況外，還必須考量其他階段的情況後才能做出最佳選擇。例如 0/1 背包問題 (0/1 Knapsack) 便可利用動態程式法來解決。

4.4 發展程式的方法

當程式設計師具備演算法的知識後便可開始設計及發展程式。發展程式常見的方法有「由上而下設計法」(Top Down Design) 及「由下而上設計法」(Bottom Up Design) 兩種作法，分述如下：

1. **由上而下設計法**

由上而下的設計法的主要精神為：先確定最高層的功能，然後依序產生各個較低階層的模組與元件。由上而下的設計法是指從事程式設計的過程中，依照程式的邏輯特性將程式細分成幾個較小的問題，再將這些較小的問題同樣依照程式的邏輯特性再往下細分成更小的問題，依此類推直到很容易撰寫程式的單元時為止。

由上而下的設計法的優點為程式可分工由多人共同撰寫、因程式已切割為小單元因此較容易除錯及容易維護；缺點則是程式段較長且執行時間較久。

以「學生資料處理系統」為例，說明由上而下的設計法的處理過程如下：依照學生資料處理系統的邏輯特性將問題切割成處理「基本資料」及「成績資料」兩個較小的問題，接下來「成績資料」同樣依照邏輯特性再往下細分成處理「操行成績」及「學業成績」兩種。程式設計師便可依此設計原則所得之結果來設計程式。

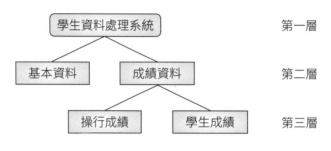

圖 4-1 「學生資料處理系統」架構

2. 由下而上的設計法

由下而上的設計法是指由問題中最容易編寫程式的單元開始設計程式，然後逐級往上層組合成較完整的程式。同樣以上圖「學生資料處理系統」為例，先設計完成「操行成績」及「學業成績」兩個最下層（第三層）的程式後，將此兩個程式合併成「成績資料」程式。然後再設計完成第二層「基本資料」程式，最後合併第二層的「基本資料」及「成績資料」兩個程式成為最上層的「學生資料處理系統」。

4.5 基礎資料結構

資料結構所包含的主題有兩大類，一類是表示資料的基本工具，另一類則是常用的演算法。資料結構、演算法及程式設計這三個主題彼此間具有密不可分的關係。在設計程式的過程中經常被用來表示資料的基本工具，例如陣列、鏈結串列、堆疊、佇列及樹狀結構等將在本節中介紹。另外，在撰寫程式的過程中所經常使用的演算法例如搜尋法、排序法及圖形等內容則在第五章中再做介紹。

4.5.1 陣列

一、基本觀念

陣列主要是由陣列的名稱，維度 (Dimension)，元素型態以及陣列註標 (Index) 組成。

陣列有兩項特別的限制：

1. 必須配置連續的記憶體空間給陣列元素使用。

2. 陣列中所有元素的型態必須完全相同，也就是說每個元素所佔用的記憶體空間必須是相同的。

🖥️ | 範例

若 A 是一個包含 5 個元素的陣列，元素的型態為整數。若整數型態資料佔用記憶體的空間為 2 個位元組，假設配置給陣列 A 的記憶體位址由 100 開始，利用 A[1]、A[2]、A[3]、A[4] 及 A[5] 來表示陣列的 5 個元素，則陣列 A 的所有元素之記憶體空間使用情形將如下圖所示：

位址				
100	102	104	106	108
A[1]	A[2]	A[3]	A[4]	A[5]

由上圖知 A[1]、A[2]、A[3]、A[4] 及 A[5] 佔用了連續的記憶體空間且因為元素的型態相同，因此使用的記憶體空間的大小也相同。

二、陣列儲存方法

陣列在記憶體中的儲存方式可分為「以列為優先」(Row Major Ordering) 及「以行為優先」(Column Major Ordering) 兩種。其中「以列為優先」是在編排陣列中元素之順序時，由最右邊的註標值開始進位，而「以行為優先」則是在編排陣列中元素之順序時，由最左邊的註標值開始進位。一般來說，由於以列為優先法較符合人類的習慣，因此除了 FORTRAN 採用「以行為優先」外，其他的程式語言多是採用「以列為優先」。基於絕大部分的程式語言採用「以列為優先」法來儲存陣列元素，因此本書將只介紹「以列為優先」法。

🖥️ | 範例 ❶

請針對二維陣列 X[1:3, 1:5]，說明在「以列為優先」法中，陣列元素在記憶體中排列的順序。

解

X 為一個二維陣列，第一個維度有三種可能值 (1、2 及 3)，第二個維度有五種可能值 (1、2、3、4 及 5)；因此共有 3×5＝15 個元素，此 15 個元素若採用列優先方式儲存，其註標值與相對應之位置如下之說明：

第 1 個元素 [1,1]	第 2 個元素 [1,2]	第 3 個元素 [1,3]	第 4 個元素 [1,4]	第 5 個元素 [1,5]
第 6 個元素 [2,1]	第 7 個元素 [2,2]	第 8 個元素 [2,3]	第 9 個元素 [2,4]	第 10 個元素 [2,5]
第 11 個元素 [3,1]	第 12 個元素 [3,2]	第 13 個元素 [3,3]	第 14 個元素 [3,4]	第 15 個元素 [3,5]

說明：元素 X[1,1] 為第一個元素、X[1,2] 為第二個元素、⋯，而 X[3,5] 則為第十五個元素。

陣列求址公式

對於陣列中特定的元素若要知道儲存該元素的記憶體空間之位址，必須利用陣列求址公式來計算。陣列求址公式分為一維、二維及多維陣列三種，分別介紹如下：

1. **一維陣列**：陣列為 X(l:u)，其中 l 為陣列之註標下限，u 為陣列之註標上限，w 為每個元素所使用的記憶體空間大小。

   a. 陣列元素個數：$(u - l + 1)$。

   b. 陣列佔用記憶體空間量：$(u - l + 1) \times w$。

   c. 陣列 X 的位址函數 L：$L(X[i]) = a + w \times (i - l)$

   其中 a 為陣列 X 在記憶體中之起始位址。

📺 | 範例 ❷

假設一陣列規格如下：int X [1:100]；陣列起始位址為 20，一個整數佔用兩個記憶體空間，則 X 這個陣列佔用的記憶體空間的計算方法如下：

int X [1:100] 代表陣列 X 之註標值介於 1 至 100 之間，因此共有 100-1+1=100 個元素；且每個元素佔用兩個記憶體空間，因此陣列 A 佔 100×2=200 個記憶體空間。根據一維陣列求址公式：

$$L(X[i]) = a + w \times (i - l)，$$

將 $a = 20$，$l = 1$，$w = 2$ 代入一維陣列求址公式可得以下之結果：

$$L(X[i]) = 20 + 2 \times (i - 1)$$

若欲求 X[38] 元素之位址，將 i = 38 代入上式中可得 X[38] 之位址如下：

$$L(X[38]) = 20 + 2 \times (38 - 1) = 94$$

因此，X[38] 之位址為 94。

2. **二維陣列**：陣列為 $X(l_1{:}u_1, l_2{:}u_2)$，其中 l_1 為陣列左方維度之註標下限，u_1 為陣列左方維度之註標上限，l_2 為陣列右方維度之註標下限，u_2 為陣列右方維度之註標上限，w 為每個元素所使用的記憶體空間大小。

   a. 陣列元素個數：$(u_1 - l_1 + 1) \times (u_2 - l_2 + 1)$。
   b. 陣列佔用記憶體空間量：$(u_1 - l_1 + 1) \times (u_2 - l_2 + 1) \times w$。
   c. 陣列 X 的位址函數，假設 a 為陣列 X 在記憶體中之起始位址：

「以列為優先」位址函數：

$$L_{row}(X[i,j]) = a + w \times [(i - l_1) \times (u_2 - l_2 + 1) + (j - l_2)]$$

💻 | **範例 ③**

假設一陣列規格如下：int X [1:100, 5:90]；陣列起始位址為 20，一個整數佔用兩個記憶體空間，則 X 陣列佔用的記憶體空間的計算方法如下：

int X [1:100, 5:90] 代表陣列 X 左方維度之註標值介於 1 至 100 之間，因此共有 100 − 1 + 1 = 100 個元素；右方維度之註標值介於 5 至 90 之間，因此共有 90 − 5 + 1 = 86 個元素且每個元素佔用兩個記憶體空間，因此陣列 A 共有 100×86 = 8600 個元素，共佔用 8600×2 = 17200 個記憶體空間。根據二維陣列求址公式：

「以列為優先」位址函數：

$$L_{row}(X[i,j]) = a + w \times [(i - l_1) \times (u_2 - l_2 + 1) + (j - l_2)]$$

將 $a = 20$，$l_1 = 1$，$u_2 = 90$，$l_2 = 5$，$w = 2$ 代入求址公式可得以下之結果：

$$L_{row}(X[i,j]) = 20 + 2 \times [(i - 1) \times (90 - 5 + 1) + (j - 5)]$$

若欲求 X[38, 39] 元素之位址，將 i = 38，j = 39 代入上式中可得 X[38, 39] 之位址如下：
$$L_{row}(X[38,39]) = 20 + 2 \times [(38 - 1) \times (90 - 5 + 1) + (39 - 5)] = 6452$$

因此，X[38,39] 之位址為 6452。

4.5.2 鏈結串列

鏈結串列 (Linked List) 是寫作程式時，常用的一種資料結構。在鏈結串列中是利用指標來表示元素之下一個元素的位址。常用的格式如下：

資料欄位	鏈結欄位

上圖中「資料欄位」用來存放資料內容，若資料項目有多個則可以有多個「資料欄位」，而「鏈結欄位」則是用來存放下一筆資料的位址。實際範例如下：

| 第 1 項資料 | | → | 第 2 項資料 | | → | 第 3 項資料 | | → | … | 第 n 項資料 | nil |

上圖中最後一筆資料的「鏈結欄位」內容為「nil」代表該筆資料的後方已無資料。

鏈結串列這項資料結構被提出的理由如下表：

理由	說明
記憶體空間的管理較有彈性	因為陣列元素存放在記憶體中，需佔用連續的記憶體空間，而鏈結串列的元素不需佔用連續的記憶體位置來存放，只需透過指標值即可得下一個元素的位置，因此鏈結串列對於記憶體空間的管理比較有彈性。
資料的插入或刪除較容易	若要對陣列中的元素執行插入 (Insert) 或刪除 (Delete) 的動作，由於可能會牽涉大量資料的搬移，所以需要耗費較多的時間，難度較高；若是對鏈結串列中的元素執行插入或刪除的動作，由於不會涉及資料搬移的動作，只需變動指標的指向即可，所以比較節省時間，難度較低。

鏈結串列與陣列的比較表如下：

比較項目 ＼ 種類	陣列	鏈結串列
佔用記憶體	較少	較多
記憶體使用率	較低	較高
需要額外的鏈結欄位	否	是
插入資料	較慢	較快
刪除資料	較慢	較快

比較項目　　種類	陣列	鏈結串列
合併串列	較困難	較容易
分離串列	較困難	較容易
彈性	較差	較佳
循序處理	較快	較慢
隨機處理	較快	較慢
存取方式	直接存取或循序存取皆可	較適合循序存取

4.5.3 堆疊

　　堆疊 (Stack) 是指一有序串列 (Ordered List)，僅能由一端做加入 (Add) 與刪除 (Deletion) 的動作，此端稱作開口端（或頂端），而另一端則稱為封閉端（或底端），所以堆疊具有先進後出 (First In Last Out，FILO) 或後進先出 (Last In First Out，LIFO) 的特性。本節將介紹堆疊相關的知識與用途。堆疊的圖形及操作示意圖請參考下圖。

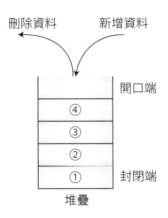

圖 4-2　堆疊操作說明

堆疊的操作

　　堆疊有下列五項主要操作，分別是 create（新建一個堆疊）、push（加入一新資料項進入堆疊）、pop（由堆疊中刪除一個資料項）、top（讀取出堆疊中最頂端的資料項，但堆疊內容未被破壞）及 isempty（檢查是否為空堆疊）。相關的程式碼介紹如下：

1. **create**：建立一個新的堆疊。

```
procedure create(stack)
var stack:[1..n] of item;
begin
  top:=0
end;
```

符號名稱說明如下：

(1) stack 代表新建立的堆疊。

(2) n 代表堆疊中可存放的資料筆數。

(3) item 代表堆疊內存放的元素。

(4) top 代表一個指向堆疊最頂端元素的指標。

2. **push**：加入一新資料項進入堆疊。

```
procedure push(stack, item, n, top)
begin
  if top=n then call "Stack-Full"
  top:=top+1;
  stack[top]:=item;
end;
```

符號名稱說明如下：

(1) stack 代表堆疊。

(2) item 代表新加入的元素值。

(3) n 代表堆疊中可存放的資料筆數。

(4) top 代表一個指向堆疊最頂端元素的指標。

(5) Stack-Full 代表堆疊已滿時的處理程序。

3. **pop**：從堆疊中取出一個元素。

```
procedure pop(stack, item,top)
begin
  if top=0 then call "Stack-Empty"
  else begin
```

```
        item:=Stack[top];
        top:=top-1;
    end;
end;
```

符號名稱說明如下：

(1) stack 代表堆疊。

(2) item 存放從堆疊中取出的元素值。

(3) top 代表一個指向堆疊最頂端元素的指標。

(4) Stack- Empty 代表堆疊已空時的處理程序。

4. **top**：從堆疊中讀取最靠近開口端元素之值，但不破壞堆疊之結構。

```
procedure top(stack,item);
begin
  if top=0 then call "Stack-Empty"
  else item:=stack[top];
end;
```

符號名稱說明如下：

(1) stack 代表堆疊。

(2) item 存放從堆疊中取出的元素值。

(3) top 代表一個指向堆疊最頂端元素的指標。

(4) Stack- Empty 代表堆疊已空時的處理程序。

5. **isempty**：檢驗堆疊是否為空堆疊。

```
function isempty(stack):boolean;
begin
  if top=0 then isempty:=true
  else isempty:=false;
end;
```

符號名稱說明如下：

(1) stack 代表堆疊。

(2) top 代表一個指向堆疊最頂端元素的指標。

📺 | 範例 ❶

若有一堆疊，其內的資料為 ABCDEF，其中堆疊頂端的資料是 F。假設 push(X) 代表將資料 X 壓入堆疊中，而 pop 代表從堆疊頂端取出資料，試問當堆疊的操作順序是 push(X)、pop、pop、push(X)、pop、pop、push(X)、push(X)、pop、pop 時，完成此序列操作後，堆疊頂端的資料應為何？

解　D

ABCDEF	
push(X)=>	
ABCDEFX	
pop=>	
ABCDEF	輸出：X
pop=>	
ABCDE	輸出：F
push(X)=>	
ABCDEX	
pop=>	
ABCDE	輸出：X
pop=>	
ABCD	輸出：E
push(X)=>	
ABCDX	
push(X)=>	
ABCDXX	
pop=>	
ABCDX	輸出：X
pop=>	
ABCD	輸出：X

此時堆疊頂端的元素為 D，即為題意所求。

4.5.4 佇列

佇列 (Queue) 是一個有序串列，元素的加入與刪除是在不同端進行，所以佇列有先進先出 (FIFO) 的特性，元素的刪除由前端 (Front) 進行，而元素的插入則由後端 (Rear) 進行。

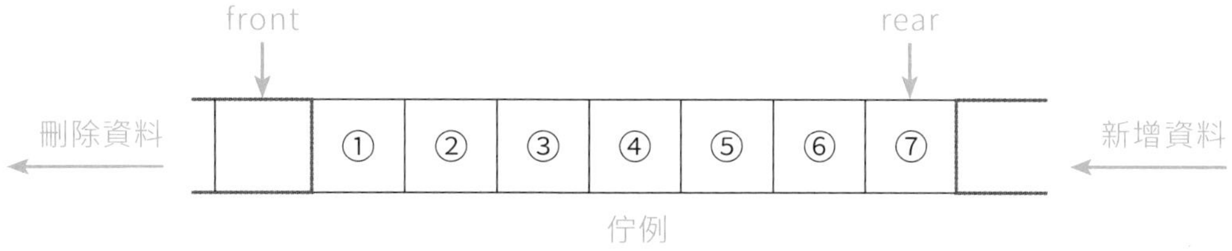

圖 4-3 佇列操作說明

🖥 | **範例 ❶**

若有一佇列，初始時為空佇列。假設 Add(X) 代表將資料 X 加入佇列後端，而 Delete 代表從佇列前端取出資料，試問當佇列的操作順序是 Add(A)、Add(B)、Delete、Add (C)、Add (D)、Delete、Add (E)、Add (F)、Delete 時，完成此序列操作後，佇列內的資料應為何？

解

初始時為空佇列	
空佇列	
執行 Add (A)=>	
A	
執行 Add (B)=>	
A，B	
Delete=>	
B	輸出：A
Add (C)=>	
B，C	
Add (D)=>	
B，C，D	
Delete=>	
C，D	輸出：B
Add (E)=>	
C，D，E	
Add (F)=>	
C，D，E，F	
Delete=>	
D，E，F	輸出：C

佇列的操作

佇列有下列五項主要操作，分別是 create（新建一個佇列）、push（加入一新資料項進入佇列）、pop（由佇列中刪除一個資料項）、top（讀取出佇列中最頂端的資料項，但佇列內容未被破壞）、isempty（檢查是否為空佇列）。相關的程式碼介紹如下：

1. **create**：建立一個新的佇列。

```
procedure create(queue)
var queue:[1..n] of item;
begin
  front :=0;
  rear :=0;
end;
```

符號名稱說明如下：

(1) queue 代表新建立的佇列。

(3) item 代表佇列內存放的元素。

(3) n 代表佇列中可存放的資料筆數。

(4) front 表一個指向佇列最前端元素的前一項目指標。

(5) rear 代表一個指向佇列最後端元素的指標。

如下圖所示：

上圖中的佇列有 9 個元素，編號由 4~12，因此 front 指標會指向佇列第 3 個元素處，而 rear 指標則會指向佇列最後一個元素處（即第 12 個元素）。

2. Add：加入一新資料項進入佇列。

```
procedure Add(queue, item, n, rear)
begin
  if rear=n then call "Queue-Full"
  else begin
    rear:=rear+1;
    queue[rear]:=item;
  end;
end;
```

符號名稱說明如下：

(1) queue 代表佇列。

(2) item 代表新加入的元素值。

(3) n 代表佇列中可存放的資料筆數。

(4) rear 代表一個指向佇列最後端元素的指標。

(5) Queue-Full 代表佇列已滿時的處理程序。

3. Delete：從佇列中取出一個元素。

```
procedure Delete(queue, item, front, rear)
begin
  if front=rear then call "Queue-Empty"
  else begin
        front:=front+1;
        item:=queue[front];
      end;
  end;
```

符號名稱說明如下：

(1) queue 代表佇列。

(2) item 存放從佇列中取出的元素值。

(3) front 表一個指向佇列最前端元素的前一項目指標。

(4) rear 代表一個指向佇列最後端元素的指標。

(5) Queue-Empty 代表佇列已空時的處理程序。

4. front：傳回佇列前端第一個元素之值，從佇列中讀取最靠近開口端元素之值，但不破壞佇列之結構。

```
procedure front(queue, item);
begin
  if front = rear then Error
  else item := queue[front + 1];
end;
```

符號名稱說明如下：

(1) queue 代表佇列。

(2) item 存放從佇列中取出的元素值。

(3) front 表一個指向佇列最前端元素的前一項目指標。

(4) rear 代表一個指向佇列最後端元素的指標。

5. isempty：檢驗是否為空佇列。

```
function isempty(queue):boolean;
begin
  if front = rear then isempty := true
  else isempty := false;
end;
```

符號名稱說明如下：

(1) queue 代表佇列。

(2) front 表一個指向佇列最前端元素的前一項目指標。

(3) rear 代表一個指向佇列最後端元素的指標。

佇列結構在電腦上的應用有作業系統的工作排程 (job scheduling)，如印表機之列表工作、輸入出之緩衝區及圖形之寬度優先追蹤 (Breadth-First-Search) 等應用。

4.5.5 樹

一、基本觀念

樹 (Tree) 是由一個或多個節點 (Node) 構成，其中一個節點稱為樹根 (Root)，若移去樹根節點，剩下的節點可分為 n 個互斥集合，n ≥ 0，每個集合也是一棵樹，稱為樹根

節點的子樹 (Sub-tree)。樹具有三項必要特性必須是連通圖 (Connected Graph)，不允許迴路 (Cycle) 及樹中節點數目必須恰比邊的數目多 1(假設樹中有 x 個節點，y 個邊，則 x＝y＋1)。

若圖形為樹狀結構，則資料的儲存必須具有階層性，如下圖所示：

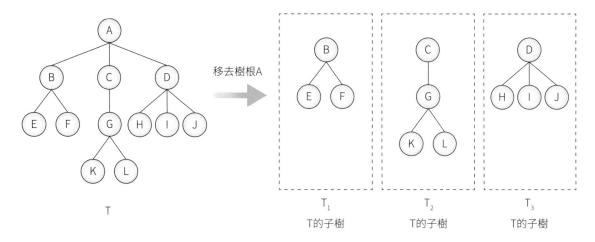

移去樹根A

圖 4-4 樹狀結構

表 樹狀結構相關名詞定義

名詞	定義	圖 4-4 實例
節點 (Node)	樹中的資料項。	A、B、C、D、E、F、G、H、I、J、K 及 L 為節點。
樹根 (Root)	樹中沒有父節點的節點。	節點 A
階層 (Level)	樹的階級層次。	階層＝1：樹根 A。 階層＝2：節點 B、C 及 D。 階層＝3：節點 E、F、G、H、I 及 J。 階層＝4：節點 K 及 L
高度 (Height)	樹的最大階層值，又稱為深度。	樹的高度為 4。
父節點 (Parent Node)	若節點 X (階層值為 n) 與節點 Y (階層值為 n＋1) 有邊直接相連，則 X 為 Y 的父節點。	A 為 B、C 及 D 的父節點；B 為 E 及 F 的父節點；C 為 G 的父節點；D 為 H、I 及 J 的父節點；G 為 K 及 L 的父節點。
子節點 (Child Node)	若節點 X (階層值為 n＋1) 與節點 Y (階層值為 n) 有邊直接相連，則 X 為 Y 的子節點。	B、C 及 D 為 A 的子節點；E 及 F 為 B 的子節點；G 為 C 的子節點；H、I 及 J 為 D 的子節點；K 及 L 為 G 的子節點。

名詞	定義	圖 4-4 實例
兄弟節點 (Siblings)	父節點相同的節點為兄弟節點。	B、C 及 D 為兄弟節點；E 及 F 為兄弟節點； H、I 及 J 為兄弟節點；K 及 L 為兄弟節點。
樹葉 (Leaf)	節點分支度為 0(也就是沒有子節點) 者即為樹葉節點 (Leaf)，樹葉節點又稱為終端節點 (Terminal Node)。	節點 E、F、H、I、J、K 及 L。
內部節點 (Internal Node)	內部節點又稱為非終端節點 (Non-Terminal Node)。樹中的節點除去樹葉節點後所剩餘的節點即為內部節點。	節點 A、B、C、D 及 G。
分支度 (Degree)	節點的分支度為該節點之子節點的個數。	分支度為 3 的節點：A、D。 分支度為 2 的節點：B、G。 分支度為 1 的節點：C。 分支度為 0 的節點：E、F、H、I、J、K、L。
樹的分支度 (Degree)	樹的所有節點中分支度最大的子節點的分支度值。	樹的分支度為 3。
樹林 (Forest)	樹林是由零個或零個以上的互斥樹所形成。	將樹根節點 A 去掉後，將形成一個由三個樹 (樹根節點分別為 B、C、D) 形成的樹林。
祖先 (Ancestor) 節點	由特定節點開始，延樹枝往上走到樹根節點，沿路所經過的所有節點皆為該特定節點的祖先節點。	節點 L 的祖先節點為 G、C、A。

二、二元樹

在樹狀結構中如果每個節點的分支度皆小於或等於 2，則此類的樹狀結構可被稱為二元樹 (Binary Tree)，二元樹的定義如下：

1. 可為空集合。

2. 有限節點的集合。

3. 由一個樹根以及左右兩個子樹所構成的。

4. 左右兩個子樹必須是二元樹。

樹與二元樹有四點主要的不同之處，列舉如下：

1. 樹不得為空集合，因此二元樹不一定是樹。

2. 二元樹節點的數目大於或等於 0 個，而樹節點的數目則是大於或等於 1 個。

3. 二元樹有左、右子樹之分，樹則無。

4. 樹無子節點個數之限制而二元樹則限制任一節點之子節點個數最多為兩個。

二元樹重要的定理整理如下表：

表 二元樹重要定理

假設二元樹高度為 h≥1		說明
最多節點數	$2^h - 1$	可利用「數學歸納法證明」。證明如下： 高度 $=1$ 時，最多 $2^{1-1}=1$ 個節點。 高度 $=2$ 時，最多 $2^{2-1}=2$ 個節點。 … 高度 $=h-1$ 時，最多 $2^{(h-1)-1}$ 個節點。 高度 $=h$ 時，最多 2^{h-1} 個節點。 將以上所有高度之最多節點數相加 $1+2+\cdots 2^{h-2}+2^{h-1}=2^h - 1$
最多的終端節點數目	2^{h-1}	同「最多節點數」之說明
最多的非終端節點數目	$(2^h - 1) - (2^{h-1}) = 2^{h-1} - 1$	最多的非終端節點數目 = 最多節點數 — 最多的終端節點數目
階層 m 處之最多節點數	$2^{m-1}, m \geq 1$	同「最多節點數」之說明

實例如下：

	h＝3，m＝2	h＝4，m＝3	h＝5，m＝4	h＝6，m＝5
最多節點數	$2^3 - 1 = 7$	$2^4 - 1 = 15$	$2^5 - 1 = 31$	$2^6 - 1 = 63$
最多的終端節點數目	$2^{3-1} = 4$	$2^{4-1} = 8$	$2^{5-1} = 16$	$2^{6-1} = 32$
最多的非終端節點數目	$2^{3-1} - 1 = 3$	$2^{4-1} - 1 = 7$	$2^{5-1} - 1 = 15$	$2^{6-1} - 1 = 31$
階層 m 處之最多節點數	$2^{2-1} = 2$	$2^{3-1} = 4$	$2^{4-1} = 8$	$2^{5-1} = 16$

三、特殊二元樹

以下將介紹歪斜樹、完滿二元樹及完整二元樹的特性。由於上述的二元樹各別某些具有特殊性質，因此被稱為「特殊二元樹」。下表為「特殊二元樹」的介紹：

表 特殊二元樹

名稱	定義及特性	範例
歪斜樹 (Skewed Binary Tree)	二元樹的所有節點均只有左子樹 (左歪斜樹) 或只有右子樹 (右歪斜樹)。	 左歪斜樹　　　　　　右歪斜樹
完滿二元樹 (Full Binary Tree)	一棵高度為 h 的二元樹，如果其節點總數為 2^h-1，則稱為完滿二元樹。可對完滿二元樹中的節點給予編號，編號順序為從 1 開始，先由左至右，再從上而下。	 節點含編號的完滿二元樹
完整二元樹 (Complete Binary Tree)	一棵高度為 h 的二元樹，其節點總數為 n，如果此 n 個節點恰與高度為 h 之完滿二元樹中第 1 到第 n 個節點相對應，則稱為完整二元樹。完滿二元樹一定是完整二元樹。但完整二元樹不一定是完滿二元樹。	高度為 3 的完整二元樹所有可能情況如下：

四、二元樹表示法

二元樹表示法有陣列表示法及鏈結串列表示法共兩種，分別介紹如下：

1. 陣列表示法

將二元樹依完滿二元樹的節點編號後，以一維陣列來儲存此二元樹；儲存方式為以二元樹節點的編號做為陣列的註標值，將節點依編號儲存在陣列中。假設有一個二元樹，其結構如下：

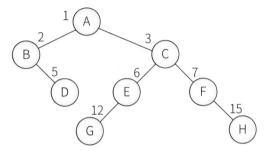

由上圖中知節點的編號最大值為 15，因此需要一個具有 15 個元素的一維陣列來儲存，在二元樹中節點之編號值有 1、2、3、5、6、7、12 及 15 共有 8 個，因此陣列中僅註標值為 1、2、3、5、6、7、12 及 15 的 8 個項目中會存放二元樹節點之資料，其他項目則是未存放任何資訊。

1	A
2	B
3	C
4	—
5	D
6	E
7	F
8	—
9	—
10	—
11	—
12	G
13	—
14	—
15	H

陣列表示法最大的缺點是可能會使得空間利用率不佳。若二元樹為 n 層右歪斜樹 則空間利用率為 $\frac{n}{2^n-1}$。如二元樹為七層右歪斜樹，由於一層只有一個節點，因此七層右歪斜樹共有 7 個節點，編號分別是 1、3、7、15、31、63 及 127，所以需要一個具有 127 個元素的一維陣列來儲存具有 7 個節點的七層右歪斜樹，只有 7/127 的空間被使用，其他的空間並未被使用。

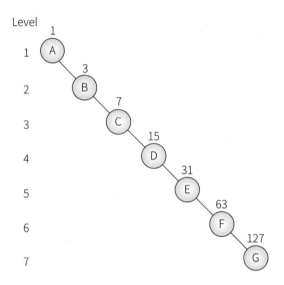

圖 4-5　七層右歪斜樹

2. 鏈結串列表示法

二元樹若以鏈結串列表示法表示其節點結構如下：

L-link	data	R-link

其中「data」代表資料欄位，「L-link」代表左子樹鏈結欄位，而「R-link」則是代表右子樹鏈結欄位。根據左圖所定義之二元樹，其相對應的鏈結串列表示法如右圖：

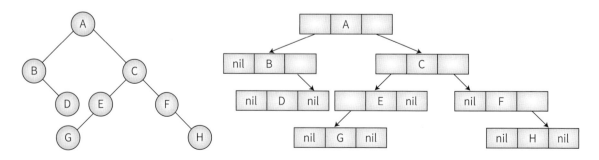

五、二元樹追蹤

二元樹追蹤之目的是要依照某種規定的順序來處理二元樹中的所有節點。依照處理順序的不同，二元樹追蹤法可分為前序追蹤法、中序追蹤法及後序追蹤法三種。三種不同追蹤法的處理方式介紹如下：

1. **前序追蹤法** (Preorder Traverse)

   先追蹤樹根，再追蹤左子樹，最後再追蹤右子樹。

   演算法如下：

   ```
   1. procedure preorder(T)
   2. begin
   3.    if T ≠ nil then begin
   4.        print(T↑.data);
   5.        preorder(T↑.L-link);
   6.        preorder(T↑.R-link);
   7.    end;{of if}
   8. end;{of preorder}
   ```

2. **中序追蹤法** (Inorder Traverse)

   先追蹤左子樹，再追蹤樹根，最後再追蹤右子樹。

   演算法如下：

   ```
   1. procedure inorder(T)
   2. begin
   3.    if T ≠ nil then begin
   4.        inorder(T↑.L-link);
   5.        print(T↑.data);
   6.        inorder(T↑.R-link);
   7.    end;{of if}
   8. end;{of inorder}
   ```

3. 後序追蹤法 (Post-Order Traverse)

先追蹤左子樹，再追蹤右子樹，最後再追蹤樹根。

演算法如下：

```
1.  procedure postorder(T)
2.  begin
3.    if T ≠ nil then begin
4.        postorder(T↑.L-link);
5.        postorder(T↑.R-link);
6.        print(T↑.data);
7.    end;{of if}
8.  end;{of postorder}
```

範例 ❶

請就以下的二元樹 T 作前、中、後序追蹤。

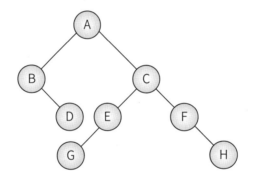

解

(1) 前序追蹤：

先處理樹根，然後處理左子樹，最後再處理右子樹。任何一節點的值先輸出，再輸出該節點左子樹的所有節點的值，最後再輸出該節點右子樹中的所有節點的值。本題前序追蹤的詳細處理過程如下表 (為簡化表示法利用 L1~L4 及 R1~R4 來代表某一特定的圖形)。

步驟	動作	樹根	左子樹	右子樹	輸出
1	處理 T	A	L₁:	R₁:	A

步驟	動作	樹根	左子樹	右子樹	輸出
2	處理 L_1	B	L_2：∅	R_2： Ⓓ	B
3	處理 R_2	D	∅	∅	D
4	處理 R_1	C	L_3： (E–G)	R_3： (F–H)	C
5	處理 L_3	E	L_4： Ⓖ	∅	E
6	處理 L_4	G	∅	∅	G
7	處理 R_3	F	∅	R_4： Ⓗ	F
8	處理 R_4	H	∅	∅	H

由上表知前序追蹤之結果為：ABDCEGFH。

(2) 中序追蹤：

先處理左子樹，然後處理樹根，最後再處理右子樹。任何一節點的左子樹中的所有節點皆已輸出或為空集合時，該節點之值可輸出。本題中序追蹤的詳細處理過程如下表（為簡化表示法利用 L1~L4 及 R1~R4 來代表某一特定的圖形）。

步驟	動作	左子樹	樹根	右子樹	輸出
1	處理 T	L_1： (B–D)	A	R_1： (C, E–G, F–H)	-
2	處理 L_1	∅	B	R_2： Ⓓ	B
3	處理 R_2	∅	D	∅	D
4	處理 T	已全部輸出	A	R_1： (C, E–G, F–H)	A

步驟	動作	左子樹	樹根	右子樹	輸出
5	處理 R₁	L₃：(E、G 圖形)	C	R₃：(F、H 圖形)	-
6	處理 L₃	L4：(G)	E	Ø	-
7	處理 L₄	Ø	G	Ø	G
8	處理 L₃	已全部輸出	E	Ø	E
9	處理 R₁	已全部輸出	C	R₃：(F、H 圖形)	C
10	處理 R₃	Ø	F	R₄：(H)	F
11	處理 R₄	Ø	H	Ø	H

由上表知中序追蹤之結果為：BDAGECFH

(3) 後序追蹤：

先處理左子樹，然後處理右子樹，最後再處理樹根。任何一節點的左子樹及右子樹中的所有節點皆已輸出或為空集合時，該節點之值可輸出。本題後序追蹤的詳細處理過程如下表 (為簡化表示法利用 L1~L4 及 R1~R4 來代表某一特定的圖形)。

步驟	動作	左子樹	右子樹	樹根	輸出
1	處理 T	L₁：(B、D 圖形)	R₁：(C、E、F、G、H 圖形)	A	-
2	處理 L₁	Ø	R₂：(D)	B	-
3	處理 R₂	Ø	Ø	D	D
4	處理 L₁	Ø	已全部輸出	B	B
5	處理 R₁	L₃：(G、E 圖形)	R₃：(F、H 圖形)	C	-

步驟	動作	左子樹	右子樹	樹根	輸出
6	處理 L_3	L_4：Ⓖ	Ø	E	-
7	處理 L_4	Ø	Ø	G	G
8	處理 L_3	已全部輸出	Ø	E	E
9	處理 R_3	Ø	R_4：Ⓗ	F	-
10	處理 R_4	Ø	Ø	H	H
11	處理 R_3	Ø	已全部輸出	F	F
12	處理 R_1	已全部輸出	已全部輸出	C	C
13	處理 T	已全部輸出	已全部輸出	A	A

由上表知後序追蹤之結果為：DBGEHFCA。

六、二元樹排序法

二元樹除了可以用來作為撰寫程式時的資料結構外，也可使用二元樹來執行排序作業。可執行排序作業的二元樹稱為二元搜尋樹 (Binary Search Tree)。以下將介紹二元搜尋樹的建立方式及如何利用二元樹來完成排序工作。

二元搜尋樹的建立方式如下：

1. 將欲排序的資料依序輸入，第一個輸入的資料做為二元樹的樹根。

2. 第二個到最後一個輸入的資料皆會由樹根值開始做比較動作，可能情形有兩種：

   a. 若小於或等於樹根值則輸入資料將往左子樹方向移動，若無左子樹則輸入資料將成為左子樹的樹根節點，否則將繼續與左子樹之樹根值比較大小，移動方向同第一次與二元樹的樹根節點值比較時處理方式相同。

   b. 若大於樹根值則輸入資料將往右子樹方向移動，若無右子樹則輸入資料將成為右子樹的樹根節點，否則將繼續與右子樹之樹根值比較大小，移動方向同第一次與二元樹的樹根節點值比較時處理方式相同。

3. 依此法反覆處理，直到所有輸入資料處理完畢為止。

依照上述方式建立的二元樹稱為二元搜尋樹，利用中序追蹤法追蹤二元搜尋樹，輸出的結果即為由小到大之排序結果。

📺│範例 ❶

若輸入資料依序為：5，3，7，6，4，8，2，9，1。請建立相對應的二元搜尋樹。

解

1. 加入5：

2. 加入3：

3. 加入7：

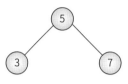

4. 加入6：

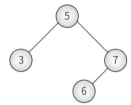

5. 加入4：

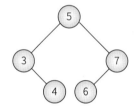

6. 加入8：

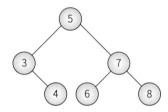

7. 加入2：

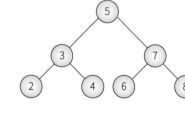

8. 加入9：

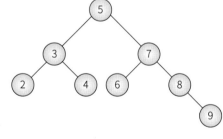

9. 加入1：

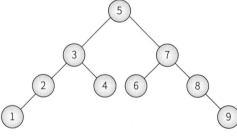

若對此二元搜尋樹執行中序追蹤法得到的結果值為 1、2、3、4、5、6、7、8、9 恰為由小到大之排序結果。

本章重點回顧

✓ 演算法是指是有限數目指令的集合，演算法五項條件分別是可以沒有輸入、至少應有 1 個輸出、定義必須明確不可模擬兩可、不可存在無窮迴路與執行結果應正確。

✓ 分析或評估程式效能的方法可分別就「程式執行所需的時間」與「程式執行所需的記憶體空間」兩方面來著手。

✓ 演算法分析時常用比較標準如下：

$$0(1) < 0(\log_2 n) < 0(n) < 0(n\log_2 n) < 0(n^2) < 0(n^3) < 0(2^n) < 0(n!)$$

✓ 常用的程式設計方法有遞迴法、貪婪法、個別擊破法與動態程式法四種。

✓ 發展程式常見的方法有「由上而下設計法」與「由下而上設計法」兩種。

✓ 陣列有兩項限制：

● 必須配置連續的記憶體空間給陣列元素使用。

● 陣列中所有元素的型態必須完全相同，即每個元素所佔用的記憶體空間必須是相同的。

✓ 鏈結串列記憶體空間的使用彈性較陣列大但是存取時間通常會比陣列多。

✓ 堆疊是具先進後出特性 (First In Last Out，FILO) 的資料結構。

✓ 佇列是具先進先出特性 (First In First Out，FIFO) 的資料結構。

✓ 樹是由一個或多個節點構成，樹必須是連通圖，不允許迴路及樹中節點數目必須恰比邊的數目多 1。

✓ 二元樹可為空集合，由一個樹根以及左右兩個子樹所構成的且左右兩個子樹必須是二元樹。

✓ 樹不得為空集合，因此二元樹不一定是樹。

選 | 擇 | 題

( ) 1. 有關遞迴程式的敘述何者錯誤？

(A) 遞迴程式必須要有以值傳遞之機制

(B) 遞迴程式必須要有結束條件

(C) $1+2+3\cdots+100$，可以用遞迴程式來計算

(D) 所有遞迴程式均可以改為迴圈程式來執行。

( ) 2. 若 $f(n)=15 \log n+7n+9$，則下列何者正確？

(A) $f(n)=O(n \log n)$ (B) $f(n)=O(n)$

(C) $f(n)=O(\log n)$ (D) $f(n)=O(n^2)$。

( ) 3. 下列哪一種函數隨 n 之數值變大，其函數值成長速率最快？

(A) n^2 (B) $\log n$ (C) 2^n (D) $n \cdot \log n$。

( ) 4. 在計算時間複雜度時，常用 Big O 來表示，如 $f(n)=n+2$ 時，其複雜度為 $O(n)$；試問 $f(n)=3n^2 \log n+100n^2+10$ 之 Big O 函數為何？

(A) $O(n^2)$ (B) $O(n(\log n+1))$

(C) $O(n^2 \log n)$ (D) $O(n+\log n)$。

( ) 5. 陣列共有 6 列 8 行資料，若採「以列為優先」儲存在記憶體中，陣列的起始位址為 20。假設陣列中的每項資料占 2 個記憶單位，則第 3 列第 7 行的位址為何？

(A) 62   (B) 64   (C) 66   (D) 68。

( ) 6. 有一個二維陣列 A[1..4，1..5] 在記憶體中的排列方式為「以列為優先」的方式儲存。若已知 A[1,3] 在記憶體中的位址為 103，則 A[3,5] 在記憶體中的位址為何？假設 A 中的每一個元素都只佔用一個 byte 的記憶體。

(A) 113   (B) 114   (C) 115   (D) 116。

( ) 7. 假設陣列資料「以行為優先」儲存在記憶體中，且每份資料占 1 個記憶單位，若陣列 A 的第一個元素 A[0,0] 位址為 2152，A[4,5] 位址為 2196，則 A[5,4] 的位址為何？

(A) 2159   (B) 2169   (C) 2173   (D) 2189。

( ) 8. 下列有關以陣列或鏈結串列實作佇列之敘述，何者錯誤？

(A) 陣列在處理上受其宣告時陣列大小之限制

(B) 鏈結串列在儲存相同元素時所用之空間較小

(C) 鏈結串列其佇列之大小較不受限制

(D) 鏈結串列需要用到指標。

( ) 9. 下列何種資料結構最適合用來處理遞迴呼叫？

(A) 佇列　　　　　(B) 堆疊　　　　　(C) 二元樹　　　　　(D) 雜湊表。

( ) 10. 全球資訊網 (WWW) 的瀏覽器都提供「上一頁」的功能，讓使用者退回前一個網頁，下列哪一個資料結構最適合來實作此功能？

(A) 堆積 (Heap)　　　　　　　　(B) 堆疊
(C) AVL 樹 (AVL tree)　　　　　(D) 佇列。

( ) 11. 將 a, b, c 依序 push 到堆疊中，再 pop 兩個元素後，再放入 d, e, f, g，然後再 pop 兩個元素，最後再 push h。請問此時堆疊中剩餘的元素由開口端至封閉端依序為何？

(A) hega　　　　　(B) hfgc　　　　　(C) hfec　　　　　(D) heda。

( ) 12. 下列關於樹的敘述，何者不正確？

(A) 父節點相同的子節點，彼此為兄弟節點
(B) 樹葉節點沒有子節點
(C) 非樹葉節點至多有兩個子節點
(D) 樹上的路徑長度是每一個節點到根節點的路徑長度總和。

( ) 13. 有一樹狀結構共含有 A, B, C, D 四個節點，A 為樹根節點，B 與 C 為 A 之子節點，D 則為 B 之子節點，請問此樹的高度為多少？

(A) 1　　　　　(B) 2　　　　　(C) 3　　　　　(D) 4。

( ) 14. 樹狀結構可視為一具有相連且無迴路的無向圖，在下列關於樹狀結構的敘述中，何者錯誤？

(A) 任兩個節點是由一個唯一的簡單路徑 (Simple Path) 連接起來
(B) 當節點數為 n 個時，此圖形包含 n-1 個邊
(C) 將兩個位連接的節點加入一個新的邊後，所產生的圖形仍為樹狀結構
(D) 將樹中任一個邊刪除後，所產生的結果是一個不相連的圖形。

( ) 15. 在不考慮空集合的情況下，二元樹是指？

(A) 任一節點的分支度均為 2 的樹狀結構
(B) 任一節點的分支度均不大於 2 的樹狀結構
(C) 節點可同時儲存兩種不同資料型態
(D) 樹根節點的分支度固定為 2 的樹狀結構。

( ) 16. 有一二元樹共含有 A、B、C、D 四個節點，節點間的關係敘述如下：A 為樹根節點，B，C 分別為 A 之左、右子節點，D 則為 B 之右子節點。針對此樹進行前序追蹤的結果為？

(A) A, B, D, C　　　(B) B, D, A, C　　　(C) D, B, C, A　　　(D) A, B, C, D。

( ) 17. 已知二元樹可用一個一維陣列來表示,在最差狀況下,一個高度為 h 的二元樹僅會用到幾個陣列元素?

(A) 1　　　　　(B) $\log_2 h$　　　　(C) h　　　　(D) 2^h。

( ) 18. 某二元樹之前序追蹤為 ABCD,中序追蹤為 DCBA。此二元樹的樹根節點為何?

(A) A　　　　　(B) B　　　　　(C) C　　　　　(D) D。

( ) 19. 二元樹有七個節點,以英文字母 A 至 G 編號。已知依照中序追蹤的順序為 DBFEAGC;依照前序追蹤的順序,碰到各節點的順序為 FBDGAEC。下列何者為此二元樹的樹葉節點從左到右的順序?

(A) D, E, C　　　(B) D, A, C　　　(C) E, F, G　　　(D) D, A, E, C。

( ) 20. 若將含 30 個節點的完整二元樹儲存於一維陣列 X 中,假設陣列之下標值由 1 開始至 30 依序儲存各節點資料。下列敘述何者是錯誤的?

(A) X[4] 的父節點為 X[2]　　　　　　(B) X [10] 的父節點為 X[5]
(C) X[4] 的左子節點為 X[9]　　　　　(D) X [10] 的右子節點為 X[21]。

☺ 應 | 用 | 題

1. 請說明演算法的五項基本的條件為何?

2. 撰寫程式前通常會先構思程式的演算法,因此一般來說演算法與程式間有以下的關係:

演算法　　　　撰寫　　　　　程式
(Algorithm)　 (Coding) →　(Program)

雖然演算法與程式的關係十分密切,但還是有些許的差異,請簡要說明演算法與程式的最主要差異為何?

3. Ackerman's Function 定義如下,請問 a(2,1) 的值為何?

a(m, n) = n+1 if m = 0

a(m, n) = a(m-1,1) if m ≠ 0, n = 0

a(m, n) = a(m-1, a(m,n-1)) if m ≠ 0, n ≠ 0

4. 假設陣列資料「以列為優先」儲存在記憶體中,則二維陣列 A[1..5, 1..6] 中元素 A(4,4) 排在第幾個?

5. 假如 A(5,2) 在位置 1979,A(4,3) 的位置 1988,則矩陣 A 之列總數是?

6. 有一個二維陣列 A，已知 A(5,3) 的位址為 1997，A(3,4) 的位址為 2011，且每一個元素佔用 2 個位址的空間，問

    (1) 陣列 A 儲存方式為以列為主或是以行為主？

    (2) A(4,6) 位址為何？

    (3) 陣列 A 有幾列？有幾行？

7. 請說明陣列與鏈結串列的特性，以及使用它們去實作佇列的優缺點。

8. 已知某二元樹之後序追蹤及中序追蹤的順序如下：

    後序追蹤順序：F H I G D E B C A

    中序追蹤順序：F D H G I B E A C

    (1) 試畫出此二元樹。

    (2) 此二元樹之前序追蹤為何？

9. 已知某二元樹之前序追蹤及後序追蹤的順序如下：

    前序追蹤順序：M, N, I, A, H, B, C, J, G, F, K, L, E, D, Y

    後序追蹤順序：A, B, C, H, I, G, F, J, N, E, D, L, Y, K, M

    (1) 請畫出此二元樹。

    (2) 請寫出此二元樹的中序追蹤順序。

10. 如果有一棵二元樹，所有的內部節點都有兩個子節點，已知這棵二元樹的內部節點有 200 個，請問它的樹葉節點有幾個？

05
CHAPTER

進階資料結構

本章將介紹進階資料結構，包含的內容有常用的搜尋演算法、排序演算法與圖形 (Graph) 等主題。

5.1 搜尋

搜尋 (Searching) 是指根據某個鍵值在表格或檔案中找出相對應的資料。依照資料存放位置的不同將搜尋分為二大類：

1. **內部搜尋 (Internal Searching)**：可將表格或檔案直接放置在主記憶體中。

2. **外部搜尋 (External Searching)**：無法將表格或檔案直接放置在主記憶體中。

常見的搜尋法有循序搜尋法 (Sequential Search)、二元搜尋法 (Binary Search) 與雜湊搜尋法 (Hashing Search) 等方法，將於本節中說明。

5.1.1 循序搜尋法

循序搜尋法適用於小型檔案且不需要事先排序好資料。作法是由檔案的第一筆 (也可以是最後一筆) 記錄開始搜尋的動作，依照順序一一的比對鍵值直到找到相同的鍵值為止或找完整個檔案未發現符合者為止。本法的主要優點是作法簡單易懂且資料不需事先排序，但缺點則是當檔案較大時，處理效率不佳。

演算法如下：

```
/* 欲搜尋的檔案名稱 F */
/* 檔案中記錄的個數 n */
/* 存放資料鍵值的一維陣列 X，元素個數有 n 個 */
/* 目前搜尋動作處理的記錄編號 i */
/* 欲搜尋的鍵值 key */
/* result=true：找到欲搜尋的鍵值 */
/* result=false：未找到欲搜尋的鍵值 */
```

表 循序搜尋演算法

```
1. procedure SequentialSearch(F, n, i, key)
2. begin
3.    i :=1;
4.    while not EOF(F) do
5.    begin
6.      if X[i]=key then begin
7.          result  :=true;
```

```
 8.        exit;
 9.     end;
10.     i := i+1;
11.   end;
12.   result := false;
13. end;
```

假設檔案中的資料筆數有 n 筆，則利用循序搜尋法最少比較次數為 1 次，最多比較次數為 n 次，平均比較次數為 n/2 次。

📺 **範例 ①**

假設有一批資料存放在檔案中如以下的順序：

5, 10, 15, 20, 25, 30, 35, 40, 45, 50, 55, 60, 65, 70

若以循序搜尋法尋找「35」，請問必須比對幾次資料才找到「35」。

解 7 次資料比對動作。

依 5, 10, 15, 20, 25, 30, 35 的順序作資料比對動作，在第 7 次比對時找到資料 35。

5.1.2 二元搜尋法

二元搜尋法要求必須先將檔案中的資料事先排序好，由檔案的中間開始做搜尋的動作，每次可除去一半的資料。

二元搜尋法的演算法如下（假設欲尋找資料的鍵值為 key_{GOAL} 且所有資料必須依鍵值先作排序處理使資料按由小到大的方式排列才能執行二元搜尋的動作。

1. 搜尋區間設定為所有資料。

2. 取出搜尋區間中間位置的資料 D_m，假設其鍵值為 key_m。

3. 將欲搜尋的鍵值 key_{GOAL} 與檔案的中間鍵值 key_m 比較：

   ① 如果 $key_{GOAL} = key_m$ 則 D_m 即為所要找的資料

   ② 如果 $key_{GOAL} < key_m$ 則搜尋區間設定為原搜尋區間的前半部

   ③ 如果 $key_{GOAL} > key_m$ 則搜尋區間設定為原搜尋區間的後半部

   重複步驟②和步驟③直到找到資料或搜尋區間的大小變為 0（表示該資料不存在）為止。

程式段如下：

/* 欲搜尋的檔案名稱 F */

/* 檔案中記錄的個數 n */

/* 欲搜尋的鍵值 key$_{GOAL}$ */

/* result＝true：找到欲搜尋的鍵值 */

/* result＝false：未找到欲搜尋的鍵值 */

表 二元搜尋演算法

```
procedure BinarySearch (F, n, keyGOAL);
begin
  low :=1;
  up :=n;
  while (low ≤ up) do
  begin
```

$$m := \left\lfloor \frac{(low+up)}{2} \right\rfloor;$$

```
    case
        keyGOAL = keym : begin
                             up :=m ;
                             result :=true;
                             exit;
                          end;
        keyGOAL < keym: up :=m-1;
        keyGOAL > keym:low :=m+1;
    end;
  end;
  result :=false;
end;
```

　　利用二元搜尋法來搜尋資料最大的優點是當檔案較大時，效率較循序搜尋法佳，但是必須付出的代價則是檔案必須事先排序。假設檔案中的資料筆數有 n 筆，則利用二元搜尋法最少比較次數為 1 次，最多比較次數為「$\log_2(n+1)$-1」～「$\log_2(n+1)$」次，平均比較次數為 $\dfrac{\sum_{i=1}^{n} \lceil \log_2(i+1) \rceil}{n}$ 次。

📺 | 範例 ❶

假設有一批資料存放在檔案中如以下的順序：

1, 5, 10, 11, 14, 22, 23, 35, 48, 51, 56, 63, 65, 72, 77

試以二元搜尋法尋找「56」。請列出尋找的順序。

解 假設題意中的 15 筆資料存放於陣列 X 中，儲存方式如下：

	1	2	3	4	5	6	7	8	9	10	11	12	13	14	15
X =	1	5	10	11	14	22	23	35	48	51	56	63	65	72	77

依照演算法的作法 $k_{GOAL} = 56$。

(1) 第一次比對：

因為 $low = 1$，$up = 15$，所以 $m = \left\lfloor \dfrac{(1+15)}{2} \right\rfloor = 8$，故 $k_8 = 35$。

因為 $k_8 < k_{GOAL} \Rightarrow$ 搜尋區間設定為原搜尋區間的後半部。

(2) 第二次比對：

根據第一次比對的結果，調整新的搜尋區間，此時 $low = m + 1 = 9$，$up = 15$(不變)，所以重新計算新搜尋區間的 m 值 $\left\lfloor \dfrac{(9+15)}{2} \right\rfloor = 12$。此時，$k_m = k_{12} = 63$。因為 $k_{12} > k_{GOAL} \Rightarrow$ 搜尋區間設定為原搜尋區間的前半部。

(3) 第三次比對：

根據第二次比對的結果，調整新的搜尋區間，此時 $up = m-1 = 11$，$low = 9$(不變)，所以重新計算新搜尋區間的 m 值為 $\left\lfloor \dfrac{(9+11)}{2} \right\rfloor = 10$。此時，$k_m = k_{10} = 51$。因為 $k_{10} < k_{GOAL} \Rightarrow$ 搜尋區間設定為原搜尋區間的後半部。

(4) 第四次比對：

根據第三次比對的結果，調整新的搜尋區間，此時 $low = m + 1 = 11$，$up = 11$(不變)，所以重新計算新搜尋區間的 m 值為 $\left\lfloor \dfrac{(11+11)}{2} \right\rfloor = 11$。此時，$k_m = k_{11} = 56$。因為 $k_{11} = k_{GOAL} \Rightarrow X[11] = 56$ 即為所要找的資料。

所以，經過四次比較後可找到資料。

5.1.3 雜湊搜尋法

雜湊搜尋法是利用資料的鍵值透過雜湊函數 (Hashing Function) 的轉換成為資料在儲存體中存放的位址。雜湊搜尋法所建立的資料儲存在儲存體中並無一定的順序，主要特點為搜尋速度極快但理想的雜湊函數不易設計。常見的作法介紹如下：

1. 將資料區切割成以 bucket 為單位。

2. 一個 bucket 中可包含有數個 slot，每個 slot 中存放一筆記錄。

3. 每筆記錄皆具有一個鍵值，可利用數學函式對該鍵值進行計算以取得其存放在儲存裝置中的位址 (Bucket Address)。

最常見的雜湊函數範例如下：

假設 s 為檔案存放在儲存裝置起始位址，檔案佔用的儲存區空間為 n，則雜湊函數 f 定義如下：

$$f(x) = s + (x \bmod n)$$

若 s = 1000, n = 7 時
記錄鍵值 x 與對應的儲存區空間位址如下表：

表 雜湊函數範例

x 值	f(x)（即儲存區空間位址）	x 值	f(x)（即儲存區空間位址）
1	1001	6	1006
2	1002	7	1000
3	1003	8	1001
4	1004	9	1002
5	1005	…	

上表中當 x=1 及 x=8 時，對應的儲存區空間位址皆為 1001，代表鍵值為 1 及 8 的這兩筆不同記錄必須存放在相同的記憶體空間，這個現象被稱為鍵值為 1 及 8 的兩筆不同記錄發生了碰撞現象 (Collision)。即

$$\text{if } x_1 \neq x_2 \text{ then } f(x_1) = f(x_2) \Rightarrow \text{碰撞}$$

碰撞現象會影響記錄在儲存區空間的存放位置，因此在設計雜湊函數時應該盡量避免發生碰撞的可能性。

若要搜尋鍵值為 8 的記錄時，此時必須執行以下敘述：

$$f(8) = 1000 + (8 \bmod 7) = 1001$$

由於結果值為 1001，因此到位址 1001 處便可找到鍵值為 8 的記錄。

 ## 5.2 排序

排序 (Sorting) 是指將一群資料根據資料中某個鍵值 (Key)，將資料重新安排順序 (由大到小或由小到大加以排列)。排序法一般分為內部排序 (Internal Sort) 與外部排序 (External Sort) 兩種。

1. 外部排序

將欲執行排序的資料一部分存放在主記憶體中，一部分則存放在輔助記憶體中。此種排序法必須同時利用主記憶體及輔助記憶體才能完成工作。

2. 內部排序

將欲執行排序的資料全部置於主記憶體中進行排序。

常用的內部排序法包括插入排序法 (Insertion Sort)、選擇排序法 (Selection Sort)、氣泡排序法 (Bubble Sort)、快速排序法 (Quick Sort) 以及合併排序法 (Merge Sort) 等。

以下將介紹常用的內部排序法，所有的演算法均基於以下的假設：

➡ 目標：完成將 n 個元素由小到大之排序作業。

➡ X：代表欲排序的所有記錄之集合，X 含有 n 個待排序的記錄分別是 X_1、X_2、…及 X_n，而其鍵值則分別是 X[1]、X[2]、…及 X[n]。

5.2.1 插入排序法

插入排序法作法如下：

1. 加一個虛擬記錄 (Dummy Record) 於所有資料的前端，而此虛擬記錄的值為必須小於欲排序資料中的最小值。

   說明：其實加入虛擬記錄的目的是為了維持演算法的一致性。如果要排序的資料是介於 0~100 的數值，此時虛擬記錄的值可設為 -1 即可。

2. 由左往右掃描，一次處理一個新的值，將此新值插入左邊已排序好的資料中之適當位置。

演算法如下：

/* 插入新值 new 於已排序好的序列 X[1]、X[2]...、X[i] 中之適當位置 */

```
procedure Insert(new, i);
begin
  while (new < X[i]) do begin
      X[i+1]=X[i];
      i=i-1;
  end;
  X[i+1]=new;
end;
```

圖 5-1　插入排序演算法 (第一部分)

/* 加一個虛擬記錄於所有資料的前端 X[0]，此程式段中虛擬記錄的值為 -∞，實際撰寫程式時，虛擬記錄的值只要小於欲排序資料中的最小值即可。*/

```
Procedure Insertion _Sort(X);
begin
    X[0]=-∞;
    for i=2 to n do begin
       new=X[i];
       Insert(new, i-1)
    end;
end;
```

圖 5-2　插入排序演算法 (第二部分)

🖥 | **範例 ❶**

請以插入排序法來排序下列資料：

5，6，8，7，6*，4，9，1，3，2（以 "*" 來區分相同鍵值）

解

(1) 先加入 -∞虛擬記錄：

-∞，5，6，8，7，6*，4，9，1，3，2

(2) 由左往右掃描，一次處理一個新的值，將此新值插入左邊已排序好的資料中之適當位置。在插入排序法中每次處理一個新的值的動作稱為一個 pass。

(3) 各階段完成之工作如下所示：

$-\infty$，5，6，8，7，6^*，4，9，1，3，2

Pass 1：加入 5

$-\infty$	5

Pass 2：加入 6

$-\infty$	5	6

Pass 3：加入 8

$-\infty$	5	6	8

Pass 4：加入 7

$-\infty$	5	6	7	8

Pass 5：加入 6^*

$-\infty$	5	6	6^*	7	8

Pass 6：加入 4

$-\infty$	4	5	6	6^*	7	8

Pass 7：加入 9

$-\infty$	4	5	6	6^*	7	8	9

Pass 8：加入 1

$-\infty$	1	4	5	6	6^*	7	8	9

Pass 9：加入 3

$-\infty$	1	3	4	5	6	6^*	7	8	9

Pass10：加入 2

$-\infty$	1	2	3	4	5	6	6^*	7	8	9

圖 5-3 插入排序演算法實作範例

若一檔案中含有兩個或兩個以上相同的鍵值,則這些相同的鍵值經由排序動作處理後若仍維持原來的順序則可稱此排序法為穩定排序法,否則即為不穩定排序法。因此插入排序法為穩定排序法。平均時間複雜度為 $O(n^2)$ 及最差時間複雜度為 $O(n^2)$,而空間複雜度則為 $O(1)$。

最差時間複雜度是指演算法執行時所需要的最多執行步驟數;而平均時間複雜度則是指所有可能狀況下的平均執行步驟數。

時間複雜度分析

若使用插入排序法排序 n 筆資料,執行第一次處理 (Pass) 時,必須做一次比較動作,執行第二次處理時,必須做兩次比較動作,依此類推,執行第 n 次處理時,必須做 n 次比較動作,所以總比較次數為 $(1+2+\cdots+n) = \dfrac{n(n+1)}{2} = \dfrac{1}{2}n^2 + \dfrac{1}{2}n$。由以上分析知插入排序法之平均時間複雜度及最差時間複雜度均為 $O(n^2)$。

5.2.2 選擇排序法

選擇排序法作法如下:

1. 由左往右掃描。

2. 每掃描一次就找出欲排序資料中具最小值的資料,並與此資料列中最左邊的元素對調。

重複此步驟 1. 和 2. 共 n 次,直到所有資料皆處理完畢為止。

演算法如下:

```
/* swap(A, B) 的作用為交換 A 與 B 的值 */
```

```
Procedure Selection_Sort(X);
begin
    for i=1 to n-1 do begin
        min=i;
        for j=i+1 to n do
                if (X[min] > X[j]) then min=j;
        if min ≠ i then swap(X[min], X[i]);
    end;
end;
```

圖 5-4 選擇排序演算法

🖥️│ 範例 ❶

請以選擇排序法來排序下列資料：

5，6，7，8，6*，4，9，1，3，2（以 "*" 來區分相同鍵值）

解

Pass 1：由 [5，6，7，8，6*，4，9，1，3，2] 中找出最小值並與「5」對調。

| 1 | 6 | 7 | 8 | 6* | 4 | 9 | 5 | 3 | 2 |

Pass 2：由 [6，7，8，6*，4，9，5，3，2] 中找出最小值並與「6」對調。

| 1 | 2 | 7 | 8 | 6* | 4 | 9 | 5 | 3 | 6 |

Pass 3：由 [7，8，6*，4，9，5，3，6] 中找出最小值並與「7」對調。

| 1 | 2 | 3 | 8 | 6* | 4 | 9 | 5 | 7 | 6 |

Pass 4：由 [8，6*，4，9，5，7，6] 中找出最小值並與「8」對調。

| 1 | 2 | 3 | 4 | 6* | 8 | 9 | 5 | 7 | 6 |

Pass 5：由 [6*，8，9，5，7，6] 中找出最小值並與「6*」對調。

| 1 | 2 | 3 | 4 | 5 | 8 | 9 | 6* | 7 | 6 |

Pass 6：由 [8，9，6*，7，6] 中找出最小值並與「8」對調。

| 1 | 2 | 3 | 4 | 5 | 6* | 9 | 8 | 7 | 6 |

Pass 7：由 [9，8，7，6] 中找出最小值並與「9」對調。

| 1 | 2 | 3 | 4 | 5 | 6* | 6 | 8 | 7 | 9 |

Pass 8：由 [8，7，9] 中找出最小值並與「8」對調。

| 1 | 2 | 3 | 4 | 5 | 6* | 6 | 7 | 8 | 9 |

Pass 9：由 [8，9] 中找出最小值並與「8」對調。

| 1 | 2 | 3 | 4 | 5 | 6* | 6 | 7 | 8 | 9 |

以選擇排序法排序後，結果如下：

| 1 | 2 | 3 | 4 | 5 | 6* | 6 | 7 | 8 | 9 |

圖 5-5　選擇排序演算法實作範例

選擇排序法處理的檔案中若含有兩個或兩個以上相同的鍵值 (如本題中的 6 及 6^*)，由於這些相同的鍵值經由排序動作處理後可能會改變原來的順序，因此選擇排序法為不穩定排序法。平均時間複雜度為 $O(n^2)$ 及最差時間複雜度為 $O(n^2)$，而空間複雜度則為 $O(1)$。

時間複雜度分析

若使用選擇排序法排序 n 筆資料，執行第一次處理 (Pass) 時，必須做 (n-1) 次比較動作，執行第二次處理時，必須做 (n-2) 次比較動作，依此類推，執行第 (n-1) 次處理時，必須做 1 次比較動作，所以總比較次數為 $(n-1)+(n-2)+\cdots+1 = \dfrac{(n-1) \times n}{2} = \dfrac{1}{2}n^2 - \dfrac{1}{2}n$。由以上分析知選擇排序法之平均時間複雜度及最差時間複雜度均為 $O(n^2)$。

選擇排序法的作法相當直覺而且簡單，但是由於效率並不十分理想，所以當要處理的資料筆數較多時，不建議採用選擇排序法。

5.2.3 氣泡排序法

氣泡排序法的特色是每執行完一個階段的處理，便會將待排序資料中的最大項資料「推」到待排序資料的最右方，就像是氣泡由水底浮到水面的過程一樣。

氣泡排序法作法如下：

1. 由左往右掃描。

2. 將欲排序的資料作兩兩相鄰的比較動作，較小的元素在左，較大的元素在右，當掃瞄完一次欲排序的資料後將至少有一個資料已在正確的位置。

3. 重複步驟 1. 和 2. 共 n-1 次；或重複步驟 1 和 2 直到資料無互換動作為止。

演算法如下：

```
/* swap(A, B) 的作用為交換 A 與 B 的值 */
/* flag 的值若為 0 代表在該回合 (pass) 沒有元素的值被交換 */
```

```
Procedure Bubble_Sort(X);
begin
    for i=1 to n-1 do
    begin
        flag=0;
        for j=1 to n-i do
            if (X[j] > X[j+1]) then begin
```

```
            swap(X[j], X[j+1]);
                flag = 1;
            end;
        if (flag = 0) then exit;
    end;
  end;
```

🖥 │ **範例 ①**

請以氣泡排序法來排序下列資料：

5，6，7，8，6*，4，9，1，3，2（以 "*" 來區分相同鍵值）

解

Pass 1：

(5，6)，7，8，6*，4，9，1，3，2
5，(6，7)，8，6*，4，9，1，3，2
5，6，(7，8)，6*，4，9，1，3，2
5，6，7，(8，6*)，4，9，1，3，2
5，6，7，6*，(8，4)，9，1，3，2
5，6，7，6*，4，(8，9)，1，3，2
5，6，7，6*，4，8，(9，1)，3，2
5，6，7，6*，4，8，1，(9，3)，2
5，6，7，6*，4，8，1，3，(9，2)
5，6，7，6*，4，8，1，3，2，9

所以，經過 Pass1 處理後，資料順序如下：

5，6，7，6*，4，8，1，3，2，9

Pass 2：

(5，6)，7，6*，4，8，1，3，2
5，(6，7)，6*，4，8，1，3，2
5，6，(7，6*)，4，8，1，3，2
5，6，6*，(7，4)，8，1，3，2
5，6，6*，4，(7，8)，1，3，2
5，6，6*，4，7，(8，1)，3，2
5，6，6*，4，7，1，(8，3)，2
5，6，6*，4，7，1，3，(8，2)
5，6，6*，4，7，1，3，2，8

所以，經過 Pass 2 處理後，資料順序如下：

5，6，6*，4，7，1，3，2，8，9

Pass 3：

(5，6)，6*，4，7，1，3，2
5，(6，6*)，4，7，1，3，2
5，6，(6*，4)，7，1，3，2
5，6，4，(6*，7)，1，3，2
5，6，4，6*，(7，1)，3，2
5，6，4，6*，1，(7，3)，2
5，6，4，6*，1，3，(7，2)
5，6，4，6*，1，3，2，7

所以，經過 Pass 3 處理後，資料順序如下：

5，6，4，6*，1，3，2，7，8，9

Pass 4：

(5，6)，4，6*，1，3，2
5，(6，4)，6*，1，3，2
5，4，(6，6*)，1，3，2
5，4，6，(6*，1)，3，2
5，4，6，1，(6*，3)，2
5，4，6，1，3，(6*，2)
5，4，6，1，3，2，6*

所以，經過 Pass 4 處理後，資料順序如下：

5，4，6，1，3，2，6*，7，8，9

Pass 5：
(5，4)，6，1，3，2
4，(5，6)，1，3，2
4，5，(6，1)，3，2
4，5，1，(6，3)，2
4，5，1，3，(6，2)
4，5，1，3，2，6

所以，經過 Pass 5 處理後，資料順序如下：
4，5，1，3，2，6，6*，7，8，9

Pass 6：
(4，5)，1，3，2
4，(5，1)，3，2
4，1，(5，3)，2
4，1，3，(5，2)
4，1，3，2，5

所以，經過 Pass 6 處理後，資料順序如下：
4，1，3，2，5，6，6*，7，8，9

Pass 7：
(4，1)，3，2
1，(4，3)，2
1，3，(4，2)
1，3，2，4

所以，經過 Pass 7 處理後，資料順序如下：
1，3，2，4，5，6，6*，7，8，9

Pass 8：
(1，3)，2
1，(3，2)
1，2，3

所以，經過 Pass 8 處理後，資料順序如下：
1，2，3，4，5，6，6*，7，8，9

Pass 9：
(1，2)
1，2，3，4，5，6，6*，7，8，9

所以，經過 Pass 9 處理後，資料順序如下：
1，2，3，4，5，6，6*，7，8，9

　　氣泡排序法處理的檔案中若含有兩個或兩個以上相同的鍵值（如本題中的 6 及 6*），由於這些相同的鍵值經由排序動作處理後不會改變原來的順序，因此氣泡排序法為穩定排序法。平均時間複雜度為 $O(n^2)$ 及最差時間複雜度為 $O(n^2)$，而空間複雜度則為 $O(1)$。

時間複雜度分析

　　若使用氣泡排序法排序 n 筆資料，執行第一次處理 (pass) 時，必須做 (n-1) 次比較動作，執行第二次處理時，必須做 (n-2) 次比較動作，依此類推，執行第 (n-1) 次處理時，必須做 1 次比較動作，所以總比較次數為 $(n-1)+(n-2)+\cdots+1 = \dfrac{(n-1)\times n}{2} = \dfrac{1}{2}n^2 - \dfrac{1}{2}n$。由以上分析知氣泡排序法之平均時間複雜度及最差時間複雜度均為 $O(n^2)$。

5.2.4 快速排序法

快速排序法是一種具有最佳平均時間複雜度的排序法，因此被廣泛使用。

快速排序法作法如下：

1. 先將欲排序資料中之第一筆資料的值做為定界比較標準 (Pivot)。

2. 每處理完一次處理後，所有比定界比較標準小的元素皆會被搬移到定界比較標準的左邊，所有比定界比較標準大的元素皆會被搬移到定界比較標準的右邊。

3. 在定界比較標準左邊的元素與在定界比較標準右邊的元素分別再重複執行步驟 1~ 步驟 3，直到全部資料排序好為止。

演算法如下：

```
/* swap(A, B) 的作用為交換 A 與 B 的值 */
/* 變數 k 被設為定界比較標準 */
/* 由左向右找到第一個 X[i] ≥ k，由右向左找到第一個 X[j] ≤ k*/
/* 若 i<j 則交換 X[i] 與 X[j] 的位置，否則將 X[low] 與 X[j] 的位置交換 */
```

```
Procedure Quick_Sort(X, low, up);
begin
  if (low < up) then begin
    i = low;
    j = up + 1;
    k = X[low];
    repeat
      repeat
        i = i+1;
      until X[i] ≥ k;
      repeat
        j = j-1;
      until X[j] ≤ k;
      if (i < j) then swap(X[i], X[j]);
    until i ≥ j;
    swap(X[low], X[j]);
    Quick_Sort(X, low, j-1);
    Quick_Sort(X, j+1, up);
  end;
end;
```

▣|範例 ④

請以快速排序法來排序下列資料：

5，6，7，8，6*，4，9，1，3，2（以 "*" 來區分相同鍵值）

解

Pass 1：k=5

	5,	6,	7,	8,	6*,	4,	9,	1,	3,	2,
		↑								↑
		i（找比 k 大的值）					j（找比 k 小的值）			

i < j
交換 X[i] 與 X[j] 之值

5,	2,	7,	8,	6*,	4,	9,	1,	3,	6,
		↑						↑	
		i						j	

i < j
交換 X[i] 與 X[j] 之值

5,	2,	3,	8,	6*,	4,	9,	1,	7,	6,
			↑				↑		
			i				j		

i < j
交換 X[i] 與 X[j] 之值

5,	2,	3,	1,	6*,	4,	9,	8,	7,	6,
				↑	↑				
				i	j				

i < j
交換 X[i] 與 X[j] 之值

5,	2,	3,	1,	4,	6*,	9,	8,	7,	6,
				↑	↑				
				j	i				

i > j
交換 X[Low] 與 X[j] 之值

[4,	2,	3,	1]	5,	[6*,	9,	8,	7,	6]

所以，經過 Pass 1 處理後，資料順序如下：

[4，2，3，1]，5，[6*，9，8，7，6]

因處理過程類似，故省略完整步驟，以下僅列出每個階段處理後的結果。

經過 Pass 2 處理後，資料順序如下：

[1，2，3]，4，5，[6*，9，8，7，6]

經過 Pass 3 處理後，資料順序如下：

1，[2，3]，4，5，[6*，9，8，7，6]

經過 Pass 4 處理後，資料順序如下：

1，2，3，4，5，6，6*，[8，7，9]

經過 Pass 5 處理後，資料順序如下：

1，2，3，4，5，6，6*，7，8，9

快速排序法處理的檔案中若含有兩個或兩個以上相同的鍵值 (如本題中的 6 及 6*，由於這些相同的鍵值經由排序動作處理後可能會改變原來的順序，因此快速排序法為不穩定排序法。平均時間複雜度為 O(n×log n) 及最差時間複雜度為 O(n²)。快速排序法為個別擊破法 (Divide and Conquer) 演算法的一種。

5.2.5 二路合併排序法

二路合併排序法可為內部或外部排序法。二路合併排序法通常簡稱為合併排序法。作法如下：

1. 將資料中相鄰的兩個資料為一組互相排列合併。

2. 每相鄰的兩組資料互相排列合併成較大的資料組。

3. 重複 1. 和 2. 步驟直到所有的資料排列合併成一個資料組為止。

合併排序法的處理原則是將 n 個長度為 1 的資料組二二合併，得到「n/2」個長度為 2 的資料組，再將「n/2」個長度為 2 的資料組二二合併，得到「n/4」個長度為 4 的資料組，依此類推直到得到 1 個長度為 n 的資料組時為止。若合併排序法中每次合併的資料組數目不限定為 2，則若每次合併的資料組數目為 3 則為三路合併排序，若每次合併的資料組數目為 4 則為四路合併排序，換句話說，若每次合併的資料組數目為 n 則為 n 路合併排序。

利用 Two-Way 合併排序法排序 n 筆資料需「$\log_2 n$」次處理。上題範例中共有 10 筆資料，利用 Two-Way 合併排序法需「$\log_2 10$」＝4 次處理。合併排序法為穩定排序法。平均時間複雜度：O(n log n)，最差時間複雜度：O(n log n)。

🖥 | 範例 ⑤

請以合併排序法來排序下列資料：

5，6，7，8，6*，4，9，1，3，2 (以 "*" 來區分相同鍵值)

解

Pass 1：

　　(5，6)，(7，8)，(6*，4)，(9，1)，(3，2)

⇨ (5，6)，(7，8)，(4，6*)，(1，9)，(2，3)

Pass 2：

(5，6，7，8)，(4，6*，1，9)，(2，3)

$\Rightarrow$ (5，6，7，8)，(1，4，6*，9)，(2，3)

Pass 3：

(5，6，7，8)，(1，4，6*，9)，(2，3)

$\Rightarrow$ (1，4，5，6，6*，7，8，9)，(2，3)

Pass 4：

(1，4，5，6，6*，7，8，9)，(2，3)

$\Rightarrow$ (1，2，3，4，5，6，6*，7，8，9)

時間複雜度分析

若使用合併排序法排序 n 筆資料，約需 $\log_2 n$ 次處理 (Pass)，而每次處理所須的處理時間為 O(n)，因此共需 O(n log n) 的時間。所以合併排序法的平均時間複雜度與最差時間複雜度皆為 O(n log n)。

最後整理了各種排序法的比較如下表：

表 各種排序法比較

種類	平均時間複雜度	最差時間複雜度	額外所需空間	穩定性
插入排序法	$O(n^2)$	$O(n^2)$	O(1)	Stable
選擇排序法	$O(n^2)$	$O(n^2)$	O(1)	Unstable
氣泡排序法	$O(n^2)$	$O(n^2)$	O(1)	Stable
快速排序法	O(n logn)	$O(n^2)$	O(n logn)~O(n)	Unstable
合併排序法	O(n logn)	O(n logn)	O(n)	Stable

5.3 圖形

5.3.1 圖形基本知識

圖形 (Graph) 是由端點 (Vertex) 及端點對所構成的邊 (Edge)，這兩個非空集合所構成，一般利用以下的符號來代表對應之元件：

V：代表端點。

E：代表邊。

G(V, E)：代表圖形。

圖形中端點集合表示為 V(G)，邊集合表示為 E(G)。圖形根據邊的型態可分成下列兩類：

1. **無向圖 (Undirected Graph)**：E 中的邊無方向性，(x, y) = (y, x)，其中 x 及 y 為端點。

2. **有向圖 (Directed Graph，Digraph)**：E 中的邊有方向性，<x, y> ≠ <y, x>，其中 x 及 y 為端點。在 <x, y> 中，x 是頭 (Head)，y 是尾 (Tail)。

範例 ❶

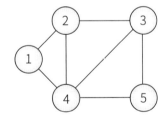

圖 5-6　無向圖範例

V(G) = {1, 2, 3, 4, 5}。

E(G) = {(1, 2), (1, 4), (2, 3), (2, 4), (3, 4), (3, 5), (4, 5) }。

範例 ❷

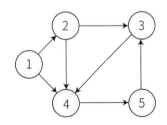

圖 5-7　有向圖範例

V(G) = {1, 2, 3, 4, 5}。

E(G) = {<1, 2>, <1, 4>, <2, 3>, <2, 4>, <3, 4>, <4, 5>, <5, 3> }。

5.3.2 圖形重要名詞

一、無向圖

名詞	特性
子圖 (Subgraph)	若 G' 為 G 的子圖，若且唯若 (if and only if)： V(G') ⊆ V(G) 且 E(G') ⊆ E(G)。 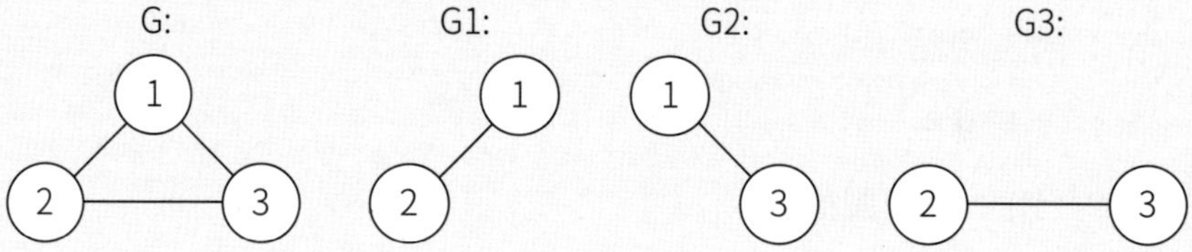 上圖中圖形 G1、G2 及 G3 均為圖形 G 的子圖。
相鄰 (Adjacent)	圖形中一邊的二端點稱為相鄰。若邊 (x, y) 是 E(G) 中的一邊，則端點 x 與 y 是相鄰的。
連接 (Incident)	若邊 (x, y) 是 E(G) 中的一邊，則邊 (x, y) 連接端點 x 與端點 y。
路徑 (Path)	在圖形中，路徑是指一組由一連串端點所形成的連續序列。 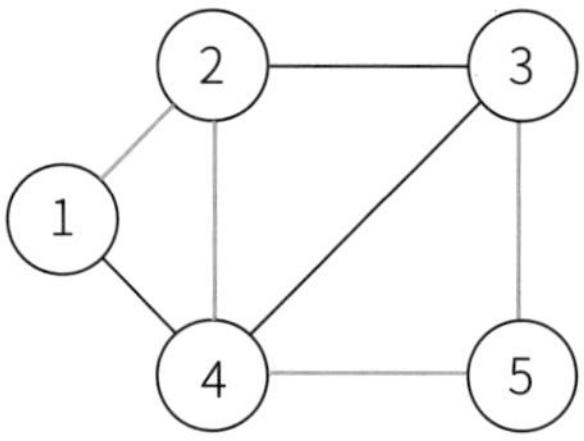 1，2，4，5，3 便是一組路徑。
路徑長度 (Path Length)	路徑中包含的邊總數。 上圖 1，2，4，5，3 路徑長度為 4。
簡單路徑 (Simple Path)	除起點和終點外，其餘節點均不可重複的路徑。
相連 (Connected)	兩個端點為相連，若且唯若，在這對端點間存在一條路徑。
相連圖 (Connected Graph)	若一個圖形為相連圖，若且唯若，圖形中之任二端點均有路徑相連。如二元樹 (binary tree)。 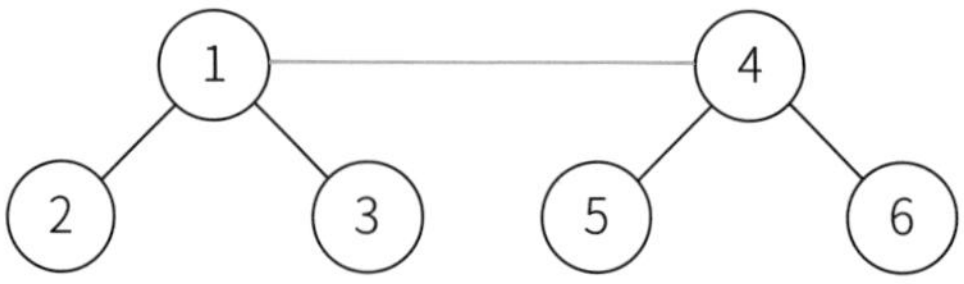 相連圖

名詞	特性
	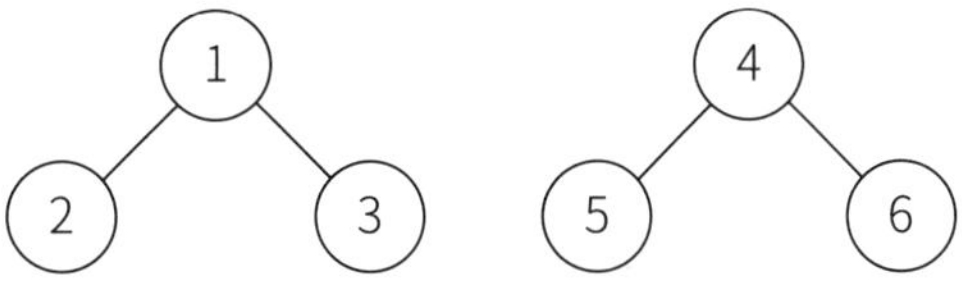 非相連圖

一個具 n 個端點的無向圖中任何兩端點間均恰有一邊直接相連，則恰具有 $\dfrac{n(n-1)}{2}$ 個邊。完全圖必定是連通圖。

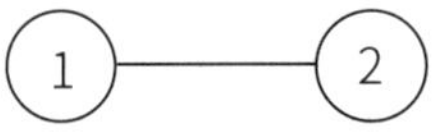

完全圖 (Complete Graph)	
	具兩個端點的完全圖　　具三個端點的完全圖　　具四個端點的完全圖
	有 $\dfrac{2(2-1)}{2}=1$ 個邊　　有 $\dfrac{3(3-1)}{2}=3$ 個邊　　有 $\dfrac{4(4-1)}{2}=6$ 個邊

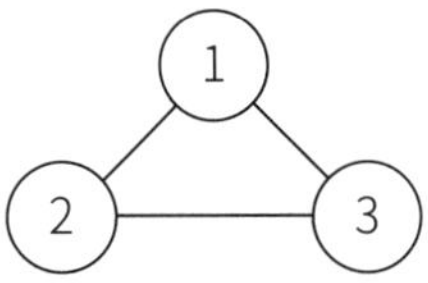

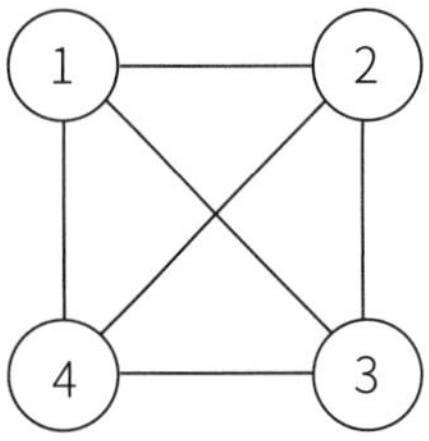

多重圖 (Multi-Graph)	圖形中若有兩個端點間的邊數大於或等於 2，則此圖形即為多重圖。

簡單圖 (Simple Graph)	圖形中，任兩端點間最大的邊數為 1。 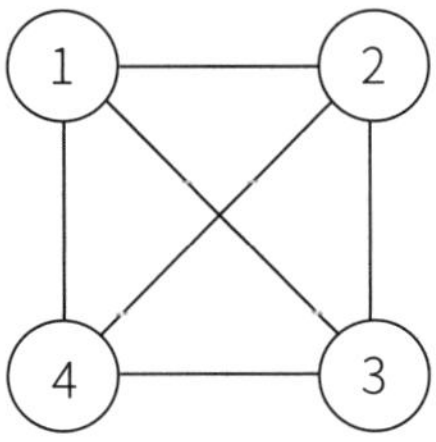 簡單圖 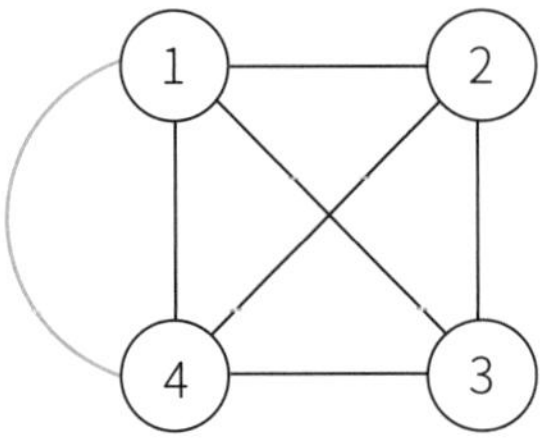　　　　　　　　　多重圖

一端點的分支度是指與該端點相鄰 (Adjacent) 的端點個數。

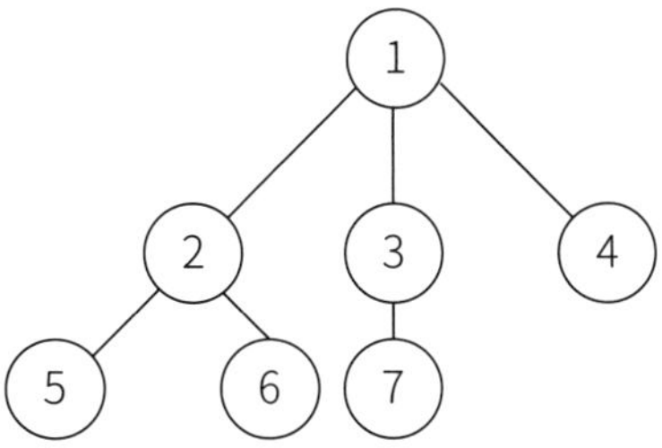

分支度 (Degree)		分支度： 端點 1：3 端點 2：3 端點 3：2 端點 4：1 端點 5：1 端點 6：1 端點 7：1

名詞	特性
尤拉路徑 (Eulerian Path)	在一無向圖中，若存在一條路徑可由起點出發，恰經過所有邊一次，最後到達終點（終點與起點不同），則可稱此路徑為尤拉路徑。尤拉路徑的充分必要條件為除了兩個端點的分支度為奇數外，其餘必須均為偶數。尤拉路徑又稱為尤拉鏈結（Eulerian Chain）。
尤拉循環 (Eulerian Cycle)	在一無向圖中，若存在一條路徑可由起點出發，恰經過所有邊一次，最後再回到起點（終點與起點相同），則可稱此路徑為尤拉循環。尤拉循環的充分必要條件所有端點的分支度均為偶數。

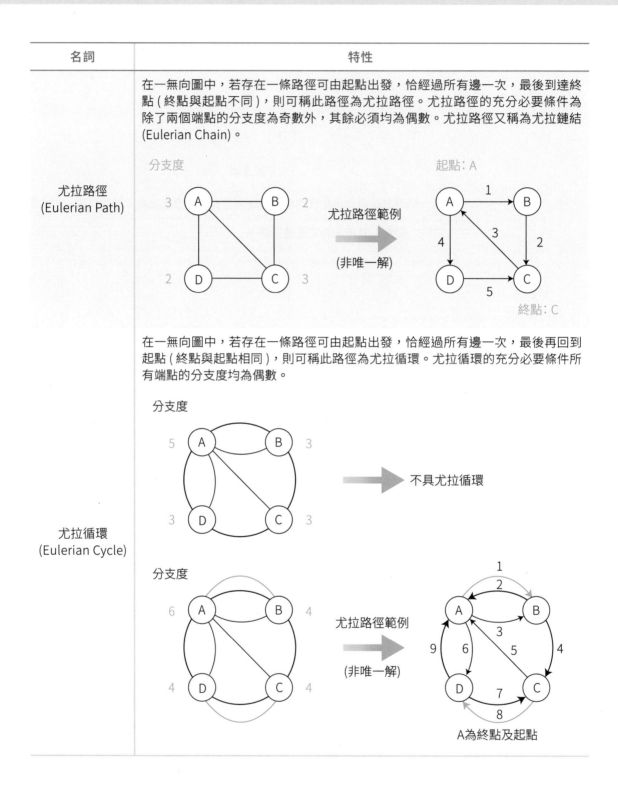

二、有向圖

名詞	特性
完全圖 (Complete Graph)	一個具 n 個端點的有向圖中任何二端點間均恰有一邊直接相連，則恰具有 n(n-1) 個邊。
路徑 (Path)	在有向圖形中，路徑是指一組由一連串端點所形成的連續序列，連接端點的邊皆為有向邊。
相鄰 (Adjacent)	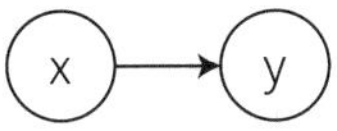 端點 x adjacent to 端點 y，端點 y adjacent from 端點 x。
連接 (Incident)	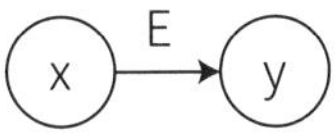 邊 E 連接端點 x 與端點 y。
強連結 (Strongly Connected)	在一個有向圖中，任何兩個端點 x 和 y 間存在一條路徑從 x 到 y，且存在另一條路徑從 y 到 x。 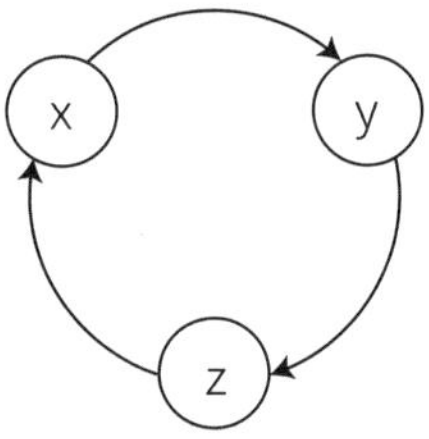 非強連結圖 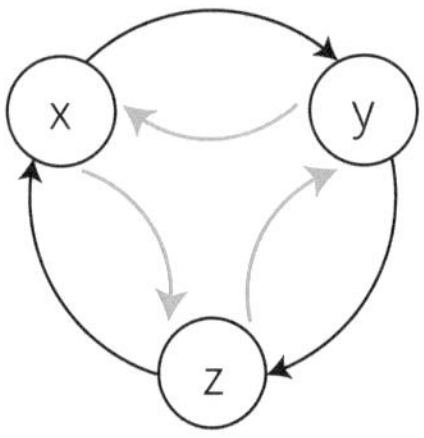 強連結圖
入分支度 (In degree)	端點被指向的邊數。
出分支度 (Out Degree)	由端點發出的邊數。 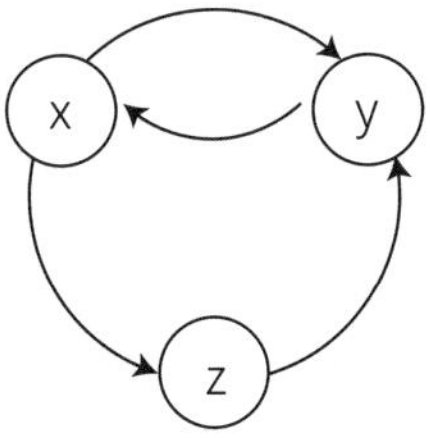

	入分支度		出分支度
x:	1	x:	2
y:	2	y:	1
z:	1	z:	1

5.3.3 圖形表示法

圖形表示法有相鄰矩陣 (Adjacency Matrix)，相鄰串列 (Adjacency List)，相鄰多元串列 (Adjacency Multi-list) 及索引表格 (Indexed Table) 四種。以下圖為例，介紹四種作法如下：

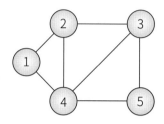

一、相鄰矩陣

使用 n×n 的二維矩陣來表示 n 個頂點的圖形。假設矩陣名稱為 X，若 X(i, j) = 1 則表示 $E(V_i, V_j)$ 存在，若 X(i, j) = 0 則表示 $E(V_i, V_j)$ 不存在。若圖形為無向圖時，矩陣為對稱。

上圖中端點 1 與端點 2 及 4 有邊相連，所以矩陣中元素 X(1,2) = 1、X(1,4) = 1。端點 2 與端點 1、3 及 4 有邊相連，所以矩陣中元素 X(2,1) = 1、X(2,3) = 1、X(2,4) = 1。端點 3 與端點 2、4 及 5 有邊相連，所以矩陣中元素 X(3,2) = 1、X(3,4) = 1、X(3,5) = 1。端點 4 與端點 1、2、3 及 5 有邊相連，所以矩陣中元素 X(4,1) = 1、X(4,2) = 1、X(4,3) = 1、X(4,5) = 1。端點 5 與端點 3 及 4 有邊相連，所以矩陣中元素 X(5,3) = 1、X(5,4) = 1。矩陣內容如下：

$$X = \begin{array}{c} \\ 1 \\ 2 \\ 3 \\ 4 \\ 5 \end{array} \begin{array}{ccccc} 1 & 2 & 3 & 4 & 5 \\ \left[\begin{array}{ccccc} 0 & 1 & 0 & 1 & 0 \\ 1 & 0 & 1 & 1 & 0 \\ 0 & 1 & 0 & 1 & 1 \\ 1 & 1 & 1 & 0 & 1 \\ 0 & 0 & 1 & 1 & 0 \end{array} \right] \end{array}$$

利用相鄰矩陣來表示圖形需要 $O(n^2)$ 空間，若圖形為無向圖時，因為對稱，則只需一半之空間。求所有端點分支度需要 $O(n^2)$ 時間。但若圖形中邊數很少時則矩陣將為稀疏矩陣，十分浪費空間。

二、相鄰串列

　　相鄰串列的表示方法為每個端點利用一個連結串列，將與端點相鄰的每個頂點連結起來。本表示法可以解決稀疏矩陣的缺點。作法如下圖：

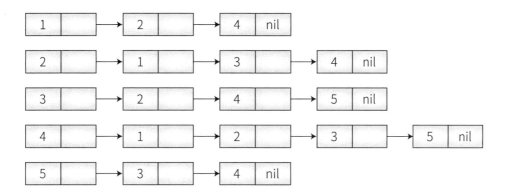

三、相鄰多元串列

　　在相鄰多元串列表示法中，圖形中的每個邊都以一個節結來表示，其節點格式如下：

Tag	V_1	V_2	Link 1	Link 2

　　其中「Tag」用來表示該邊是否已被找過。「V_1」及「V_2」代表邊的兩個端點。「Link 1」代表連結欄位，若有其他端點與 V_1 相連，則「Link 1」將指向該端點與「V_1」所形成的邊節點，否則指向 nil。「Link 2」代表連結欄位，若有其他端點與 V_2 相連，則「Link 2」將指向該端點與「V_2」所形成的邊節點，否則指向 nil。

　　另外，對圖形的每一個端點建立一個串列首，端點對應的串列首會指向第一個包含該端點的邊所形成之節點。作法如下圖：

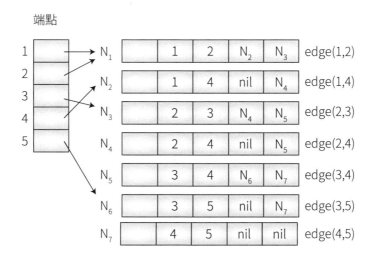

四、索引表格

利用一維陣列儲存每個端點在圖形中所有相鄰的端點。作法如下圖：

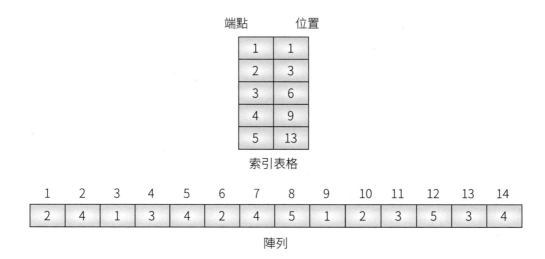

5.3.4 圖形追蹤

圖形追蹤的功能是走訪圖形中每個頂點恰好一次。圖形追蹤法可分為深度優先搜尋 (Depth First Search，DFS) 與廣度優先搜尋 (Breadth First Search，BFS) 兩種，以下將介紹兩種圖形追蹤法的作法。

深度優先搜尋利用堆疊製作，程式段如下：

```
/* 無向圖 G＝(V, E), 端點數為 n */
/* 一維陣列 meet 初始值皆設為 false */
/* 從端點 x 開始追蹤 */
```

```
procedure DFS(x:integer);
begin
  meet[x]:=true;
  print(x);
  對所有與端點 x 相鄰（adjacent）的端點 y 執行以下動作：
    if (meet[y]=false) then DFS(y);
end;
```

廣度優先搜尋利用佇列製作，程式段如下：

```
/* 無向圖 G = (V, E), 端點數為 n */
/* 一維陣列 meet 初始值皆設為 false */
/* 從頂點 x 開始追蹤 */
```

```
procedure BFS(x : integer);
   begin
       meet[x] := true;
       initialize the queue;
       add x into the queue;
       while (the queue is not empty) do
        begin
         delete an element a from the queue;
         for each vertex b adjacent to a do
                if (not meet[b]) then
                   begin
                     add b into the queue;
                     meet[b] := true;
                     print(b);
                   end;
       end;
   end;
```

💻│範例 ❶

請就以下圖形分別求出 DFS 及 BFS 之結果。

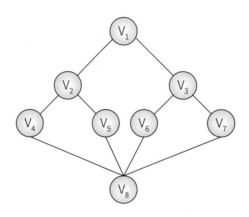

解

(1) 圖形對應的相鄰串列表示法如下：

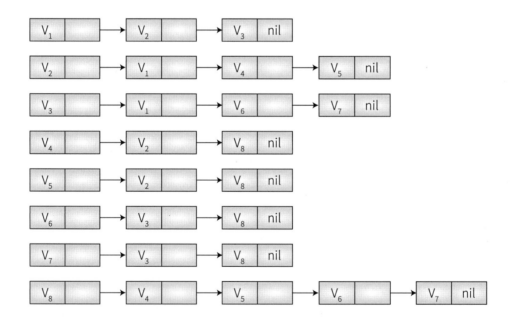

利用相鄰串列表示法且假設由端點 V_1 開始做深度優先搜尋，結果如下：V_1、V_2、V_4、V_8、V_5、V_6、V_3、V_7。

(2) 若採廣度優先搜尋則結果如下：V_1、V_2、V_3、V_4、V_5、V_6、V_7、V_8。

💻│範例 ❷

請就以下圖形分別求出 DFS 及 BFS 之結果。

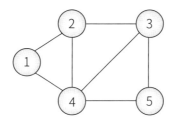

解

(1) 圖形對應的相鄰串列表示法如下：

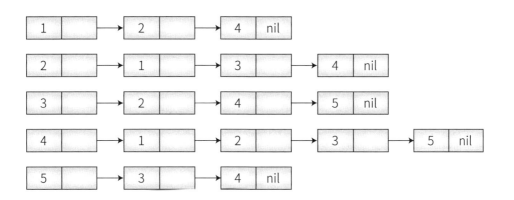

　　利用相鄰串列表示法且假設由端點 1 開始做深度優先搜尋，結果如下：1、2、3、4、5。

(2) 若採廣度優先搜尋則結果如下：1、2、4、3、5。

本章重點回顧

- 循序搜尋法適用於小型檔案且不需事先排序好資料。

- 二元搜尋法要求必須先將檔案中的資料事先排序好，由檔案的中間開始做搜尋的動作，每次可除去一半的資料。

- 雜湊搜尋法所建立的資料儲存在儲存體中並無一定的順序，主要特點為搜尋速度極快，但理想的雜湊函數不易設計。

- 插入排序法、選擇排序法及氣泡排序法的最差及平均時間複雜度皆為 $O(n^2)$。

- 快速排序法的最差時間複雜度為 $O(n^2)$，平均時間複雜度為 $O(n \log n)$。

- 合併排序法的最差及平均時間複雜度皆為 $O(n \log n)$。

- 插入、氣泡與合併排序法為穩定排序法。

- 選擇與快速排序法為不穩定排序法。

- 尤拉路徑是指在一無向圖中，若存在一條路徑可由起點出發，恰經過所有邊一次，最後到達終點 (終點與起點不同)，則可稱此路徑為尤拉路徑。尤拉路徑的充分必要條件為除了兩個端點的分支度為奇數外，其餘端點的分支度均為偶數。

- 圖形表示法有相鄰矩陣、相鄰串列、相鄰多元串列及索引表格四種。

- 圖形追蹤的功能是走訪圖形中每個頂點恰好一次。圖形追蹤法可分為深度優先搜尋 (DFS) 與廣度優先搜尋 (BFS) 兩種。

選 | 擇 | 題

( ) 1. 有關循序搜尋法的敘述何者錯誤？

(A) 資料不必先排序　　　　　　　(B) 搜尋磁碟之資料通常利用此法
(C) 搜尋之時間複雜度為 O(n)　　　(D) 搜尋資料時，採一筆一筆逐一比對。

( ) 2. 下列關於資料搜尋的敘述何者錯誤？

(A) 如果沒有排序好的資料可以在 $0(N^2)$ 時間內找到資料
(B) 如果沒有排序好的資料可以在 $0(\log N)$ 時間內找到資料
(C) 二分搜尋法在 $0(\log N)$ 時間內可以決定有沒有找到資料
(D) 如果沒有排序好的資料可以在 $0(N)$ 時間內找到資料。

( ) 3. 利用循序搜尋法自下列名字中 [Alice、Byron、Carol、Duane、Elaine、Floyd、Gene、Henry、Iris] 搜尋 Elaine ，需比較幾次名字？

(A) 1　　　　　(B) 3　　　　　(C) 4　　　　　(D) 5。

( ) 4. 使用二元搜尋法的條件是？

(A) 資料數量須為偶數筆　　　　　(B) 資料一定要以二元樹存放
(C) 資料中不能有中文資料　　　　(D) 資料必須先經過排序處理。

( ) 5. 在二元搜尋樹進行搜尋時，單次搜尋時間與以下何者成正比？

(A) 樹的節點總數　　　　　　　　(B) 樹的高度
(C) 樹葉節點的個數　　　　　　　(D) 最大鍵值與最小鍵值的差。

( ) 6. 在一擁 300 部電腦之 80 年代學生宿舍網路中，若網路線之實體材料為同軸電纜且採匯流排方式連接所有電腦。當其中某一部電腦發生故障而造成整個網路無法正常運作時，網管人員想採二元搜尋法來作故障點之搜尋。則在最差的情況下該網管人員檢測過多少台電腦即可找出故障之電腦？

(A) 300 台　　　(B) 150 台　　　(C) 9 台　　　(D) 8 台。

( ) 7. 雜湊表 (Hash Table) 經常被應用於快速資料搜尋，但將紀錄加入雜湊表時，如果發生兩個不同鍵值的紀錄對應到相同位置，此狀況稱為？

(A) 溢位 (Overflow)　　　　　　(B) 碰撞 (Collision)
(C) 去尾 (Truncation)　　　　　　(D) 例外 (Exception)。

( ) 8. 將放在硬碟上的資料直接排序的方式稱為？

(A) 內部排序 (Internal Sort)　　　(B) 外部排序 (External Sort)
(C) 遞增排序 (Ascending Sort)　　(D) 遞減排序 (Descending Sort)。

( ) 9. 利用插入排序法，將資料 38, 8, 64, 15, 23, 21 由小至大排序，請問在排序過程中，下列哪個資料順序是可能發生的？

(A) 8, 38, 64, 15, 23, 21　　　　　　(B) 8, 21, 23, 38, 64, 15

(C) 8, 38, 64, 23, 15, 21　　　　　　(D) 8, 15, 38, 64, 21, 23。

( ) 10. 利用氣泡排序法將以下 10 個資料依由小至大順序排列：37, 41, 19, 81, 43, 25, 56, 61, 49, 41，下列何者可表示經第 2 階段處理後的資料順序？

(A) 19, 37, 41, 25, 43, 56, 49, 41, 61, 81

(B) 37, 19, 41, 43, 25, 56, 61, 49, 41, 81

(C) 41, 37, 81, 43, 25, 56, 61, 49, 41, 19

(D) 41, 81, 43, 37, 56, 61, 49, 41, 25, 19。

( ) 11. 以氣泡排序法對「3、6、5、1、4、2」進行由小到大的排序時，總共需要執行多少次資料交換的動作？

(A) 9　　　　　　(B) 10　　　　　　(C) 11　　　　　　(D) 12。

( ) 12. 有關快速排序的特性，下列敘述何者錯誤？

(A) 最壞情況下的計算時間為 $O(n^2)$

(B) 平均的計算時間為 $O(n \log_2 n)$

(C) 演算法具有遞迴的觀念

(D) 執行時所需的額外記憶體空間不隨陣列大小而改變。

( ) 13. 快速排序法需選擇適當的定界比較標準 (Privot Key) 以增進排序速度，請問定界比較標準之用途為何？

(A) 定界比較標準所在串列中的位置之左方專門放置已經排序好的紀錄

(B) 續插入新紀錄以排列好之串列時，用以指定插入位置

(C) 將欲排列的串列分成兩部分，以便分列進行排序

(D) 與一般排序法的鍵用途相同。

( ) 14. 下列哪一個排序方法所需之平均執行時間最短？

(A) 氣泡排序法　　(B) 選擇排序法　　(C) 快速排序法　　(D) 插入排序法。

( ) 15. 下列何者對於排序方法的敘述錯誤？

(A) 合併排序法在最差的情況下，時間複雜度為 $O(n \log n)$

(B) 快速排序法在最差的情況下，時間複雜度為 $O(n \log n)$

(C) 氣泡排序法在最差的情況下，時間複雜度為 $O(n^2)$

(D) 插入排序法在最差的情況下，時間複雜度為 $O(n^2)$。

( ) 16. 欲將一個數字插入在一個已排序好大小為 n 的陣列中，則最差的情況下，其複雜度為何？

(A) $O(\log n)$　　　　(B) $O(n \log n)$　　　　(C) $O(n)$　　　　(D) $O(n^2)$。

( ) 17. 利用插入排序法對 n 筆資料排序，在平均情況下所需的執行時間複雜度為何？ (選最恰當的)

(A) O (n)   (B) O (n log n)   (C) O (n²)   (D) O (n²log n)。

( ) 18. 有四塊土地，土地之間以七座橋樑連接，從某一地區出發，能否在經過每座橋樑恰好一次後，又回到原出發點？數學家尤拉 (Euler) 對此問題的解法，為以下何種資料型態的應用？

(A) 樹狀結構   (B) 圖形   (C) 雜湊表   (D) 佇列。

( ) 19. 若以相鄰矩陣來表達圖形，則該矩陣第 2 列上所有元素數值的總和等於？

(A) 圖形上所有節點的個數   (B) 圖形上所有節點個數的一半

(C) 節點 2 之所有相鄰節點個數   (D) 節點2 之所有相鄰節點個數的一半。

( ) 20. 某犯人自台北市脫逃，警察先在該城中搜尋，搜尋失敗後，便以台北市為中心逐一對其相鄰城市進行搜尋，仍無法尋獲時，再分別以這些相鄰城市為中心，重複執行上述步驟，一直到尋獲逃犯或者搜遍該區域所有城市為止。以上的搜尋步驟類似以下何種演算法？

(A) 圖形的深度優先搜尋   (B) 圖形的廣度優先搜尋

(C) 二元搜尋樹的搜尋法   (D) 串列的循序搜尋法。

☺ 應 | 用 | 題

1. 鏈結串列是一種可以用來表達一個二元樹的資料結構。在這種情形下，當我們要走訪二元樹上的所有節點時，若要走訪的順序是廣度優先 (BFS) 的方式，請問我們該用哪種資料結構來支援這樣的走訪方式，是最恰當的？並說明理由。若我們走訪的順序是深度優先 (DFS)，則最適合的資料結構是什麼？為什麼？

2. 依序加入下列整數 40, 85, 5, 66, 13, 99, 42, 73, 18, 29 到一棵空的二元搜尋樹中。

(1) 請依序建立對應的二元搜尋樹 (Binary Search Tree)。

(2) 在一 n 個節點的二元搜尋樹中，搜尋一個元素的時間複雜度，其最糟情況為何？並說明該情況發生的條件。

3. 依序輸入一組整數資料 {25, 57, 86, 37, 12, 92, 48, 33} 並建立出二元搜尋樹。

(1) 請說明對二元搜尋樹加入新一筆資料的方法為何？

(2) 請畫出所建立之二元搜尋樹（Binary Search Tree）。

4. 請回答以下問題：

   (1) 詳細說明用循序搜尋法以及二元搜尋法，在尋找已經排序好資料中的某筆記錄的方法。若資料未經排序，兩種方法又有何差異？

   (2) 在上述兩種方法中，若要確定一筆記錄是否存在一個內含 1000 筆記錄的資料檔案，請問最快與最慢得到答案各發生在什麼情況？又需作幾次比較才可得到答案？請詳細說明得到答案的計算過程。

5. 利用插入排序法，將資料 38, 8, 64, 15, 23, 21 由小至大排序，請說明完整排序過程。

6. 用氣泡排序法將以下 10 個資料依由小至大順序排列：37, 41, 19, 81, 43, 25, 56, 61, 49, 41，下列何者可表示經第 3 階段處理後的資料順序？

7. 使用氣泡排序法將陣列 array[7]={7,12,6,4,2,77,1} 由左至右 排序成由小至大之陣列 array[7]={1,2,4,6,7,12,77}，請問在排序過程中總共發生幾次陣列元素之交換？

8. 假設有一整數資料陣列 B[0..7]，陣列 B 裡面儲存 8 個整數數值分別為 {24, 56, 86, 38, 11, 90, 47, 31}。今欲對此陣列進行由小到大排序：請將排序過程中每一回合 (Pass) 陣列內容的變化情形寫出。

9. 由下圖，請從節點 A 開始：列出深度優先搜尋法的最後順序？列出廣度優先搜尋法的最後順序？

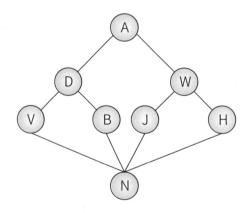

10. 電腦硬體基本元件，例如：邏輯閘，只能處理 0 和 1 的資料；處理器只能處理整數或浮點數等運算；但是在現實世界裡，資料處理所面臨的是日期、工時、姓名、住址、電話號碼等資料。闡述資料結構在簡單的訊號和複雜的資料之間所扮演的角色，並說明資料結構和其他的系統軟體，例如：作業系統、程式語言開發工具、編譯程式等的關係。

06
CHAPTER
計算機軟體

本章將介紹計算機軟體相關的知識,主要內容含括以下重點:計算機軟體分類、組譯程式、巨集處理程式、前置處理程式、編譯程式、作業系統運作基本原理與功能簡介、作業系統類型與作業系統實例等內容。

6.1 計算機軟體分類

6.2 組譯程式

6.3 巨集處理程式

6.3 前置處理程式

6.4 編譯程式

6.5 作業系統

6.1 計算機軟體分類

電腦系統是由硬體及軟體所組成，電腦中使用的軟體可分為應用軟體與系統軟體兩類，系統軟體有時也可稱為系統程式 (System Program)。

應用軟體是為了處理某個特定的問題而撰寫的程式，應用軟體也可稱為應用程式 (Application Program)，常用的應用軟體有兩類，分別是使用者自行撰寫的程式與市售套裝軟體。市售套裝軟體是最常用的應用軟體，常見的套裝軟體有文書處理、電子試算表、簡報、繪圖及影像管理、多媒體、通訊及資料庫管理系統等，下表為常用的套裝軟體的功能分類、主要特性及軟體名稱。

表 套裝軟體功能及範例

功能分類	主要特性	軟體名稱
文書處理	數位文件製作及編輯	Microsoft Word、WordPad、記事本、Writer、Open Office Writer、AbiWord、AbleWord 早期著名產品： PE 2、WORD STAR、AMIPRO、漢書
電子試算表	表格式的計算軟體，可支援排序、統計圖表及決策分析等功能，適合商業應用	Microsoft Excel、Google 試算表、Open Office Calc、 早期著名產品：Lotus 1-2-3、VisiCalc
簡報	製作或播放投影片的軟體	Microsoft PowerPoint、Google 簡報、Keynote 早期著名產品： Impress、Freelance
繪圖及影像管理	電腦繪圖及影像管理軟體	AutoCAD、CorelDraw、PhotoImpact、PhotoShop、Illustrate、3D Max
多媒體	多媒體資料的編輯及播放	威力導演、Windows Media Player、RealPlayer、Power DVD
瀏覽器	網頁瀏覽	Google Chrome、Microsoft Edge、Apple Safari、Mozilla Firefox
通訊軟體	即時通訊	LINE、Apple FireFox、WeChat、Skype、PuTTY
資料庫管理系統	管理資料庫系統	Microsoft Access、SQL Server、MySQL、Oracle 早期著名產品： Informix、Sybase、FoxPro、DB 2、DBASE III PLUS、DBASE IV

　　系統軟體則是指電腦系統為維特正常運作或開發應用程式所不可缺少的軟體，常見的系統軟體可分為以下兩類：

　　第一類系統軟體主要有三項功能，分別是做為使用者介面 (User Interface)、系統資源管理 (Resource Manager) 與監督程式 (Monitor)。第一類系統軟體就是指作業系統 (Operating System，OS)。

　　第二類系統軟體則是指為了維持電腦系統正常運作或開發應用程式所必需，這類系統軟體有組譯程式 (Assembler)、編譯程式 (Compiler)、直譯程式 (Interpreter)、巨集處理程式 (Macro Processor)、前置處理器 (Preprocessor) 及公用程式 (Utility) 等軟體。

　　下表整理了常用的系統軟體的功能及範例。

表 系統軟體功能及範例

分類	名稱	功能	範例
使用者介面、系統資源管理與監督程式	作業系統	管理系統資源以方便使用者使用系統及監督程式。	Microsoft Windows、Microsoft Windows Server、Chrome OS、Unix、Linux、Apple macOS、iOS、Android、Windows Mobile 早期著名產品： MS-DOS、IBM-DOS、CP/M、Novell、Palm OS
程式開發工具	組譯程式	處理利用組合語言撰寫的原始程式。	80×86 組合語言之組譯程式
	編譯程式	處理利用高階語言撰寫的原始程式，輸出為目的碼。	C、C++、Java、Pascal
	直譯程式	處理利用高階語言撰寫的原始程式，輸出為程式執行結果。	Python、JavaScript、PHP、Basic、Prolog、LISP
	巨集處理程式	處理巨集程式段。	組合語言、C、C++ 的巨集處理程式
	前置處理程式	處理前置處理命令。	C、C++ 的前置處理程式
系統工具	公用程式	提供使用者服務的程式。	Windows 工具管理員、WinZip、WinRAR、防毒軟體

6.2　組譯程式

組譯程式的功能是將組合語言寫成的原始程式翻譯成目的碼。功能如下所示：

組合語言程式 ⟶ 組譯程式 ⟶ 目的碼

組合語言程式是由指令及資料組成。常用的指令有兩種，分別是機器指令 (Machine Instruction) 與虛擬指令 (Pseudo Instruction)。機器指令經由組譯程式處理後會產生目的碼；虛擬指令的主要作用是標明程式的開始處及結束處，或給予組譯程式指引，因此虛擬指令經由組譯程式處理後通常不會產生目的碼。

組譯程式依不同的處理方式，常分為兩類，分別為單次處理與兩次處理組譯程式。分別介紹如下：

1. **單次處理組譯程式 (Single Pass Assembler)**

   單次處理組譯程式僅處理原始程式碼一次並產生的目的碼，所有在程式段中的符號皆必須事先定義才能引用。若採用單次處理組譯程式來處理組合語言程式將不允許「前向引用」(Forward Reference) 動作；「前向引用」是指符號未定義前就先引用。

   單次處理組譯程式處理方式如下圖：

   原始程式碼 ⟶ 單次處理組譯程式 ⟶ 目的碼

   因為單次處理組譯程式只掃瞄原始程式碼一次，因此組譯時間在兩種組譯程式中最短；但因目的碼未執行最佳化處理 (Optimization)，執行效率可能稍差。

2. **兩次處理組譯程式 (Two Pass Assembler)**

   兩次處理組譯程式的程式結構分為兩個部分，分別是 Pass 1 與 Pass 2。先由 Pass 1 處理原始程式後，輸出「中間碼」，Pass 2 在處理「中間碼」後輸出目的碼 (請注意：不是處理原始程式兩次)。Pass1 的工作為定義符號 (Define Symbol)，而 Pass 2 的工作則為產生目的程式 (Generate Object Code)。兩次處理組譯程式處理方式如下圖：

   原始程式碼 ⟶ Pass 1 ⟶ 中間碼 ⟶ Pass 2 ⟶ 目的碼

   兩次處理組譯程式允許「前向引用」，通常不會對目的碼執行最佳化處理，因此執行效率可能稍差。

6.3 巨集處理程式

　　設計程式時，經常會將一些相關的敘述集合在一起以節省程式設計的時間，常使用的方式有迴圈 (Loop)、副程式 (Subroutine) 及巨集 (Macro) 三種。

　　巨集又稱為「巨集指令」(Macro Instruction)，用來代表程式中一群常用的敘述。「巨集定義」(Macro Definition) 的功用是定義巨集及其所對應的一群敘述。「巨集展開」(Macro Expanding) 又稱為「巨集呼叫」(Macro Call)，是指將巨集名稱以相對應的一群敘述取代。程式中的「巨集定義」程式段可利用「巨集呼叫」來呼叫。當語言處理器處理「巨集呼叫」敘述時會利用「巨集展開」的動作以「巨集定義」來取代「巨集呼叫」敘述。

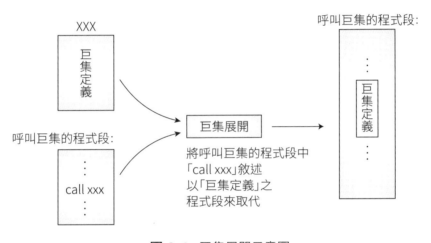

圖 6-1　巨集展開示意圖

🖥 | **範例 ①**

```
XXX   MACRO   &參數
     巨集程式碼
MEND
```

「XXX」表示巨集名稱。

「巨集程式碼」以「XXX」代表其名稱，必須透過「XXX」巨集名稱來呼叫巨集。

當程式經由巨集處理程式處理後，巨集處理程式會將程式中所有的巨集名稱替換成相對應的巨集定義內容，因此程式經過巨集處理程式處理後的程式碼將會變長。此外，因為巨集的處理模式是用「字串替代」方式 (將一條敘述替換成一段敘述群)，完成

巨集處理的程式碼執行時，不會有控制流程 (Control Flow) 的轉移，因此執行的速度會比利用副程式設計程式快。

📺 | **範例 ❷**

C++ 語言的「inline 函式」

C++ 語言提供的「inline 函式」便是利用了巨集處理的觀念。作法是在函式的名稱前加上「inline」關鍵字便可讓此函式成為「inline 函式」。

📺 | **範例 ❸**

有一 C++「inline 函式」宣告如下：

```
inline int swap(int a, int b)
int t;
{
    t=a;
    a=b;
    b=t;
}
```

下圖為「inline 函式」的處理模式。

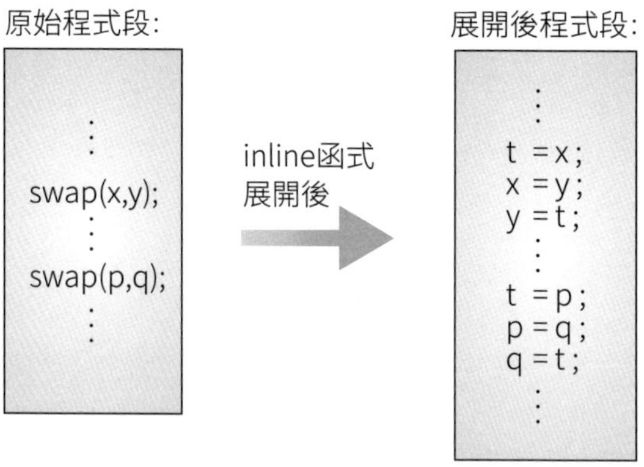

圖 6-2　C++ 語言 inline 函式的處理模式

6.4 前置處理程式

　　前置處理程式是指程式語言處理器在開始處理程式段之前的處理程式。本節將以 C 程式語言為例，說明前置處理程式之作法。

　　對一個 C 程式而言，程式在被編譯之前，程式會先由 C 程式語言的前置處理程式先負責處理含有「#」開頭的敘述後 (如 #include 、#define 等)，再將結果檔交由編譯程式處理後續工作。C 程式處理流程圖如下：

原始程式 → 前置處理程式 → 中間檔 → 編譯器 → 目的檔

圖 6-3 C 程式處理流程圖

指令	用途	範例
#include	將外部檔案加入程式中	#include <stdio.h>
#define	定義常數 / 運算式	#define square(x) x*x

範例 ①

利用 C 語言定義一敘述如下：

#define square(x) x*x

square(x) 的用途為傳回 x 的平方值 (如執行 square(7)，執行結果為 49)，若 x 為 4+3 則執行結果為何？

解：19

C 語言處理此類問題時，不會先行計算 4+3＝7 之結果，再將 7 傳入 square(x) 中計算，而是直接將 4+3 傳入，因此實際計算過程如右：

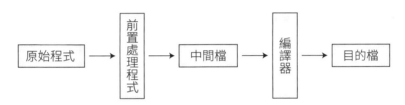

square(x)　X*X

⇓ square(4 + 3)

4 + 3 * 4 + 3

⇓

4 + 12 + 3 = 19

6.5 編譯程式

　　編譯程式的作用是將利用高階語言寫成的原始程式翻譯成目的碼。編譯程式會對原始程式碼中的每一條敘述，按照先後順序均做一次之轉換處理，並產生對應之目的碼，這種轉換處理的工作必須完全遵守採用的程式語言所規定的文法規則。不同程式語言的文法規則是不相同的。若撰寫程式時違背了程式語言的文法規則，編譯時將會發生文法錯誤之訊息。

　　編譯程式的功能是處理高階語言寫成的原始程式，並產生可在機器上執行的目的碼。編譯程式主要的工作依序可分為語彙分析 (Lexical Analysis)、語法分析 (Syntax Analysis)、語意分析 (Semantic Analysis)、產生中間碼 (Intermediate Form Generate)、最佳化 (Optimization) 及目的碼產生 (Object Code Generate) 共六個階段。編譯程式六個階段處理之工作整理如下表：

步驟	說明
語彙分析	利用語彙分析器 (lexical analyzer)，處理原始程式進行語彙分析工作，語彙分析是指將原始程式的內容切割成文法基本元素「token」。 範例：以 C 語言之敘述「a=b+c;」為例，「a=b+c;」敘述共可切割成 6 個 tokens，分別是「a」、「=」、「b」、「+」、「c」及「;」
語法分析	利用語法分析器 (syntax analyzer)，進行語法分析工作。語法分析是指根據文法產生規則，將 token 組合成剖析樹 (parse tree)。
語意分析	利用語意分析器 (semantic analyzer)，進行語意分析工作。語意分析是指根據剖析樹判斷敘述是否合乎語意規定並轉換成動作表 (action list)。
產生中間碼	把動作表轉換成中間碼。
最佳化	對中間碼執行「與機器無關最佳化」工作。
目的碼產生	依據最佳化的中間碼產生目的碼。

　　編譯程式執行最佳化動作的目的是為了加快執行的速度，以下將介紹四種常見的最佳化方法：

1. 將迴圈中不變的運算式或值移到迴圈外

　　例如，

```
s = 0;
for (i = 1; i ≤ 100; i++)
{
 s = s + i;
 a = 5;
}
```

可最佳化為以下程式段：

```
s = 0;
a = 5;
for (i = 1; i ≤ 100; i++)
 s = s + i;
```

2. **編譯時期計算 (Compile Time Computation)**

若程式中的運算式中有部分運算的值可先在編譯時期計算，就不須等到執行時才計算。

例如，

```
s = (x + 4*6/3)/y;
```

可最佳化為以下程式段：

```
s = (x + 8)/y;
```

3. **簡化共同的子運算式 (Sub-expression)**

例如，

```
x = a*b-c;
y = a*b-d+e;
```

可最佳化為以下程式段：

```
u = a*b;
x = u-c;
y = u-d+e;
```

4. 捷徑計算 (Short Circuit Evaluation)

捷徑計算是指對運算式 (通常是指布林運算式) 作求值動作時，無須做完整個運算式即可得出最後的結果。

例如，

X₁ and X₂：

若 X_1 為 false 則運算式的結果為 false，不需再計算此運算式中 X_2 之值即可決定最後的結果值。

X₁ or X₂：

只要 X_1 為 true 則運算式的結果為 true，不需再計算此運算式中 X_2 之值即可決定最後的結果值。

6.6　作業系統

作業系統 (Operating system，OS) 是一種軟體並由許多具有不同功能的程式所組成，這類程式一般來說有程序管理器 (Process Manager)、記憶體管理器 (Memory Manager)、虛擬記憶體管理器 (Virtual Memory Manager)、輔助記憶體管理器 (Secondary Storage Manager)、檔案管理器 (File Manager)、保護系統 (Protection System) 及命令翻譯系統 (Command Interpreter System)。

6.6.1　基本原理與功能簡介

作業系統主要的功能是用來對電腦系統的所有工作做一有效且妥善的管理。目前電腦常見的作業系統有 Microsoft Windows、Microsoft Windows Server、Chrome OS、Unix、Linux、Apple Mac OS、iOS、Android、Windows Mobile 等系統。

作業系統是電腦開機後最先被載入主記憶體中的軟體。作業系統在電腦系統中的角色是做為硬體平台與其他軟體之間的介面。作業系統與電腦硬體及其他軟體之間的關係如下圖。

圖 6-4　作業系統、電腦硬體及其他軟體關係圖

　　只有硬體設備無任何軟體的電腦稱為裸機 (Bare Machine，或稱為陽春機器)，若在硬體設備上安裝了作業系統，此類系統便是所謂的延伸機器 (Extended Machine)。不同的硬體規格搭配的作業系統可能不同，而不同的應用軟體或系統軟體則需搭配不同的作業系統平台來執行。通常會以工作平台來做為硬體平台及搭配的作業系統的合稱。

　　作業系統主要的目的是做為使用者與電腦系統間溝通的介面，有三項主要功能，分別是監督程式 (Monitor)、資源管理者 (Resource Manager) 及使用者介面 (User Interface)。

　　因為作業系統必須擔負起維持整個電腦系統正常運作之責任，因此具有監督程式的功用。另外，由於電腦系統中常見的三大資源的使用權：記憶體空間、中央處理器及輸出入裝置也都是由作業系統來負責安排使用的方式或先後次序，因此作業系統具有資源管理者的身份。最後，由於使用者必須透過作業系統做為介面來使用電腦系統 (譬如說檔案複製、刪除等動作)，因此作業系統最重要的任務就是建立一個好的環境以方便使用者使用電腦系統。

　　使用者介面對於作業系統設計的理念來說是一件很重要的議題，早期的電腦使用命令式介面 (Command Line Interface) 的作業系統，如 IBM DOS (IBM Disk Operating System) 或 MS DOS (Microsoft Disk Operating System)，在那個年代電腦系統的使用者必須利用文字命令要求作業系統提供服務。直到 Apple 提出 Mac OS，正式宣告圖形化介面 (Graphic User Interface，GUI) 作業系統的時代來臨；在圖形化介面作業系統中，使用者通常只需利用滑鼠對圖像 (Icon) 做適當的「點選」、「拖拉」等動作便可完成大部分的工作。使用圖形化介面作業系統的年代，不論是正在就讀幼稚園的小朋友或不識字的人，都可以很輕鬆的學習如何用電腦。圖形化介面作業系統協助使用者脫離要有基礎英文能力才能使用電腦的命令式介面時代。

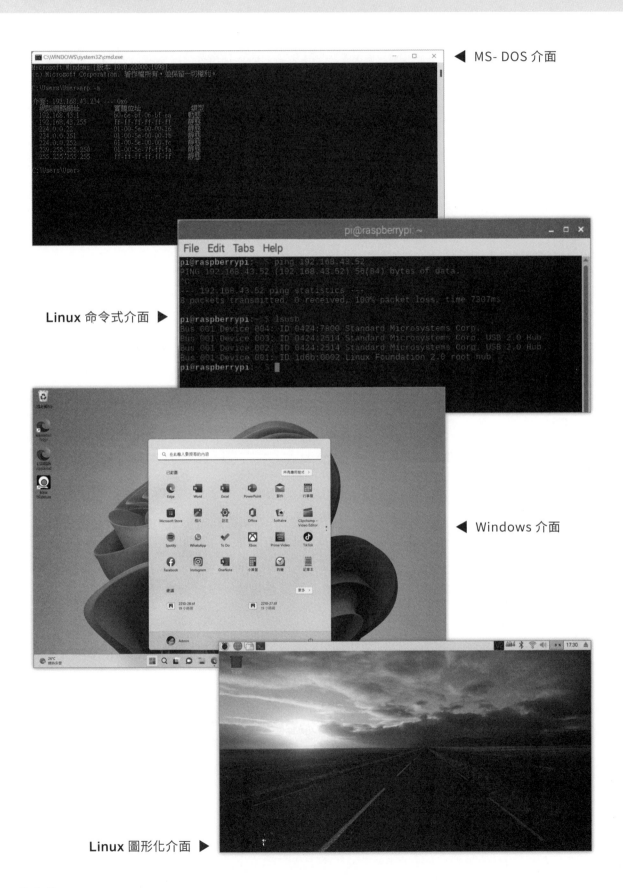

◀ MS- DOS 介面

Linux 命令式介面 ▶

◀ Windows 介面

Linux 圖形化介面 ▶

◀ Windows 標誌歷史
(圖片來源：維基百科)

6.6.2 作業系統類型

因為目的或處理方式的不同使得有多種不同類型的作業系統，本節將一一介紹各種不同系統的原理與主要應用。

一、單人單工與多工系統

單人單工系統 (Single-user Single-tasking) 是指系統在同一時間內只能讓單一使用者使用，而且只能處理單一程式，例如 MS-DOS 作業系統。

多工系統 (Multi-tasking System) 是指一部計算機同時可以處理多個程式，或一個程式可分成多個部分處理，例如 Windows 作業系統、Linux、Mac OS 及 Unix。多工系統可分為單人多工以及多人多工兩種方式。

📺 | 範例 ❶

不允許一個使用者在自己的電腦上，同時執行兩個以上的程式的作業系統為？

(A) Linux　　(B) Windows Vista　　(C) Mac OS　　(D) MS DOS。

解 ：D

近代的作業系統都是「多工系統」，但早期的作業系統則是「單人單工系統」。

🖥 | **範例 ②**

請問下列何者有誤？

(A)「多工系統」是指一台電腦可以同時給多人使用並執行不同的程式

(B) UNIX 作業系統是「多工系統」

(C) DOS 是「多工系統」

(D) LINUX 是「多工系統」。

解 : C

DOS 是「單人單工系統」。

二、多程式系統

　　多程式系統 (Multi-programming System) 是指系統中有多個程式彼此輪流執行。在此系統中，主記憶體在同一時刻同時有多個程式載入，這些程式透過某種排程 (Scheduling) 的機制輪流利用中央處理器來執行程式。舉例來說，一般使用者使用電腦的習慣可能是一邊利用電腦播放音樂，一邊利用電腦來編寫文字檔案，在此同時可能還連上網路下載資料。「播放音樂」、「執行文書處理程式」及「下載資料」是三個不同程式所執行的工作，這三個不同程式便是藉著「輪流」使用中央處理器來執行程式讓使用者覺得這三個不同程式是同時在執行，這個例子便是「多程式系統」的應用實例。

　　充分利用系統資源是多程式系統被廣泛使用的主因。一個程式執行的過程中，可能並未從始至終都在使用 CPU 執行程式。可能在某一時刻必須由輸入設備讀入某些資料，才能繼續執行程式；當程式執行輸出入工作時，此時 CPU 是閒置 (Idle) 的，若能將閒置的 CPU 分配給其他程式來使用，便可充份利用系統資源。因此假如要提高系統資源使用的效率，可在記憶體中同時載入多個程式輪流來使用系統的資源 (如 CPU、輸出入裝置等等)，讓系統資源充分被利用，盡量降低閒置時間。

🖥 | **範例 ③**

下列有關「多程式系統」的敘述，何者有誤？

(A) 通常只有一顆 CPU　　　　　　　(B) 記憶體內可同時容納好幾個程式

(C) 不一定要同時供多個使用者使用　(D) 不具排程 (Scheduling) 能力。

解 : D

(A) 只有一顆 CPU 的電腦系統便可支援「多程式系統」的運作，例如個人電腦系統中只有一顆 CPU，但已可支援「多程式系統」的運作。

(B) 「多程式系統」的記憶體內在同一時刻同時有多個程式載入並輪流執行。

(C) 「多程式系統」可允許一個或多個使用者使用。

(D) 「多程式系統」必須具有排程能力才能支援多個程式輪流執行之需求。

📺│範例 ④

在多程式系統中一個正在執行輸出入工作的程序可否被移出 (Swap Out) 主記憶體？說明其原因或方法。

解

在多程式系統中一個正在執行輸出入工作的程序不可被移出，否則正在執行的輸出入工作將無法順利完成。理由是因為欲輸出入的資料會被暫存在主憶體中，若將資料移出主記憶體便無資料可供處理。

三、多重處理系統

多重處理系統 (Multi-processing System) 是指系統中存在兩個或兩個以上的 CPU，且同時可讓不同工作在不同 CPU 中執行。「多重處理系統」可依架構之不同，區分為以下兩種：

1. **緊耦合系統 (Tightly Coupled System)**

   系統中所有的 CPU 會共用記憶體、作業系統、時脈（Clock）及系統匯流排頻寬。例如在一部電腦中若包含 2 個或 2 個以上的 CPU，則這些 CPU 便必須共用記憶體空間、使用同一個作業系統、共用時脈及系統匯流排頻寬，則這部電腦便滿足緊耦合系統的規定。

2. **鬆耦合系統 (Loosely Coupled System)**

   系統中每個 CPU 具有各自的記憶體、作業系統、時脈及系統匯流排頻寬。CPU 與 CPU 間的通訊方式是透過通訊線路達成。鬆耦合系統又稱為分散式系統 (Distributed System)，分散式系統的特色是資源可共享、可加快工作處理速度、增加可靠度及具通訊功能。例如我們可以透過網路連線機制將家裡的電腦連上網際網路。而家裡的電腦與網際網路中的其他電腦有各自的 CPU、記憶體、時脈及系統匯流排頻寬，並可使用不同的作業系統，因此透過網際網路機制連接在一起的電腦可分享彼此的資源，並具通訊功能，這樣的系統便是鬆耦合系統。

範例 5

「多重處理系統」的功能是？

(A) 實現「平行處理」目標 　　　　(B) 保護計算機的安全

(C) 充分利用計算機資源 　　　　(D) 製作友善的使用者介面。

解：A

(A) 「多重處理系統」有多個 CPU，各個 CPU 可獨立運作，可實現「平行處理」之目標。

(B) 保護計算機的安全必須透過適當的資訊安全機制，與「多重處理系統」無關。

(C) 充分利用計算機資源是「多程式系統」的功能。

(D) 友善使用者介面之製作與「多重處理系統」無關。

四、多執行緒系統

多執行緒系統 (Multi-thread System) 是指系統中的每一個程序（Process）可能會被分割成數個執行緒 (Thread)，執行緒又稱為輕型程序 (Light Weight Process)；在同一時間同一程序的不同分割的執行緒可以同時執行，因此在多執行緒系統的環境之下，執行緒是系統調度的最小單位。由於執行緒只能在個別程序的作用範圍內活動，所以建立執行緒比建立處程序的成本低。例如設計電腦遊戲程式時可將動畫與音效各別以一個執行緒來處理，執行的效果會比將動畫與音效共同以一個執行緒來處理好。

五、分時系統

分時系統 (Time Sharing System) 是指對系統的每個程序系統都會分配一段時間配額 (Time Quantum) 給該程序使用，當時間配額用完時，程序不論是否已經執行完畢，都必須將 CPU 的使用權交給下一個程序。

範例 6

下列敘述何者錯誤？

(A) 「分時系統」是一種「多程式系統」

(B) 「線上系統」(on line system) 必為「及時系統」

(C) 「多程式系統」允許多個程式同時在記憶體中執行

(D) 「多重處理系統」可由許多的處理機共用同一個記憶體。

解：B

(A) 「分時系統」是採用分配時間配額方式來排程的「多程式系統」。「多程式系統」有多種不同的排程方式。因此,「分時系統」是「多程式系統」的一種,但「多程式系統」不一定是「分時系統」。

(B) 線上系統 (On Line System) 是指反應時間要短,反應速度要快的系統,例如 ATM 提款系統,但「及時系統」的時間限制更嚴格。也就是說,「線上系統」不一定是「及時系統」,但「及時系統」一定是「線上系統」。

(C) 基本定義。

(D) 許多的處理機共用同一個記憶體為「緊耦合系統」,「緊耦合系統」是「多重處理系統」的一種。

六、及時系統

及時系統 (Real Time System) 是指系統對某些特定事件必須在一定的時間限制內作出反應者即為及時系統;而及時系統主要的限制為程式段必須常駐在主記憶體中。例如飛彈導航系統或核電廠的安全控制系統等。

💻│範例 ❼

設計及時作業系統時,下列哪一個因素較不重要?

(A) 主記憶體之容量   (B) 事件處理之優先順序

(C) 每一事件之處理時限   (D) 磁碟容量大小。

解：D

(A) 主記憶體之容量:會影響系統中可載入程序的數量,因此必須考慮本因素。

(B) 事件處理之優先順序:因為在及時作業系統中對於特定事件必須在一定的時間限制內作出反應,因此必須考慮本因素。

(C) 每一事件之處理時限:在及時作業系統中對於特定事件會有處理時限規定,因此必須考慮本因素。

(D) 磁碟容量大小:本因素與及時系統較無關係。

七、整批處理系統

整批處理系統 (Batch Processing System) 是指將資料收集成批後一次處理。「將資料收集成批」的動作又可依處理方式不同分為「定時」(譬如一天處理一次) 及「定量」(譬如累積到 100 件應處理的資料時處理一次) 兩種方法。例如學校對於學生成績單的寄發作業通常便是採用整批處理系統。

八、交談式系統

交談式系統 (Interactive System) 中使用者與系統會透過交談的方式來完成工作，此系統特別重視反應時間 (Response Time)。例如自動提款機提供的金融交易系統便是一種交談式系統的實例。

6.6.3 作業系統實例

本節將介紹幾個比較知名的作業系統實例。

一、MS DOS

MS DOS(MicroSoft Disk Operating System) 是微軟所推出的個人電腦作業系統，過去是個人電腦上使用最普遍的作業系統。DOS 採用命令式介面，對使用者而言較不友善，比現今使用的圖形化介面作業系統不易學習。

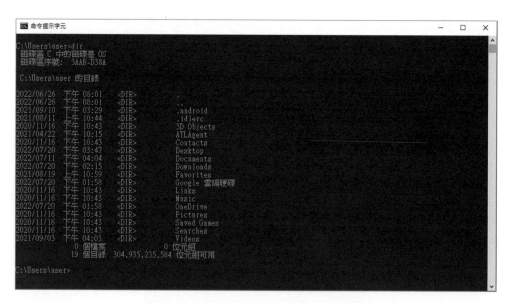

圖 6-5 MS DOS 作業系統使用者介面

DOS 作業系統主要包含以下三個部分：

1. **IO.SYS**：為一個隱藏檔，功能為 DOS 作業系統與 BIOS 間的溝通界面。

2. **MSDOS.SYS**：為一個隱藏檔，是 DOS 作業系統的核心主體。

3. **COMMAND.COM**：內部指令檔。

DOS 作業系統的指令分為內部指令 (Internal Command) 與外部指令 (External Command) 兩類。通常較常用的指令會被歸類為內部指令，例如 copy、dir、del 等指令；而較不常用的指令則會被歸類為外部指令，例如 format、diskcopy、xcopy 等指令。內部指令會在系統開機時直接被載入主記憶體中，因此執行的速度較快；而外部指令則是存放在輔助記憶體中，當執行到外部指令時會先由輔助記憶體中找到該外部指令的檔案並將它載入到主記憶體中，然後才能開始執行的動作，因此外部指令執行的速度較慢。

DOS 作業系統中檔案的命名規則為主檔名最多 8 個字元，副檔名最多 3 個字元；而主檔名與副檔名之間以「.」來加以區隔，如 COMPUTER.doc。

二、Windows 系列作業系統

微軟的第一個視窗 (Windows) 系列作業系統為在 1990 年發行的 Windows 3.0，Windows 3.0 是微軟第一個圖形化介面的作業系統。Windows 3.0 是一個非常成功的商品，在兩年內賣出超過一千萬套。Windows 3.0 的改良版 Windows 3.1 在 1992 年發行，並推出中文版。由於 Windows 3.x 系列作業系統必須架構在 MS DOS 作業系統之上才能運作，因此 Windows 3.x 系列作業系統並不是完全可獨立運作的作業系統。

微軟在 1995 年推出了 Windows 95 作業系統，由 Windows 95 開始，微軟推出的 Windows 系列作業系統均可以獨立運作，不再需要 MS DOS 作業系統。從 Windows 95 起，一直到今天微軟持續推出了許多版本的作業系統供個人電腦的使用者使用。

三、Unix 系列作業系統

1960 年代末期，貝爾實驗室開發了可支援多人多工架構的作業系統 ──UNIX。初始時 UNIX 為命令式介面系統，後來也發展出圖形化介面的版本 ──X Window。UNIX 作業系統家族包含了許多有名的作業系統，例如，BSD、Solaris、FreeBSD、Linux、Xenix、SunOS、Solaries 及 Iris，其中 FreeBSD 及 Linux 可在個人電腦上使用。

UNIX 作業系統的程式本體絕大部分是利用 C 語言寫成，並首創「開放性架構」、「Pipe」及「將 I/O Device 當成是檔案系統的一部分」等觀念。因為 C 語言具有高度可攜性 (Portability)，故 UNIX 作業系統亦具有高度可攜性。

UNIX 作業系統的檔案架構採用階層狀的「i-node」，對檔案的大小未作限制；將檔案的使用權限分為「owner」、「group」及「others」三個等級，而檔案的存取方式分為讀 (r)、寫 (w) 及執行 (x) 三種。

Linux 為多人多工架構的作業系統，該系統為 Linus Torvalds 在 1991 年所發表，是一個免費軟體 (Freeware)。Linux 作業系統內建完整的網路功能，可與其他作業系統共存於同一部個人電腦上，可在多種不同的工作平台上執行，並允許使用者自由修改內部架構，因此擁有許多的喜愛者之支持。

四、行動裝置作業系統

常見的行動裝置有筆記型電腦，平板電腦及手機。筆記型電腦使用的作業系統通常與桌上型電腦相同，但近年來由於使用者需求的改變，筆記型電腦可能只是被使用來做為上網查找資料或追劇等用途，所以較高階的硬體規格就不一定需要；為因應這類的需求 Google 公司開發了 Chrome OS 供筆記型電腦 Chromebook 使用。Chrome OS 是基於 Chrome 瀏覽器及 Linux 核心所設計的作業系統。一般來說，台幣 5,000~10,000 元為 Chromebook 常見的售價區間。

圖 6-6　ASUS chromebook（資料來源：華碩官網）

平板電腦及手機的作業系統主要有 Android 與 iOS 兩類。Android(安卓) 是由 Google 成立的開放手機聯盟所開發的作業系統。Android 以 Linux 為核心並結合了許多開放原始碼的開源軟體 (Open Source) 而成。由於 Google 採用免費開放原始碼許可證的授權方式，因此有大量的行動裝置業者的產品使用 Android 作業系統，所以在 2010 年 Android 成為全球第一大智慧型手機作業系統；更引人注意的是在 2017 年 3 月，採用 Android 裝置的數量超越了 Microsoft Windows，Android 成為全球市佔率最高的作業系統。

iOS 是蘋果公司為本身的行動裝置 iPhone 與 iPad 所設計與開發的專屬作業系統。iOS 僅能搭載於蘋果公司所製造的裝置上，具有容易使用且高安全性等特點，目前市佔率為全球行動裝置作業系統第二高。

圖 6.7　Android 與 iOS 作業系統

本章重點回顧

- 電腦中使用的軟體可分為應用軟體與系統軟體兩類，系統軟體有時也可稱為系統程式。

- 組合語言程式是由指令及資料組成。常用的指令有兩種，分別是機器指令與虛擬指令。

- 設計程式時，經常會將一些相關的敘述集合在一起以節省程式設計的時間，常使用的方式有迴圈、副程式及巨集三種。

- 編譯程式的作用是將利用高階語言寫成的原始程式翻譯成目的碼。編譯程式會對原始程式碼中的每一條敘述，按照先後順序均做一次之轉換處理，並產生對應之目的碼。

- 編譯程式執行最佳化動作的目的是為了加快執行的速度，四種常見的最佳化方法：

  1. 將迴圈中不變的運算式或值移到迴圈外。

  2. 編譯時期計算。

  3. 簡化共同的子運算式。

  4. 捷徑計算。

- 作業系統主要的目的是做為使用者與電腦系統間溝通的介面，有三項主要功能，分別是監督程式、資源管理者及使用者介面。

- 常見的作業系統類型：單人單工與多工系統、多程式系統、多重處理系統、多執行緒系統、分時系統、及時系統、整批處理系統與交談式系統。

選｜擇｜題

( ) 1. 欲製作簡報投影片，使用下列何種應用軟體最為合適？

(A) Netscape Navigator   (B) Excel

(C) Word   (D) Power point。

( ) 2. 欲製作統計表，使用下列何種應用軟體最為合適？

(A) Excel   (B) Word   (C) Power point   (D) SQL。

( ) 3. 試算表軟體的主要目的是？

(A) 提供精密的電子計算器及分析工具

(B) 提供電子日曆、雜記簿及行事曆等功能

(C) 提供工作人員來擷取專家知識的功能

(D) 提供資料查詢的功能。

( ) 4. 編譯程式可以檢查程式的？

(A) 語意錯誤   (B) 語法錯誤   (C) 執行錯誤   (D) 文件錯誤。

( ) 5. 以下是電腦語言編譯器常做的工作：①語法分析（Parsing）②產生目的碼（Code Generation）③語彙分析（Lexical Analysis），以上編譯器工作的前後相對順序為？

(A) ① ② ③   (B) ③ ② ①   (C) ③ ① ②   (D) ① ③ ②。

( ) 6. 下列有關系統軟體 (System Software) 的敘述，何者不正確？

(A) 系統軟體是一系列的電腦程式用以控管電腦的資源

(B) 作業系統是一種系統軟體

(C) 檔案管理員與磁碟管理員都是系統軟體

(D) 人機介面不屬於系統軟體。

( ) 7. 電腦開機載入作業系統時，首先載入的部分為？

(A) 一般應用軟體 (Application Software)   (B) 系統應用軟體 (Utilities)

(C) 基本輸入輸出系統 (BIOS)   (D) 核心程式 (Kernel)。

( ) 8. 有關副程式與巨集指令之描述何者錯誤？

(A) 巨集可以呼叫另一個巨集

(B) 副程式與巨集指令均可被主程式叫用

(C) 副程式可以建立程式庫便於取用

(D) 副程式的執行速度較巨集指令快。

( ) 9. 巨集與副程式對於參數處理的不同處為？

    (A) 巨集為字串之替代，副程式為值或位址之替代

    (B) 巨集執行較耗時，副程式較佔記憶體空間

    (C) 程式執行時巨集才展開

    (D) 巨集為值或位址之替代，副程式為字串之替代。

( ) 10. 下列關於巨集和副程式之敘述，何者正確？

    (A) 巨集程式佔用較多記憶體，但執行較快

    (B) 巨集程式佔用較多記憶體且執行較慢

    (C) 巨集程式佔用較少記憶體，但執行較慢

    (D) 巨集程式佔用較少記憶體且執行較快。

( ) 11. 下列何者不是作業系統？

    (A) iTune   (B) Linux   (C) Mac OS   (D) Solaris。

( ) 12. 下列何者非屬作業系統之工作？

    (A) 提供應用程式之輸出入作業   (B) 分配之主記憶體空間給程式使用

    (C) 檢測程式之邏輯錯誤   (D) 應用程式的資源使用記錄。

( ) 13. 以下關於 Linux 作業系統的敘述，何者不正確？

    (A) 無特定研發廠商，在功能的完整性上略遜於微軟的視窗作業系統

    (B) 各廠商發行版本的核心部分大致相同，最大之不同在於搭配的套件

    (C) 在系統分類上屬 Unix 系統的一支，所以其網路服務功能相當完備

    (D) Linux 不屬任何一個公司或機構所獨有，連原作者也不例外。

( ) 14. 關於圖形化使用者介面（Graphic User Interface）的敘述，何者為誤？

    (A) 圖形化介面為直接操作（Direct Manipulation）範式

    (B) 圖形化介面允許使用者透過滑鼠畫圖來操控系統

    (C) 目前多數電腦作業系統均提供圖形化使用者介面

    (D) 圖形化使用者介面採用圖像（Icon），並透過滑鼠的點選動作操作。

( ) 15. 下列哪一項敘述是錯誤的？

    (A) 編譯程式（Compiler）與連結編輯程式（Linkage Editor）均屬於系統軟體

    (B) HTML 與 WML 都是可用來設計網頁的語言

    (C) Multiprocessing 是一種允許電腦在單一程式中執行一個以上工作的多工方式

    (D) 命令列（Command-line）介面、功能表（Menu-driven）介面及圖形化使用者介面（GUI），三者都是使用者介面（User Interface）的基本類型。

(   ) 16. 下列有關「分時系統」的敘述,何者有誤?

     (A) 具連線處理能力   (B) 反應時間短

     (C) 具安全性及獨立性   (D) 記憶體配置簡單。

(   ) 17. 下列有關整批處理 (Batch) 作業與及時 (Real-time) 作業的比較,何者有誤?

     (A) 及時作業可確保資料之保持在最新

     (B) 及時作業若發現資料有誤,可即時更正錯誤

     (C) 整批處理作業現在已落伍,企業中已沒有這種作業了

     (D) 及時作業是一件交易事項發生,立即處理。

(   ) 18. 下列敘述何者有誤?

     (A) 及時處理系統的反應時間要求較嚴格

     (B) 及時系統必定是連線處理系統

     (C) 分時系統中每個程序分配到的時間配額一定要相同

     (D) 分散式處理系統的特色是各地電腦系統可分享彼此的資源。

(   ) 19. 下列關於作業系統的敘述,可者錯誤?

     (A) 作業系統作為使用者與電腦硬體之間的媒介

     (B) 作業系統是一個管理電腦硬體的程式

     (C) 作業系統是一個控制程式,掌管使用者程式的執行,並避免使用者不正當的使用電腦系統資源

     (D) 作業系統可以解決使用者的所有問題。

(   ) 20. 作業系統必須具有安全管理 (Security Management) 的功能,下列哪個方法與系統安全無關?

     (A) 通行碼保護 (Password Protection)   (B) 存取控制 (Access Control)

     (C) 加密 (Encryption)   (D) 錯誤更正碼 (Error Correcting Code)。

應 | 用 | 題

1. 作業系統的主要功能是什麼?作業系統的組成 (即涵蓋之管理功能種類) 有哪些?除了微軟的 Windows 系列外,請舉出至少另兩種目前流行之作業系統。

2. 許多資訊系統都使用客戶 / 伺服 (Client / Server) 架構之分散式系統,請問何謂客戶一伺服架構,若我們有個人用計算機、工作站兩種機器,及 Windows 11、Windows Server 2022 兩種作業系統,請說明客戶端和伺服端各採用哪種機器及作業系統較適當?客戶端 / 伺服端中哪一端的機器總是開著?為什麼?

3. 請回答以下問題：

   (1) 我們經常使用快閃記憶體 (Flash Memory) 來儲存數位照片、MP3 檔案或數位資料，請問快閃記憶體與一般硬碟 (Hard Disk) 有何差異？

   (2) 我們經常使用微軟視窗作業系統的 PnP（Plug and Play）manager 將快閃記憶體的資料集中到電腦中。請說明 PnP manager 在微軟視窗作業系統的工作情形？

   (3) 請說明微軟視窗作業系統中的 PnP manager 的特性。

4. 雖然 Linux 作業系統是免費的，而且一般公認它是品質不錯的軟體，但是有許多企業還是不願意使用它。你認為原因是什麼？你認為在什麼樣的條件下，才會有更多企業願意在他們的電腦上安裝 Linux？

5. 請簡單的說明程式有時為何要經過 "Linking" 的處理動作才可執行？

6. 請回答以下問題：
   (1) 程式庫 (Library) 有何功能？
   (2) 程式庫如何管理？
   (3) 簡述 Linker 如何提供自動程式庫呼叫 (Automatic Library Call) 之功能。

7. 請說明與機器相關之目的碼最佳化之目的及主要之作法，並舉例說明之。

8. 請問計算機軟體主要可以分為哪兩大類？

9. 請問組合語言程式常用的指令有哪兩種？

10. 請解釋何謂覆疊結構 (Overlay Structure)？

07

CHAPTER

CPU 排程與記憶體管理

如果電腦未安裝作業系統，使用者便必須先學會如何跟電腦的硬體直接溝通，才可能開始使用電腦。如何讓電腦更容易使用？不論採用哪一種作法，通常都必須透過作業系統的協助才能達成目的。作業系統的基本功能便是做為使用者使用電腦時的使用者介面 (User Interface)，本章將介紹作業系統的另外兩項重要功能：CPU 排程與記憶體管理；另外，虛擬記憶體的相關觀念也會一併在本章中介紹。

7.1 CPU 排程

7.2 記憶體管理

7.3 虛擬記憶體

7.1　CPU 排程

程序 (Process) 是指正在執行過程中的程式 (Program)，CPU 排程 (CPU Scheduling) 就是指對系統中的程序安排工作的先後次序。若 CPU 排程安排得當，則 CPU 將會被妥善的使用，系統的整體效能將可獲得提昇；反之，若 CPU 排程不恰當，則將造成 CPU 未被妥善使用，系統的整體效能將下降。

7.1.1　程序基本觀念

程式與程序其實是同一實體，他們之間的差異為程式是靜態的程式碼，而程序則是動態的執行動作。

程序的狀態有 ready、running 及 waiting 三種可能，分別介紹如下：

1. **Ready**：程序已載入至主記憶體中且若系統分配 CPU 給此程序使用，該程序即刻可開始執行。換句話來說，就是處於本狀態的程序，下一階段執行動作所需的資源，除了 CPU 外，其他資源均已備妥 (Ready)。

2. **Running**：程序目前正在利用 CPU 執行程式段。

3. **Waiting**：處於本狀態的程序，下一階段執行動作所需的資源，除了 CPU 使用權未取得外，尚有其他資源未取得 (譬如下一批執行時所需要的資料尚未輸入完畢)，因此即使將 CPU 使用權分配給此類程序使用也無法馬上開始執行。

7.1.2　程序狀態變遷圖

大部分程序的工作模式會是下圖兩種情形中的一種。

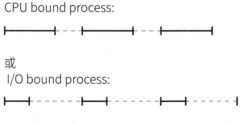

圖 7-1　CPU 與 I/O bound process 示意圖

圖形中實線部分代表「使用 CPU 期間」(CPU Burst Time)，而虛線部分則是代表「使用 I/O 裝置期間」(I/O Burst Time)。「使用 CPU 期間」是指程序執行的過程中，純

粹使用 CPU 的期間,也就是程序擁有 CPU 的使用權的期間。「使用 I/O 裝置期間」則指程序執行的過程中,純粹使用輸出入設備的期間,也就是程序執行輸出入動作的期間。「CPU Bound Process」是指程序執行的過程中大部分是利用 CPU 來執行程式。「I/O Bound Process」則是指程序執行的過程中大部分是利用輸出入設備來處理資料。

現今的作業系統多是採用多程式系統 (Multiprogramming System) 的架構,因此系統中同時會有多個程序彼此輪流執行。程序由進入系統到離開系統時為止,一般來說,會歷經「使用 CPU 期間」與「使用 I/O 裝置期間」交替的狀況,因此,「如何安排 CPU 的使用權」便成了影響系統效能的重要工作。

程序在系統中由載入主記憶體的那一刻起,直到程序完成執行的工作離開系統為止,絕大部分的程序會在 Ready、Running 及 Waiting 這三種狀態之間切換,絕不是程序一進入系統中馬上就進入 Running 狀態,然後一氣呵成,執行結束離開系統。因此程序在系統中完成執行動作的過程中,會有狀態變遷的情況發生,對應的圖形如下:

圖 7-2　程序狀態變遷圖

首先透過「工作排程器」(Job Scheduler) 將處於輔助記憶體中的程式載入主記憶體中 (通常這個動作會一次將多個程式載入,藉以達到 Multiprogramming 之目的),這些被載入主記憶體中的程式,此時已變為程序且已將狀態改變成為 ready。其次,由「程序排程器」依據某種排程規則,由 Ready 狀態中的多個程序中挑選出一個優勝者進入 Running 狀態,在 Running 狀態中的程序利用 CPU 執行時,有三種可能的情況會發生:

1. **正常或不正常結束**:離開系統,進入 Terminate 狀態。

2. **時間配額 (Time Quantum) 用完**:只有採用「巡迴型排程法」(Round Robin Scheduling) 才可能發生此情況。因分配給程序的時間配額用完,因此程序會再次回到 Ready 狀態,等候分配下一次的 CPU 使用權。

3. **等候事件發生或等候輸出入裝置之使用權**：程序將進入 Waiting 狀態。

最後在 Waiting 狀態的程序則必在等候的事件已發生或已取得輸出入裝置的使用權後會進入 Ready 狀態。

由於程序可能無法在取得 CPU 使用權後便一次將整個程式執行完畢；最有可能的情況是必須分多次才能將程式執行完畢，因此系統必須進行本文切換 (Context Switching) 動作。本文切換是指作業系統儲存目前正在執行的程序的狀態並將下一個要執行程序之狀態載入系統並開始其執行的動作。

7.1.3 排程器

從程序狀態變遷圖中已知有「工作排程器」及「程序排程器」兩種，以下將由「執行頻率」的角度來介紹三種「排程器」。

1. **長期排程器 (Long-term Scheduler)**：長期排程器的「執行頻率」很低，即「工作排程器」。作用是將程式由輔助記憶體中載入到主憶體中等候執行。

2. **短期排程器 (Short-term Scheduler)**：短期排程器的「執行頻率」很高，即「程序排程器」。作用是依據某種排程規則由「Ready」狀態中挑選出一個程序來執行。

3. **中期排程器 (Medium-term Scheduler)**：中期排程器的「執行頻率」適中，作用是調節系統的負載。當系統中程序的數目太少時，會由輔助記憶中將程式載入到主記憶體中；當系統中程序的數目太多時，系統的效能將會下降，中期排程器會將主記憶體中的程序 Swap Out 到輔助記憶體中，藉以避免系統的效能下降。

常見的排程器效能評估準則有回轉時間、等候時間、回應時間、CPU 的利用率及生產量五種，分別介紹如下：

1. **回轉時間 (Turnaround Time)**：程序等候載入記憶體時開始至程序完成其工作時結束。所以，回轉時間應包含在「Ready」、「Running」及「Waiting」狀態時間的加總。

2. **等候時間 (Waiting Time)**：程序處於「Ready」及「Waiting」狀態時間的加總。

3. **回應時間 (Response Time)**：程序開始執行到第一次有回應的時間。

4. **CPU 的利用率 (CPU Utilization)**：CPU 的利用率 $= \dfrac{\text{Busy Time}}{\text{Busy Time} + \text{Idle Time}}$

5. **生產量 (Throughput)**：單位時間內完成工作的程序數目。

7.1.4 程序排程法

為提高系統整體的效能，當目前擁有 CPU 使用權的程序欲進行輸出入工作或終止執行動作時，如何由系統中挑選出下一個執行的程序，對系統效能影響很大。本節所介紹的程序排程法便是決定下一個執行程序的方法。程序排程法可分為基本型排程法與綜合型排程法兩類。綜合型排程法是指結合了兩種或兩種以上的基本型排程法而得的排程法。

基本型排程法有五種方法整理如下表：

表 基本型排程法整理

名稱	作法	特性
先進先做排程法 (First Come First Serve，FCFS)	先進入系統的程序可先取得 CPU 使用權。	1. 可能造成「護航效應」(Convoy Effect)。 2. 不可強佔排程法 (Non-preemptive Scheduling)。
最短工作優先排程法 (Shortest Job First，SJF)	具有最短的下一個「CPU Burst Time」的程序將取得 CPU 的使用權。	1. 對固定的工作群而言，本排程法的平均等候時間為最短。 2. 可能產生「遲滯現象」(Starvation)。 3. 不可強佔排程法。
可強佔最短工作優先排程法 (Preemptive Shortest Job First)	具有最短的「CPU Burst Time」的程序將取得 CPU 的使用權。但當有新的程序到達時，則必須比較新到程序的「CPU Burst Time」與目前執行的程序所剩餘的「CPU Burst Time」，因此擁有較小「CPU Burst Time」的程序將取得 CPU 的使用權。	1. 可強佔排程法 (Preemptive Scheduling)。 2. 可能產生「遲滯現象」。
優先等級排程法 (Priority Scheduling)	優先等級較高的程序可先取得 CPU 使用權，程序優先等級的設定基本上多是政策性的考量為多。	1. 可強佔排程法或不可強佔排程法皆可。 2. 可能產生「遲滯現象」。
巡迴型排程法 (Round-Robin Scheduling，RR)	每個程序都會被配給一個固定時間配額 (Time Quantum)，當程序的時間配額用完時 (此時程序會由「Running」狀態進入「Ready」狀態)，程序會將 CPU 的使用權交給在 Ready 狀態中之下一個程序使用。	1. 適用於分時系統。 2. 可強佔排程法。

💻 | **範例 ❶**

解釋名詞：

(1) 護航效應 (Convoy Effect)。

(2) 遲滯現象 (Starvation)。

解

(1) **護航效應**：系統中處於 Ready 狀態的程序長期等待處於 Running 狀態的程序釋出 CPU 的使用權。

(2) **遲滯現象**：程序始終無法取得繼續執行所需要的資源，導致無法執行，便是遲滯現象。

💻 | **範例 ❷**

如果程序的優先順序是以公式 $\dfrac{\text{等候時間} + \text{執行時間}}{\text{執行時間}}$ 來決定，根據公式計算的結果值來決定優先順序，結果值愈大代表優先順序愈高。請問下列敘述何者為真？

(A) 執行時間越久，優先順序越高　　(B) 等候時間越少，優先順序越高

(C) 等候時間越久，優先順序越高　　(D) 優先順序不隨時間而改變。

解 C

根據題意：優先順序 $= \dfrac{\text{等候時間} + \textbf{執行時間}}{\textbf{執行時間}} = 1 + \dfrac{\text{等候時間}}{\textbf{執行時間}}$

因為「執行時間」是固定的，因此可知「等候時間」越久，優先順序將越高。

💻 | **範例 ❸**

在巡迴型排程法中「時間配額」的大小應如何選取，才能使系統的效率較理想？

解

根據一般的經驗法則，時間配額應取為 80% 左右的程序可在分配到的時間配額內完成該次應執行的工作為佳。

🖥️｜範例 ④

若一個程序已等候一段很長的時間，系統會提升她的優先等級，這是基於排程的何種原則？

(A) 最大 Throughput   (B) 公平

(C) 取得等候時間及系統使用率間的平衡   (D) 最少回轉時間。

解 B

若程序等候時間較長，系統會提升她的優先等級，這種作法稱為「Aging」，主要是基於「公平原則」。

🖥️｜範例 ⑤

假設有四個程序，甲，乙，丙，丁，其所完成所需的 CPU 時間分別為 6，4，2，1。若 CPU 的時間配額設定為 2，且以甲，乙，丙，丁的 RR 順序進行排程，則四個程序的回轉時間及等候時間各別為何？

解

(1) CPU 執行程序的排程順序以甘特圖表示結果如下：

甲	乙	丙	丁	甲	乙	甲

0   2   4   6   7   9   11   13

由題意知甲，乙，丙，丁四個程序所分配到的時間配額皆為 2，且依甲，乙，丙，丁的順序進行巡迴型排程。當程序的時間配額用完時，程序會將 CPU 的使用權交給在 Ready 狀態中之下一個程序使用。例如在上圖中當程序甲執行完第一個時間配額 2 時，雖然尚未執行完畢，但必須將 CPU 的使用權交給程序乙來使用。觀察上圖知程序甲必須分配到三次的時間配額才能執行完畢。

(2) 回轉時間：

程序名稱	程序的回轉時間
甲	13
乙	11
丙	6
丁	7

(3) 等候時間：

程序名稱	程序的等候時間
甲	7 (13-6=7)
乙	7 (11-4=7)
丙	4 (6-2=4)
丁	6 (7-1=6)

綜合型排程法有多層佇列排程法及多層回饋佇列排程法兩種，分別介紹如下：

1. **多層佇列排程法 (Multi-level Queues Scheduling)**

   依程序屬性，將程序分為不同的類別。每個類別可採用不同的排程法（譬如說類別 A 可採用「先進先做排程法」、類別 B 可採用「巡迴型排程法」、類別 C 可採用「優先等級排程法」），當程序被歸類為某個類別後，便不可再更換為其他類別。不同類別執行的優先等級不同，通常為愈上層之類別，優先等級愈高。圖示如下（此處以三層佇列為例，但請注意，本排程法並未限制佇列層數只得為三層）。

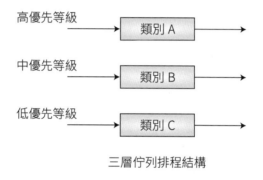

三層佇列排程結構

2. **多層回饋佇列排程法 (Multi-level Feedback Queues Scheduling)**

   本排程法與多層佇列排程法相似。處理原則為依程序屬性，將程序分為不同的類別，所有程序依本排程法排程時，只有一個入口（即最高層），但可以有多個出口（任一層均可能）。每個類別可採用不同的排程法，雖然程序被歸類為某個類別，當允許程序在不同的類別中移動，因此較具彈性。不同類別執行的優先等級不同，通常為愈上層之類別，優先等級愈高。圖示如下（此處以三層佇列為例，但請注意，本排程法並未限制佇列層數只得為三層）。

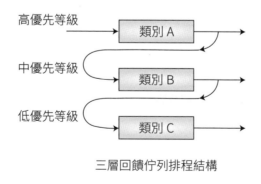

三層回饋佇列排程結構

🖥 | 範例 ⑥

假設有一個 CPU 要處理下列程序：

程序	執行所需時間	優先值	進入系統次序
P1	2	3	1
P2	3	1	2
P3	1	2	3
P4	4	4	4

考慮下列四種排程方法：

→ 先進先做排程法   → 優先等級排程法

→ 最短工作優先排程法   → 巡迴型排程法 (時間配額為一單位)

(1) 請問在上述各排程方法中，CPU 執行程序的排程為何？

(2) 上述各排程法中，每一程序的回轉時間各別為何？

(3) 上述各排程法中，每一程序的等候時間各別為何？

解 綜合回答如下：

1. 先進先出排程法

(1) CPU 執行程序的排程順序以甘特圖 (Gantt Chart) 表示結果如下：

P₁	P₂	P₃	P₄

0   2   5   6   10

(2) 每一程序的回轉時間：

程序名稱	程序的回轉時間
P1	2
P2	5
P3	6
P4	10

平均回轉時間

$= (2+5+6+10)/4 = 23/4 = 5.75$

(3) 每一程序的等候時間：

程序名稱	程序的等候時間
P1	0 (2-2=0)
P2	2 (5-3=2)
P3	5 (6-1=5)
P4	6 (10-4=6)

平均等候時間

$= (0+2+5+6)/4 = 13/4 = 3.25$

2. 最短工作優先排程法

(1) CPU 執行程序的排程順序以甘特圖表示結果如下：

P₃	P₁	P₂	P₄

0　　1　　　3　　　　　6　　　　　　　　10

(2) 每一程序的回轉時間：

程序名稱	程序的回轉時間
P1	3
P2	6
P3	1
P4	10

平均回轉時間

$= (3+6+1+10)/4 = 20/4 = 5$

(3) 每一程序的等候時間：

程序名稱	程序的等候時間
P1	1 (3-2=1)
P2	3 (6-3=3)
P3	0 (1-1=0)
P4	6 (10-4=6)

平均等候時間

$= (1+3+0+6)/4 = 10/4 = 2.5$

3. 優先等級排程法

(1) CPU 執行程序的排程順序以甘特圖表示結果如下：

P₂	P₃	P₁	P₄

0　　　　　3　　4　　　6　　　　　　　10

(2) 每一程序的回轉時間：

程序名稱	程序的回轉時間
P1	6
P2	3
P3	4
P4	10

平均回轉時間

$= (6+3+4+10)/4 = 23/4 = 5.75$

(3) 每一程序的等候時間：

程序名稱	程序的等候時間
P1	4 (6-2=4)
P2	0 (3-3=0)
P3	3 (4-1=3)
P4	6 (10-4=6)

平均等候時間

$= (4+0+3+6)/4 = 13/4 = 3.25$

4. 巡迴型排程法

(1) CPU 執行程序的排程順序以甘特圖表示結果如下：

P₁	P₂	P₃	P₄	P₁	P₂	P₄	P₂	P₄

0　　1　　2　　3　　4　　5　　6　　7　　8　　　　10

(2) 每一程序的回轉時間：

程序名稱	程序的回轉時間
P1	5
P2	8
P3	3
P4	10

平均回轉時間

$=(5+8+3+10)/4=26/4=6.5$

(3) 每一程序的等候時間：

程序名稱	程序的等候時間
P1	3 (5-2=3)
P2	5 (8-3=5)
P3	2 (3-1=2)
P4	6 (10-4=6)

平均等候時間

$=(3+5+2+6)/4=16/4=4$

7.2　記憶體管理

　　由於程式執行前必須先載入主記憶體，因此主記憶體空間的管理是否恰當，對於程式的執行效率而言有相當大的影響。本節將說明記憶體管理應注意的相關問題。

7.2.1　記憶體層次結構

　　計算機內部記憶體架構實際運作的狀況，會分成多個層次。設計記憶體需分層次的原因是希望得到最佳的價錢 / 效率的比例 (Cost-performance Ratio)，也就是說，希望不要花太多錢就可以得到不錯的效能。記憶體層次結構圖 (Memory Hierarchy Structure) 及其主要特點分別介紹如下：

圖 7-3 記憶體層次結構圖

首先，從容量大小來做比較，輔助記憶體的容量最大，通常以 Giga Byte (GB) 或 Tera Byte (TB) 為單位；主記憶體的容量次之，通常以 Giga Byte 為單位；快取記憶體 (Cache Memory) 的容量最小，通常以 Mega Byte (MB) 為單位。其次，從存取速度快慢來做比較，快取記憶體的速度最快，主記憶體的速度次之，輔助記憶體的速度最慢。最後，從價格高低來做比較，快取記憶體的價格最高，主記憶體的價格次之，輔助記憶體的價格最低。

同一份資料可能在輔助記憶體、主記憶體及快取記憶體中都可以找到，主要不同處在於這三種儲存設備具有不同的存取速度。CPU 可以直接存取快取記憶體與主記憶體中的資料。存取的順序是先到快取記憶體中尋找，找不到資料才會到主記憶體中尋找，若主記憶體中找不到所需資料，就必須由輔助記憶體中將所需資料先載入主記憶體中再做存取的動作。

因為主記憶體與快取記憶體中可能會儲存著同一份資料。執行更新作業時，可能只更新了快取記憶體中資料，而主記憶體中的同一份資料並未同時被更新，如此一來便造成了資料不一致的問題。探討如何解決此類型問題的方法被稱為快取記憶體資料一致性 (Cache Coherence)。

7.2.2 記憶體管理法

本節所介紹的記憶體管理法主要是針對主記憶體空間管理方法的討論。已知常用的記憶體管理法有五種，分別介紹如下：

1. 單一使用者記憶體管理法

記憶體空間除了作業系統所使用的區域外，其剩的部分全部給單一使用者使用。

在本記憶體管理法中，即使有剩餘的記憶體空間，其他使用者依然不得使用，將使得記憶體空間可能未被充分利用，造成系統資源的閒置。

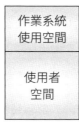

單一使用者記憶體管理法

圖 7-4　記憶體空間配置情況

2. 固定分割記憶體管理法

將記憶體分割為多個分割 (Partition)，不同分割的大小可不同，但個別分割的大小不可變動。系統允許同時有多個程序載入，但每個分割只能供一個程序載入使用。本記憶體管理法可能會造成記憶體空間碎裂問題 (Fragmentation Problem)。

記憶體碎裂可分為兩類，分別是內部碎裂 (Internal Fragmentation) 及外部碎裂 (External Fragmentation)。

產生內部碎裂的原因，是因為配置給程序使用之空間的 Size 比程序所需要的 Size 大所造成。以下圖來說明內部碎裂形成的原因。

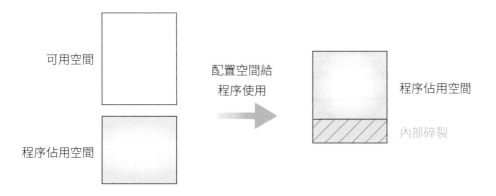

圖 7-5　內部碎裂示意圖

至於產生外部碎裂的原因，則是因為一可用空間的 Size 比程序所需要空間的 Size 小，造成程序無法使用該空間，該可用空間對程序而言便是外部碎裂。以下圖來說明外部碎裂形成的原因。

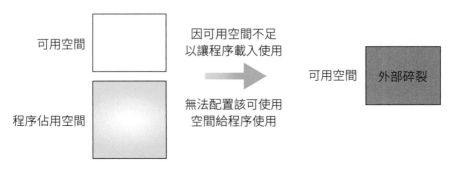

圖 7-6　外部碎裂示意圖

3. 變動分割記憶體管理法

主記憶體不須事先切割，而是根據程序的大小來配置相同大小的可用記憶體空間給程序使用。每個切割空間只能讓一個程序使用。當程序執行完畢後，會將其執行時所佔用的記憶體歸還，歸還的記憶體空間稱為「Hole」。

本記憶體管理法之記憶體配置策略有三種作法，整理如下表：

表 變動分割記憶體管理法之記憶體配置策略

名稱	作法	特性
First Fit	找第一個夠大的 Hole。	供 Size 較大的工作可以有足夠大的 Hole 使用。
Best Fit	找足夠大的 Hole 中最小者。	1. 會選擇最適當的 Hole。 2. 可能會產生許多很小且無法使用的 Hole。
Worst Fit	找最大的 Hole。	不會產生許多很小的 Hole。

利用以下範例來說明變動分割記憶體管理法的實際處理過程。

📺 | **範例 ❶**

若記憶體空間的分割情形依序如下：

200K, 500K, 100K, 400K, 600K, 300K

若程序的大小為：

440K, 120K, 330K, 90K, 250K

根據以下三種不同的記憶體配置法，請分別繪圖表示作法。

(1) First Fit   (2) Best Fit   (3) Worst Fit

解

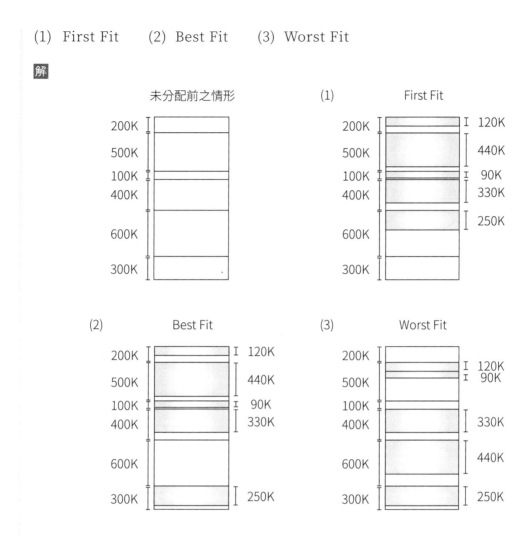

以上三種不同的記憶體配置法的解答中綠色區塊部分代表配置給程序使用的記憶體區域，白色部分代表可用的記憶體區域。

7.2.3 分頁記憶體管理法

　　傳統的記憶體管理法要求「程式載入主記憶體時，必須載入連續的記憶體空間」，但是實際的記憶體空間經過一段時間的使用後，可用空間往往會變得支離破碎，如果程式碼較大就比較不容易找到一塊足夠大的連續可用記憶體空間供該程式使用。因此，允許程式載入主記憶體時，可以不必佔用連續的記憶體空間便成了一種很務實的需求。分頁記憶體管理法 (Paging) 便是為了解決此問題，而被提出的記憶體管理法，換句話說，分頁記憶體管理法允許程式在記憶體中佔用的記憶體位址可不連續。

　　分頁記憶體管理法的實作方式有三步驟，首先，將實際記憶體切割成固定大小的頁框 (Frame)；其次，將程式切割成固定大小的頁 (Page)，頁框與頁的大小必須相同；最後，任何一個頁可載入任何一個頁框中。

　　分頁記憶體管理法必須透過分頁表 (Page Table) 來記錄頁與頁框的關係，分頁表可利用一維陣列來實作，頁的編號做為陣列的註標 (Index)，註標所對應的內容則為頁框編號。假設一程式可切割為四個頁，則此程式對應的分頁表應為一個有四個元素的一維陣列，若分頁記憶體管理法將編號為 100、102、103 及 106 的四個頁框分配給該程式使用，則分頁表、程式及實際記憶體的對照圖如下：

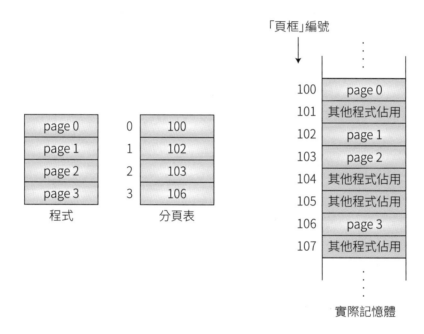

圖 7-7　分頁記憶體管理法實例

7.2.4 分段記憶體管理法

　　就使用者觀點而言，程式是由一些大小不固定的區段 (Segmentation) 所組成，因此分段記憶體管理法的作法便是依程式的邏輯觀點來配置記憶體空間給程式使用，配置給程式的區段不需佔用連續的記憶體空間。下圖為一依程式的邏輯結構將程式分段後的記憶體空間配置範例。

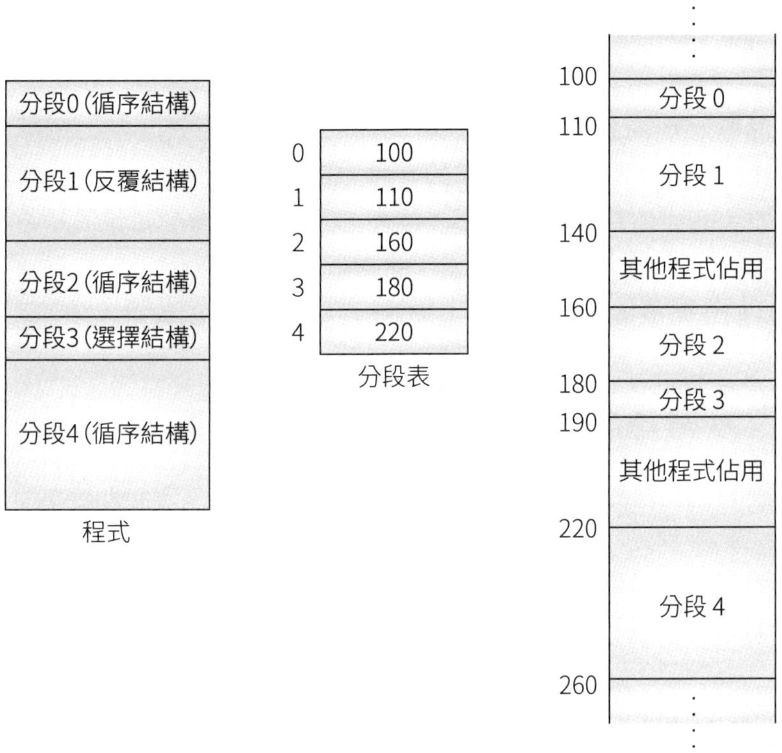

圖 7-8 分段記憶體管理法實例

📺 | **範例 ❷**

下表為分頁記憶體管理法與分段記憶體管理法的差異比較表。請填寫下表的空格。

方式 ＼ 種類	使用者觀點	切割大小	內部碎裂	外部碎裂
分頁法				
分段法				

解

方式 ＼ 種類	使用者觀點	切割大小	內部碎裂	外部碎裂
分頁法	×	固　定	✓	×
分段法	✓	不固定	×	✓

7.3 虛擬記憶體

傳統的記憶體管理法要求程式執行時應將程式碼完整載入主記憶體中，但是事實上在大部分程式執行的過程中並不會真的從頭到尾都被執行過，因此，允許程式執行時可不必將整個程式碼完整載入主記憶體中便成了一種很務實的需求。虛擬記憶體管理法 (Virtual Memory) 便是為了解決此問題，而被提出的記憶體管理法。因此，虛擬記憶體管理法的主要目的是希望讓程式能在較小的實際記憶體空間中執行。

7.3.1 需求分頁系統

虛擬記憶體管理法的實作利用了需求分頁系統 (Demand Paging System) 的觀念。需求分頁系統有兩個特性，首先，程式執行前儲存在輔助記憶體中；其次，程式的各分頁僅在執行時需要的時候才會將該分頁載入到主記憶體中，也就是不必將整個程式載入主記憶中。

7.3.2 分頁錯誤

若採用虛擬記憶體管理法，有可能下一個要執行的程式分頁不在主記憶體中，這代表產生了分頁錯誤 (Page Fault)。分頁錯誤發生時處理步驟如下：

1. 當欲存取的分頁不在主記憶體中時，發出 Page Fault 中斷。
2. 將 CPU 的控制權轉移給中斷處理程式。
3. 作業系統檢查此存取動作是否合法，若合法則找尋該分頁在輔助記憶體中之位置，但若不合法則停止該程式之執行動作。
4. 在主記憶體中找尋一個可用的「頁框」。
5. 將「分頁」由輔助記憶體載入「頁框」中。
6. 修改分頁表的內容。
7. 重新執行產生分頁錯誤的敘述。

7.3.3 分頁取代

當程式執行的過程中發生了分頁錯誤事件，此時系統中若有可用的頁框，此時可直接將分頁由輔助記憶體中載入主記憶體內，但若沒有可用的頁框，就必須執行分頁取代動

作。理想的分頁取代演算法可降低分頁失敗的機率，為了評估各種分頁取代演算法的效率，經常使用所謂的參考字串 (Reference String) 與頁框數目 (Frame Number) 來做為分析的依據。

常見的分頁取代演算法有以下三種：

1. **先進先出取代法**

   最早進入系統的分頁將被選取當作犧牲分頁 (Victim Page)。利用本分頁取代策略，會將存在主記憶體中最久的分頁取代掉，可是此分頁很可能是最常被存取的分頁，因此，若利用本分頁取代策略可能使得分頁錯誤的機率提高。

2. **最佳取代法 (Optimal)**

   選取將來最久才會被引用的分頁做為犧牲分頁。本取代策略將具有最佳的效率，也就是說，分頁錯誤發生的次數會最低，但是因為程式執行的行為實際上是無法精準預測的，因此本取代策略事實上是無法被實現的。此時讀者應該有一個問題，「既然無法實作 (現)，那為何會被提出？」答案就是：任何一種被實際採用的方法所得到的結果值都可與最佳取代法比較，與最佳取代法的結果最接近的，就代表是最近似於「最佳」的作法。

3. **最近最久未用取代法 (Least Recently Used，LRU)**

   將最近最久未被存取的分頁取代掉。檢視分頁上次被使用的時間，將上次被存取的時間距離現在最久者取代掉。因為程式執行的模式，有一定的慣性，也就是說「用過去程式執行的模式去模擬將來程式執行的模式」會有一定程度的準確度，因此本取代法最近似最佳取代法。

🖥 | **範例 ❶**

設有一程式之分頁參考字串如下：

4、5、3、2、4、5、1、4、5、3、2、1

如果此程式可使用 3 個頁框，則當採用下列三種分頁取代法時各別將產生多少次分頁錯誤？

(1) 先進先出取代法

(2) 最佳取代法

(3) 最近最久未用取代法

解

(1)　先進先出取代法：

分配給程式的 3 個頁框在程式執行前後，配置給分頁使用的情形如下圖：

執行前	4	5	3	2	4	5	1	4	5	3	2	1
	4	4	4	2	2	2	1			1	1	
		5	5	5	4	4	4			3	3	
			3	3	3	5	5			5	2	

根據上圖可知共發生了 9 次分頁錯誤。

(2)　最佳取代法：

分配給程式的 3 個頁框在程式執行前後，配置給分頁使用的情形如下圖：

執行前	4	5	3	2	4	5	1	4	5	3	2	1
	4	4	4	4			4			3	2	
		5	5	5			5			5	5	
			3	2			1			1	1	

根據上圖可知共發生了 7 次分頁錯誤。

(3)　最近最久未用取代法：

分配給程式的 3 個頁框在程式執行前後，配置給分頁使用的情形如下圖：

執行前	4	5	3	2	4	5	1	4	5	3	2	1
	4	4	4	2	2	2	1			3	3	3
		5	5	5	4	4	4			4	2	2
			3	3	3	5	5			5	5	1

根據上圖可知共發生了 10 次分頁錯誤。

　　以常識或直覺來看一個問題。一般來說，若配置給程序的頁框數量增多時，應會使得分頁錯誤的次數下降，但是若在某種情況下，增加程序所配置的頁框數量，反而造成分頁錯誤的頻率增加，這個現象就是所謂的 Belady 的異常現象 (Belady's Anomaly)。若以範例 1 的參考字串為例，採用先進先出取代法，若分配給程序的頁框數量為 4，則分配給程式的 4 個頁框在程式執行前後，配置給分頁使用的情形如下圖：

執行前	4	5	3	2	4	5	1	4	5	3	2	1
	4	4	4	4			1	1	1	1	2	2
		5	5	5			5	4	4	4	4	1
			3	3			3	3	5	5	5	5
				2			2	2	2	3	3	3

　　根據上圖可知共發生了 10 次分頁錯誤。竟然比範例 1 中分配 3 個頁框的情況下多了 1 次分頁錯誤，這就是「先進先出取代法的異常現象」(FIFO Anomaly)，亦即上面提到的 Belady 的異常現象。最佳取代法及最近最久未用取代法絕對不會有類似的異常現象。

> 「Belady's Anomaly」：
> 分配給程序的頁框數若增加，分頁錯誤的次數便應下降。若分配給程序的頁框數增加，反而使得分頁錯誤的次數增加，便是一種不正常情況，這種異常情況便是 Belady's Anomaly。

7.3.4 振盪現象

　　一般來說，系統中載入的程序數目由少變多時，CPU 利用率也會隨著系統中載入的程序數目慢慢的也由小而變大，此時因為系統內程序的數目不多，CPU 仍有空間的空間，此時加入新的程序進入系統內，將提高 CPU 的使用率，但是當程序數目增加到某個數目時，CPU 利用率變大的速度開始慢慢趨緩，當 CPU 利用率增加到某一極限值時，便突然急劇下降。這樣的情形發生的原因是因為程序執行時，若系統內程序的數目較多，將使得每個程序能分配到的「頁框」數可能不足，如此一來將使得系統發生分頁失敗的頻率過高，使得系統用來處理分頁置入 / 置出 (Swap In /Swap Out) 及本文切換 (Context Switching) 的動作之時間遠超過程序的執行時間，導致系統的執行效率急劇下降的情形，就是所謂的振盪現象 (Thrashing，或稱為猛移現象)。可利用以下圖形來說明振盪現象：

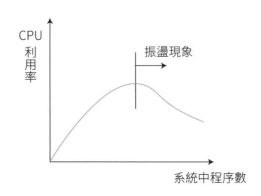

圖 7-9　振盪現象示意圖

利用以下實例來說明。

若 X、Y 及 Z 皆為具有 100 個元素的一維陣列。程式碼如下：

```
for (i=1; i ≤ 100; i++)
    X [i]:=Y[i]+Z[i];
```

假設陣列 X、Y 及 Z 恰分在三個不同的分頁中，若程式執行時所分配到的「頁框」數目僅有 2 個，則在此程式段執行的過程中將會發生大量的分頁錯誤，並進而發生振盪現象。

7.3.5 局部性

局部性 (locality) 是指程序執行時傾向於存取某個特定的記憶體區域。如堆疊、計數器、迴圈、副程式、陣列、循序執行的程式碼及相關的變數。局部性可因性質不同分為兩大類，分別是時間局部性 (Temporal Locality) 與空間局部性 (Spatial Locality)。時間局部性是指最近被存取過的分頁，可能不久後就會再被引用；如堆疊、計數器、迴圈及與副程式。空間上的局部性是指最近被存取的分頁，其鄰近的分頁可能不久後也會被存取；如：陣列，循序執行的程式碼及相關的變數。利用以下實例來說明：

```
s=0;
for (i=1; i ≤ 100; i++)
    s=s+X[i];
```

上例中陣列 X 內的 100 個元素有空間局部性，而變數 s 與 i 則具有時間局部性。

7.3.6 工作集

工作集 (Working Set) 是指程序在某段時間內，所存取到的所有分頁所形成的集合。工作集是局部性的一種近似方案，由於局部性牽涉到未來的狀況，而未來狀況無法預知，故利用工作集來摸擬，工作集可減少分頁失敗的機率進而提高系統的效率。但若系統採用工作集概念將使得系統的負擔過重。

- 程序是指正在執行過程中的程式，CPU 排程就是指對系統中的程序安排工作的先後次序。

- 程序狀態變遷圖中的工作排程器是將處於輔助記憶體中的程式載入主記憶體中。程序排程器則是依據某種排程規則，由「Ready」狀態中的多個程序中挑選出一個優勝者進入「Running」狀態。

- 本文切換是指作業系統儲存目前正在執行的程序的狀態，並將下一個要執行程序之狀態載入系統並開始其執行的動作。

- 基本型排程法有以下五種：先進先做排程法、最短工作優先排程法、可強佔最短工作優先排程法、優先等級排程法與巡迴型排程法。

- 護航效應是指系統中處於「Ready」狀態的程序長期等待一個處於「Running」狀態的程序釋出 CPU 的使用權。

- 遲滯現象是指程序始終無法取得繼續執行所需要的資源，導致無法執行。

- 設計記憶體需分層次的原因是希望得到最佳的價錢 / 效率的比例，也就是說，希望不要花太多錢就可以得到不錯的效能。

- 分頁記憶體管理法的實作三步驟：將實際記憶體切割成固定大小的頁框，將程式切割成固定大小的頁，頁框與頁的大小必須相同；最後，任何一個頁可載入任何一個頁框中。

- 需求分頁系統有兩個特性，首先，程式執行前儲存在輔助記憶體中；其次，程式的各分頁僅在執行時需要的時候才會將該分頁載入到主記憶體中，也就是不必將整個程式載入主記憶中。

- 常見的分頁取代演算法有先進先出、最佳與最近最久未用取代法。

- Belady's 異常情況是指分配給程序的頁框數增加，反而使得分頁錯誤的次數增加的反常現象。

- 振盪現象發生在系統用來處理分頁置入 / 置出及本文切換的動作之時間遠超過程序的執行時間，導致系統的執行效率急劇下降的情形。

- 工作集是指程序在某段時間內，所存取到的所有分頁所形成的集合。

選｜擇｜題

( ) 1. 假設有五個程序（甲、乙、丙、丁、戊），同時送電腦執行，它們的執行時間分別是 5、4、3、2、1 分鐘，如果該電腦是以最短程式優先 (Shortest Job First) 的方式排班，則該五程序平均回轉時間 (Turnaround Time) 是多少分鐘？

(A)6 分鐘 　　　　(B)7 分鐘 　　　　(C)8 分鐘 　　　　(D) 9 分鐘。

( ) 2. 甲到有抽號碼機及兩個櫃檯的郵局寄掛號信，民眾依號辦理且郵局承辦人員均按標準作業流程辦理業務（對於相同業務兩個櫃檯辦理時間一致）。假設甲前面有四人等待並分別需要 2、4、6、8 分鐘辦完，但不知那四人抽號碼的順序。甲最多會等幾分鐘？

(A)6 分鐘 　　　　(B)8 分鐘 　　　　(C)10 分鐘 　　　　(D) 12 分鐘。

( ) 3. 現代電腦除了主記憶體外尚有快取記憶體，其主要的功能為？

(A) 可以減少磁碟空間 　　　　　　(B) 可以降低主記憶體的成本
(C) 可以有效地增進程式的整體執行速度 　(D) 可以減少程式偵錯的時間。

( ) 4. 有關記憶體的敘述，下列何者為錯誤？

(A) 暫存器比主記憶體之記憶體容量小
(B) 暫存器比主記憶體存取速度快
(C) 將資料由快取記憶體移至暫存器比移至主記憶體速度慢
(D) 快取記憶體容量介於暫存器與主記憶體之間。

( ) 5. 記憶體系統分成多個層次，下列何者為是？

(A) 最接近 CPU 的容量小 　　　　(B) 快取記憶體的容量大於主記憶體
(C) 磁碟存取速度高於主記憶體 　　(D) 主記憶體存取速度高於暫存器。

( ) 6. 下列有關虛擬記憶體的敘述何者錯誤？

(A) 可使用 Paging 功能
(B) 可相對地減少程式對記憶體的需求量
(C) 執行中的程式僅有部分被載入記憶體
(D) 增加系統需求而降低系統效能。

( ) 7. 虛擬記憶體是由下列哪些記憶裝置構成？
①快取記憶體　②主記憶體　③硬碟　④ CD 光碟？

(A) ① ② 　　　　(B) ① ④ 　　　　(C) ② ③ 　　　　(D) ③ ④。

( ) 8. 給予頁面參考字串（Page Reference String）：4、3、2、1、4、3、5、4、3、2、1、5 假設有四個頁框，並採用 LRU 分頁取代法，則分頁錯誤的次數為何？

(A) 8 　　　　(B) 9 　　　　(C) 10 　　　　(D) 11。

( ) 9. 假設虛擬記憶體的設計，程式有四個頁框和 8 個分頁，一開始四個實際分頁是空的，如果參考序列為 0、4、5、7、4、1、2、4、3、5，分頁管理方式是用先進先出分頁取代法，則會產生多少次分頁錯誤？

(A) 10 次　　　　(B) 9 次　　　　(C) 8 次　　　　(D) 7 次。

( ) 10. 有關振盪現象，下列敘述何者錯誤？

(A) 程序所分配到的 CPU 時間不足所導致
(B) 發生高度的分頁行為（paging activity）
(C) 可以使用分頁錯誤頻率（Page-fault Frequency，PFF）策略來控制及預防
(D) 可以使用工作集策略來控制及預防。

( ) 11. 在一個採用需求分頁機制的計算機系統中，現有使用效率量測如下：
① CPU 使用率：20%，② Pagin Drum：93%，③ 其他週邊 I/O 12%。
為提高 CPU 的使用率，此時應採取下列何種策略最佳？

(A) 換更快的 CPU　　　　(B) 找一個更大的 Paging Drum
(C) 換更快的週邊設備　　(D) 降低多程式度 (Degree of Multiprogramming)。

( ) 12. 以下關於分頁記憶體管理 (Paging) 的功能描述何者錯誤？

(A) 記憶體分頁技術所使用的頁轉換表上可以加上一些特別的旗標 (Flag)，藉由這些旗標可以指定各個分頁的存取權限
(B) 記憶體分頁技術可以讓數個不同的程序共用同一塊記憶體。在某些情況下甚至可以共用程式區段及資料區段
(C) 記憶體分頁技術及記憶體分頁保護技術，可以用以設計寫入時複製 (Copy on Write) 以提高系統效能
(D) 通常愈先進的處理器，所採用的分頁大小 (Page Size) 愈小。

( ) 13. 當作業系統把 CPU 切換給另一個程序時，是利用程序控制區 (Process Control Block) 來保存原來程序的相關資料，其中不包括下列哪一項？

(A) 程序目前的狀態　　　　(B) 程序的識別名稱
(C) 程序的排班資訊　　　　(D) 程序的記憶體內容。

( ) 14. 本文切換 (Context Switch) 時需要將程序的資訊記錄下來，以便將來再被分排執行時，能回復到交替時的計算環境。請問下列哪些資訊需要被記錄？①程式計數器 (Program Counter) 內容、②其他暫存器內容、③程序的狀態、④尚未用完之時間配額 (Time Quantum) 值？

(A) ①②③　　　　(B) ②③④　　　　(C) ①③④　　　　(D) ①②④。

( ) 15. 下列有關作業系統記憶體管理的敘述，何者不正確？

    (A) 分段 (Segmentation) 管理易造成外部碎裂 (External Fragmentation)

    (B) 分頁 (Paging) 管理每頁的大小通常為 2 的指數

    (C) 虛擬記憶體的作法不適用於及時 (Real-time) 作業系統

    (D) 動態連結 (Dynamic Linking) 是編譯器的工作，無關作業系統記憶體管理。

( ) 16. 下列有關虛擬記憶體的敘述，何者錯誤？

    (A) 虛擬記憶體使得程式目的碼大小只可和實際記憶體一樣大

    (B) 虛擬記憶體使得程式執行時其目的碼不需完全存放在實體記憶體內

    (C) 虛擬記憶體產生許多額外負擔是因為分頁錯誤的關係

    (D) 虛擬記憶體對多程式系統的處理有幫助。

( ) 17. 下列有關虛擬記憶體之敘述，何者正確？①可讓在系統中程序總主記憶體需求遠大於實體記憶體的容量、②分頁處理 (Paging) 是虛擬記憶體的其中一項方法、③可以讓非常多的程序在系統中而不會造成效能降低、④若使用分頁處理，系統需要一個分頁表來追蹤個別行程使用分頁的情形。

    (A) ①②③   (B) ①②④   (C) ①③④   (D) ②③④。

( ) 18. 作業系統核心必須執行於特殊的執行模式，以確保只有作業系統核心得以控制系統中所有的軟、硬體資源。請問處理器必須提供至少多少種執行模式才足以設計作業系統（如：UNIX、Windows）的基本保護功能？

    (A) 1 種   (B) 2 種   (C) 3 種   (D) 4 種。

( ) 19. 請重組下列電腦開機啟動 (Booting) 時各項運作的正確順序：①執行作業系統、② CPU 啟動後執行位於 ROM 中預設位置之指令亦即開機載入程式 (Bootstrap)、③將作業系統核心載入主記憶體、④執行輸出入及各種硬體裝置之檢查？

    (A) ①②③④   (B) ②④③①   (C) ②③④①   (D) ②③①④。

( ) 20. 當主記憶體的空間無法容納執行程式所占的記憶體空間時，下列哪個技術可以克服此問題？

    (A) 快閃記憶體 (Flash Memory)   (B) 虛擬記憶體 (Virtual Memory)

    (C) 快取記憶體 (Cache Memory)   (D) 虛擬硬碟 (Virtual Disk)。

1. 計算機中的記憶體系統往往被設計成階層式的。

   (1) 此類設計的目的何在？

   (2) 此類設計的目的原理為何？試詳述之。

   (3) 一般而言包含哪些階層？各階層所要達到的效果及特色為何？

2. 現在個人電腦至少配備有兩層的快取記憶體，分別是 Level 1 快取記憶體與 Level 2 快取記憶體兩種，說明此兩快取記憶體的功能。

3. 請說明如何利用工作集 (Working Set) 觀念來解決振盪現象 (Thrashing)？

4. 說明在虛擬記憶體中分頁大小 (Page Size) 不能太大或太小的原因。

5. 作業系統在程序管理上有哪些任務？在記憶體管理上又有哪些任務？

6. 何謂 I/O-bound Process？何謂 CPU-bound Process？何者應較優先執行？

7. 若採用虛擬記憶體技術，並且分配四個主記憶體頁框。假設分頁參考字串如下：

   2, 9, 1, 8, 3, 4, 3, 4, 6, 7, 9, 9, 3, 2, 7, 4, 3, 8, 9, 2，請問：

   (1) 若運用 FIFO 分頁取代法給予空間，請問有多少 Page Faults 發生？

   (2) 若使用 LRU 分頁取代法給予空間，請問有多少 Page Faults 發生？

   (3) 若使用最佳分頁取代法給予空間，請問有多少 Page Faults 發生？

8. 就作業系統範疇回答下列問題：

   (1) 請提出並描述三種常見的 CPU 排程演算法。

   (2) 現有五個程序到達 Ready 狀態的時間是相同的，而到達 Running 狀態的先後順序為 P1、P2、P3、P4、P5，且每個程序所需的服務時間分別為 120 毫秒（P1）、60 毫秒（P2）、180 毫秒（P3）、50 毫秒（P4）、300 毫秒（P5）。

   若 CPU 時間配額 (Time Quantum) 被設定為 60 毫秒，請根據在第 (1) 小題，你所回答的三種演算法，分別畫出甘特圖 (Gannt Chart) 顯示每個程序的完成時間，並且計算平均迴轉時間 (Turnaround Time)。

9. 請證明在所有的 CPU 排程法中最短工作優先排程法 (Shortest Job First；SJF) 的平均等候時間最短。

10. 請說明何謂需求分頁系統 (Demand Paging System)？

08
CHAPTER

資料處理、檔案結構與資料庫

本章將依序介紹資料處理、檔案結構與資料庫共三個主題。

8.1　資料處理

資料 (Data) 是指尚未經過整理的原始文字、符號、影像或聲音。資料因為尚未經過整理，因此通常會缺乏組織及分類，並且無法明確的表達結果。例如某電視台的政論節目內容、某報社發行的報紙內容、病人的病歷紀錄、學生的成績單、公司員工的考勤資料或戶政市務所內儲存的市民資料等。資料可以用傳統的媒體如紙張或相片等來儲存，也可以利用近代的數位媒體如磁碟或光碟等來儲存。

資訊 (Information) 則是指將資料經過整理和分析後，所得到對使用者有意義的結果。利用以下三個範例來說明將資料整理和分析成為資訊的過程：

1. 將某電視台的政論節目內容或某報社發行的報紙內容經過整理和分析後，得到該新聞媒體未保持新聞中立的結論。

2. 整理和分析病人的病歷紀錄來判斷病人所罹患的疾病。

3. 由戶政市務所內儲存的市民資料分析市民居住區域與受教育程度高低的關連程度。

資料基本上不能做為決策參考使用，但若將資料依需求加以分類、統計、計算、比較、合併或歸納等動作處理後，資料便會成為可供決策參考使用的事實或知識。這種將資料整理和分析後成為資訊的過程，稱為資料處理 (Data Processing)。

圖 8-1　資料、資訊與資料處理的關係

8.2 資料階層

　　資料由低階到高階的順序為位元、位元組、欄位、記錄、檔案及資料庫。相關資料整理如下表：

表 資料階層

名稱	意義	範例
位元 (Bit)	資料的最小單位。	為二進位值 0 或 1。
位元組 (Byte)	一個「位元組」等於 8 個位元。 有時稱位元組為「字元」(character)。	一個「位元組」代表一個符號。例如 A、B、…、Z、a、b、…z、0、1、…、9、+、-、*、/…等符號。
欄位 (Field)	「欄位」是由相關的「位元組」所構成。	學生的姓名「欄位」是由「位元組」所構成。(如 MARY，由 M、A、R、Y 四個字元所構成，每個字元為一個位元組)
記錄 (Record)	「記錄」是由相關的「欄位」所構成。	學生的「記錄」是由學生的姓名、學號、e-mail、通訊地址及聯絡電話等「欄位」所構成。
檔案 (File)	「檔案」是由相關的「記錄」所構成。	班級的「檔案」是由所有學生的「記錄」所構成。
資料庫 (Database)	「資料庫」是由相關的「檔案」所構成。	資工系的「資料庫」是由所有班級的「檔案」所構成。

🖥 **範例 ❶**

假設我們要將平時所使用的「通訊錄」儲存成一檔案，請問：

(1) 欄位 (Fields) 指的是什麼？

(2) 資料記錄 (Records) 指的是什麼？

解

假設「通訊錄」中每位聯絡人的資料都包含了姓名、電話號碼、手機號碼、電子郵件及地址共五項資料。

(1) 共有五個「欄位」，分別是「姓名」欄位、「電話號碼」欄位、「手機號碼」欄位、「電子郵件」欄位及「地址」欄位。

(2) 資料記錄是指聯絡人資料。

8.3　檔案組織

　　由資料階層的概念可知，檔案由相關記錄組成。常用的檔案組織有循序檔、直接存取檔及索引檔三種，說明如下：

一、循序檔

　　循序檔 (Sequential File) 的結構是將資料記錄依照在檔案中的順序存放在儲存裝置。當要存取檔案中之資料時，必須依照檔案中資料排列的順序依序存取。例如某一檔案共有 50 筆資料記錄，若要存取檔案中第 38 筆資料記錄時，則必須依第 1 筆、第 2 筆、第 3 筆、…、第 37 筆資料的順序，最後才存取到所需要的第 38 筆資料。

　　按照儲存的順序執行存取動作的方式稱為循序存取 (Sequential Access)，循序存取的特性是速度慢、效率差。由於循序檔案結構只能支援循序存取動作，因此存取效率不佳；檔案結構未對記錄的長度做限制，因此可依記錄實際的長度配置空間供記錄使用，所以不會浪費空間。

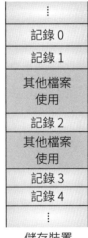

圖 8-2　循序檔範例

二、直接存取檔

　　直接存取檔 (Direct Access File) 的建立方式是利用雜湊函數 (Hashing Function) 來計算記錄的位址，再將記錄存放在儲存裝置內對應的位址空間中；對記錄做存取動作時，也是透過雜湊函數計算記錄在儲存裝置內對應的位址，然後直接到該位址處存取記錄資料。

　　透過雜湊函數直接計算記錄在儲存裝置中的位址，並直接對儲存在該位址的記錄資料進行存取的動作稱為直接存取 (Direct Access)，直接存取的特點是速度快，效率佳。

　　直接存取檔可支援循序存取及直接存取動作。但是因為理想的雜湊函數不容易設計，所以不容易實作。另外，因為直接存取檔案結構限制所有記錄的長度必須相同，因此相同的檔案若利用直接存取檔案結構來存放所需求的儲存區空間量是最大的。

圖 8-3　直接存取檔範例

觀察上圖 8-3，請留意以下兩項特性：

1. 同屬於同一檔案的五筆記錄應使用相同大小的記憶體空間。

2. 記錄可不使用連續的記憶體空間。

三、索引檔

索引檔 (Index File) 的建立方式是利用一個索引表 (Index Table) 儲存檔案的所有記錄在儲存裝置內之位址。若要存取檔案中之記錄內容，都必須先透過索引表找到記錄在儲存裝置的位址，再到該位址處存取記錄的內容。索引表實作的方式可利用一維陣列來製作，利用陣列的註標值 (Index) 做為記錄編號，而陣列元素內容則是存放記錄在儲存裝置內之位址，例如下圖範例：

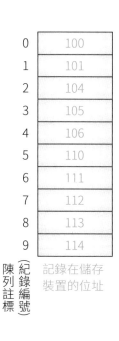

圖 8-4　索引檔範例

　　索引檔可支援循序存取及直接存取動作。雖然直接存取動作比直接存取檔慢且儲存區空間的需求量比循序檔高，但因為索引檔較直接存取檔容易實作，而且存取速度又比循序檔快相當多，因此索引檔是使用普及度最高的檔案結構。

8.4 檔案組織決定因素

當一個檔案組織要決定採用上述三種作法的其中一種時，有以下四項因素可供考慮：

1. 檔案中記錄的大小

若檔案中記錄的大小皆相同，則採用三種方法皆可，但是若不相同則採用循序檔與索引檔為佳。(固定或不固定)。

2. 成長性 (Growth)

成長性是指檔案中的記錄之欄位數目及長度變化情形。若檔案中記錄的成長性高，則採用直接存取檔為佳。

3. 活動性 (Activity)

單次處理中檔案記錄被處理的平均數。檔案中記錄的活動性高，則可採用循序檔。

4. 揮發性 (Volatility)

檔案記錄新增及刪除的頻率。若檔案中記錄的揮發性高，則採用直接存取檔為佳。

範例 ①

在系統分析時決定採用某一檔案所考慮的事項有哪些？試分別說明之。

解

綜合比較表如下：

適用時機	循序檔	索引檔	直接存取檔
記錄大小	相同或不相同皆可	相同或不相同皆可	相同
成長性	低	適中	高
活動性	高	適中	低
揮發性	低	適中	高

(1) 檔案記錄的大小：

　　相同：循序檔、索引檔、直接存取檔。

　　不相同：循序檔、索引檔。

(2) 成長性：

　　① 成長性高：直接存取檔

　　② 成長性適中：索引檔

　　③ 成長性低：循序檔

(3) 活動性：

　　① 活動性高：循序檔。

　　② 活動性低：直接存取檔。

　　③ 活動性適中或無法預測：索引檔。

(4) 揮發性：

　　① 揮發性高：

　　　因為在揮發性高時，循序檔會有大量資料搬移之可能，而索引檔則可能發生溢位情況，因此直接存取檔較適合。

　　② 揮發性低：循序檔。

　　③ 揮發性適中或無法預測：索引檔。

8.5 其他常用檔案組織

一、主檔與異動檔

　　主檔 (Master File) 會儲存全部的資料，因此資料最完整且不宜經常修改。異動檔 (Transaction File) 的用途則是用來記載某段時間內主檔修正的內容資料。例如，台灣大學的學生學籍資料檔案便是一個主檔，而在某一學期間，學生可能因為搬家而更改通訊地址或電話的資料便會記載在主檔對應的異動檔中，待學期結束後才會執行將該學期中儲存學生變動資料的異動檔與主檔資料合併的動作。

範例 ❶

請說明將如何將舊的主檔和異動檔合併成新的主檔的作法。

解

根據異動檔的鍵值內容找出資料在舊的主檔的位置，並將異動檔的內容更新到舊的主檔中對應之內容，以得到新的主檔。

二、相對檔

相對檔 (Relative File) 會以記錄中某一特定欄位之內容直接做為記錄存放在儲存設備的位址，這個特殊的欄位稱為「相對鍵」(Relative Key)。為了確保不同的資料記錄存放在儲存設備的位址不相同，因此不同記錄之相對鍵值不可相同。例如，某公司的員工檔案建置時，已設定員工編號皆不相同，則可利用員工編號直接做為「相對鍵」，將來對員工資料記錄執行存取動作時，便可直接到儲存設備位址為員工編號處直接存取該員工之資料。

範例 ❷

因為相對檔以記錄中某一特定欄位之內容直接做為記錄存放在儲存設備的位址，因此相對檔的存取速度會比直接存取檔更快，但為何相對檔不如直接存取檔普及？

解

因為相對檔的檔案結構太浪費空間。

例如，某公司的員工編號為 11011，假設其中前二碼為部門代碼，後三碼為部門內的員工代碼，這個編號為 11011 的員工資料記錄會存放在儲存設備位址為 11011 處。為了配合這種編碼法及相對檔結構，系統可能必須保留儲存設備位址由 00000~99999 共 10 萬個位址空間來存放檔案。但是請問全世界有幾家公司的員工數可以達到 10 萬人？

基於以上理由，相對檔很少會被採用。

順便一提，在計算機系統中經常會介紹一些很完美或接近完美的作法，但請讀者記得以下的敘述：

完美或接近完美的作法，只是用來讓系統設計者知道一件事：

實作的方法與「完美」的差距有多大。

三、反轉檔

反轉檔 (Inverted File) 是指利用輔助鍵來找出記錄在檔案中的位址及對應之主要鍵的檔案結構。一般的檔案結構是由主要鍵來找出記錄在檔案中的位址，由此可知，反轉檔應該會與一般的檔案結構有很大的不同。例如以下範例。

假設有以下學生成績資料表：

表 學生成績資料表

記錄名稱	學號	姓名	物理成績	化學成績
A	001	陳一	100	90
B	002	林二	72	63
C	003	張三	66	30
D	004	李四	45	20
E	005	王五	15	83
F	006	周六	94	100
G	007	蔡七	89	87
H	008	馬八	54	77
I	009	施九	81	53
J	010	吳十	77	10

將物理成績及化學成績之分數依「40 分以下」、「41 分 -60 分」、「61 分 -80 分」及「81 分以上」分為四類，並依十位學生所得之分數建立鏈結串列如下：

「物理成績」鏈結串列，如下：

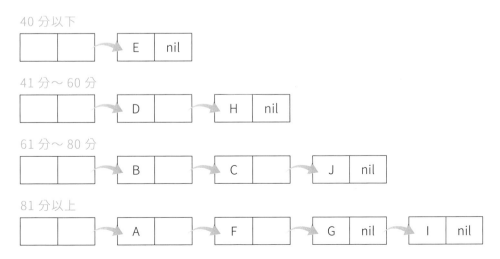

「化學成績」鏈結串列，如下：

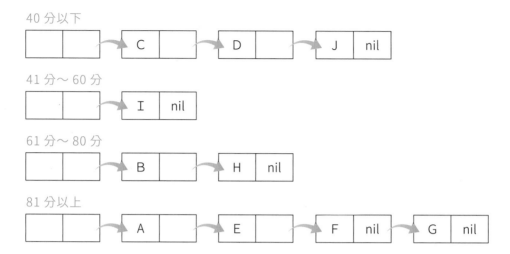

以上鏈結串列結構對應的反轉檔如下：

1. 姓名欄位反轉檔

姓名	陳一	林二	張三	李四	王五	周六	蔡七	馬八	施九	吳十
鏈結個數	1	1	1	1	1	1	1	1	1	1
起始鏈結指標	A	B	C	D	E	F	G	H	I	J

記錄	A	B	C	D	E	F	G	H	I	J
指標欄位	nil	nil	nil	nil	nil	nil	nil	nil	nil	nil

以姓名「陳一」為例來說明。「陳一」的鏈結個數為 1，代表姓名為「陳一」者有 1 位，記錄名稱為 A。

2. 物理成績欄位反轉檔

物理成績	40 分以下	41 分～ 60 分	61 分～ 80 分	81 分以上
鏈結個數	1	2	3	4
起始鏈結指標	E	D	B	A

記錄	A	B	C	D	E	F	G	H	I	J
指標欄位	F	C	J	H	nil	G	I	nil	nil	nil

以物理成績「61 分～ 80 分」為例來說明。「61 分～ 80 分」的鏈結個數為 3，代表物理成績「61 分～ 80 分」者有 3 位，物理成績「61 分～ 80 分」的第一筆記錄名稱為 B，第二筆記錄名稱為 C（由記錄 B 的指標欄位內容得知下一筆記錄為 C），第三筆記錄名稱為 J(由記錄 C 的指標欄位內容得知下一筆記錄為 J)。

3. 化學成績欄位反轉檔

化學成績	40 分以下	41 分～ 60 分	61 分～ 80 分	81 分以上
鏈結個數	3	1	2	4
起始鏈結指標	C	I	B	A

記錄	A	B	C	D	E	F	G	H	I	J
指標欄位	E	H	D	J	F	G	nil	nil	nil	nil

以化學成績「81 分以上」為例來說明。「81 分以上」的鏈結個數為 4，代表化學成績「81 分以上」者有 4 位，化學成績「81 分以上」的第一筆記錄名稱為 A，第二筆記錄名稱為 E（由記錄 A 的指標欄位內容得知下一筆記錄為 E)，第三筆記錄名稱為 F(由記錄 E 的指標欄位內容得知下一筆記錄為 F)，第四筆記錄名稱為 G(由記錄 F 的指標欄位內容得知下一筆記錄為 G)。

反轉檔可分為全部反轉 (Fully Inverted) 及部分反轉 (Partially Inverted) 兩類。全部反轉是指所有記錄均有指標指到，例如上例中的姓名欄位反轉檔；而部分反轉則是指只有部分筆記錄有指標指到，例如上例中的物理成績欄位反轉檔及化學成績欄位反轉檔。

8.6 資料庫

8.6.1 資料庫定義

常見的資料庫定義為資料庫是一群相關資料的集合體，內部的資料會以最少重複的情況來儲存並可供多人同時使用。

1. James Brandly 定義

資料庫系統是某些交互參考檔 (Cross-referenced Files) 集合。

2. **Alfonso F. Cardenas 定義**

資料庫系統是某些事件 (Occurrences) 所組成的集合，這些事件內包含有記錄型態，且記錄型態彼此間存在著某種特殊關係。

3. **C. J. Date 定義**

資料庫系統是一群可被操作的資料之集合，這些資料可被應用程式所使用。

雖然不同學者對於資料庫的定義不盡相同但對資料庫的基本定義是相同的。一般而言，資料庫系統會包含五種不同的成員，分別是計算機硬體、資料庫管理系統 (Database Management System，DBMS)、資料庫內部的資料、資料庫管理者 (Database Administrator，DBA) 及資料庫使用者。其中資料庫管理系統的工作是管理資料庫中的程式。

資料庫管理者的工作大致可歸納如下：

1. 決定資料庫的結構、資料儲存方式及存取方式。
2. 根據需求重建、變更資料庫的結構。
3. 建立資料庫的安全防護體系、備份 (Backup) 及回復 (Recovery) 策略。
4. 幫助使用者使用資料庫。

8.6.2 資料庫系統的特性

資料庫系統有六項特性。第一項是共享性 (Shareable)，共享性是指資料庫系統允許多個使用者同時使用同一筆資料。

第二項是不重複性 (Non-redundancy)，不重複性是指同一份資料在資料庫中被多人同時使用時，此時多個使用者可只共享同一份資料，不會因為多人同時使用便將資料複製多份。

第三項是完整性 (Integrity)，完整性是指資料庫內的資料只有被授權的合法使用者有權更改，未獲授權的使用者不得自行變更資料庫的內容。譬如說，只有教務處的學生成績系統管理者可在被合法授權的情形下更改學生成績 (可能是因授課教師疏忽而輸入錯誤的成績，因此必須更改成績)。資料庫管理者可以藉由設定某些檢查程序，以保護資料庫的完整性。

第四項是資料獨立性 (Data Independency)，資料獨立性是指應用程式與資料庫的內部儲存方式沒有任何的關連，如此一來，當使用者寫程式必須利用到資料庫的內容時或

必須使用資料庫時，不需要知道或考慮資料庫的內部結構。因此，當變更所使用的應用程式時，便不需要對資料庫的內部儲存方式做任何型式的修正。具獨立性特徵的資料庫才容易被使用。

第五項是安全性 (Security)，安全性是指藉由適當存取控制 (Access Control) 機制及加密機制 (Encryption) 來保護資料庫中資料的安全性。

最後一項是一致性 (Consistent)，一致性是不重複性的擴充。若同一份資料在資料庫中被儲存多份，則有可能因為其中的某一份被修改了，而使得該份被修改的資料與其他資料的內容不一致，但由於資料庫系統已經具有不重複性，因此一致性自然成立。

採用資料庫系統並非全無缺點，最常見的缺點就是若使用資料庫系統來取代傳統的檔案系統會使得系統的建置及維護成本提高，因為不重複性使得相同資料只有一份，若發生意外損害則可能無法回復。

8.6.3 資料庫管理系統

本節將介紹資料庫管理系統的相關知識及結構化查詢語言的分類與用法。

一、完整的資料庫系統架構

ANSI/SPARC 所定義完整資料庫系統架構共分為三個階層，分別是內部階層（Internal Level）、概念層（Conceptual Level）與外部層（External Level）。說明如下：

1. **外部層**

   外部層是最接近使用者的階層，本層是以個別使用者觀點所見到的資料庫的內容 (View)。本層具資料獨立性，藉由 Sub-schema 定義。

2. **概念層**

   概念層是以整體使用者為觀點，並且是內部層與外部層間溝通的橋樑，在概念層中資料以 SQL 來定義。一筆概念記錄可能等於多筆外部記錄或多筆儲存記錄。本層藉由 Conceptual Schema 或 Schema 定義。

3. **內部層**

   內部層是資料庫內資料實際的儲存方式之階層。包括記錄實際儲存順序、各欄位的資料特性及索引等。本層之資料具資料相依性並藉由 Internal Schema 定義。

對應圖形如下：

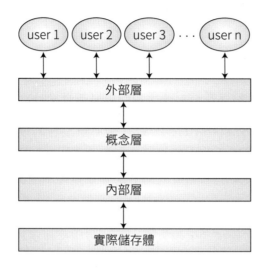

圖 8-5　ANSI/SPARC 完整資料庫系統架構

二、結構化查詢語言的分類與用法

在資料庫系統中，使用者可利用結構化查詢語言 (Structured Query Language，SQL) 來使用資料庫，SQL 語言可由終端機以交談式的方式直接輸入，也可以含括在程式中。SQL 包括三種語言，分別是資料定義語言 (Data Definition Language，DDL)、資料處理語言 (Data Manipulation Language，DML) 及資料控制語言 (Data Control Language，DCL)，分別介紹如下：

1. 資料定義語言

可利用此種語言在外部、概念及內部三個階層建立新的表格或刪除原來已存在的表格。

🖥 | **範例 ①**

(1)　建立新的表格：

```
CREATE TABLE EMPLOYEE
(
編號 :CHAR(6);
姓名 :CHAR(15);
性別 :CHAR(1);
```

```
住址 :CHAR(30);
月薪 :INTEGER;
)
```

本例題中新建了一個資料庫表格「EMPLOYEE」，表格中有五個欄位，分別是編號、姓名、性別、住址及月薪。

(2) 刪除表格：

```
DROP TABLE EMPLOYEE
```

本例題中刪除了一個資料庫表格「EMPLOYEE」。

2. 資料處理語言

可利用此種語言來操作已建立好的表格，如進行新增資料、刪除、修改、存取、搜尋、更新與四則運算等動作。

🖥 | 範例 ❷

(1) 新增一筆資料：

```
INSERT
INTO EMPLOYEE( 編號，姓名，性別，住址，月薪 )
VALUE(101，ROBERT，M，台北市信義路 1 號，51000)
```

(2) 刪除一筆資料：

```
DELETE
FROM EMPLOYEE
WHERE 住址 = "台北市"
```

(3) 搜尋月薪 >50000 之資料：

```
SELECT *
FROM EMPLOYEE
WHERE 月薪 >50000;
```

3. 資料控制語言

資料控制語言是用來控制對資料庫中資料存取的權限,藉以達到保護資料的安全性。

💻 | **範例 ③**

將 EMPLOYEE 表格的所有存取權限開放給 ROBERT。

```
GRANT ALL ON EMPLOYEE TO ROBERT;
```

💻 | **範例 ④**

請繪圖說明使用者如何使用「資料庫的實體內容」。

解

使用者會利用 SQL 當作工具,透過 DBMS 及作業系統當作介面來存取「資料庫的實體內容」,對應圖形如下圖。

圖 8-6 使用者使用「資料庫的實體內容」模式

8.7 資料庫的邏輯結構

常見的資料庫結構有階層結構 (Hierarchical Structure)、網路結構 (Network Structure) 及關聯結構 (Relational Structure) 三種,一一介紹如下。

一、階層結構

階層結構是一種類似樹狀結構的資料組織,結構中節點與邊之間的關係;即必須是連通圖 (Connected Graph),不允許迴路 (Cycle),而且樹中節點數目必須恰比邊的數目多 1。此外,亦需滿足每個子節點只能有一個父節點的規定。早期 IBM 所開發之 IMS(Information Management System) 及 DL/1 等系統即是採用階層結構。結構如下圖:

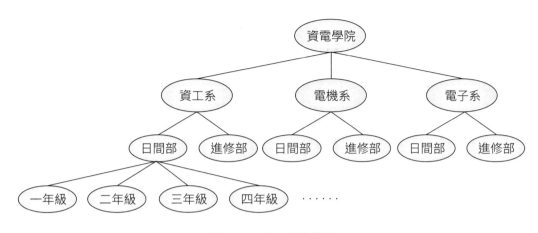

圖 8-7　階層結構範例

階層結構因具有與樹狀結構相同的特性，所以可以使用既有的樹狀結構演算法及結構的建立與刪除均很容易。本結構最主要的缺點是只能由上而下，依序檢索資料，因此搜尋動作較耗時。

二、網路結構

網路結構類似樹狀的組織結構，但取消了每個子節點只能有一個父節點和在結構中不能有迴路的限制，也就是說任一節點可有任意數目的父節點。主要的特點是具有較大的彈性，但結構較樹狀結構複雜許多，早期 HP 所開發之 IMAGE 及 Honeywell 的 IDS 等系統即是採用網路結構。結構如下圖：

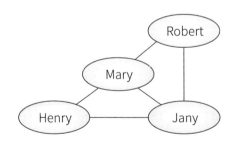

圖 8-8　網路結構範例

三、關聯結構

關聯結構利用由一些行與列所組成的表格來表達資料間的關係。主要的優點是適合表達較複雜的關係，缺點則是當查詢的數目很少時，採用本結構的效率將不佳。DB2、INGRES、ORACLE、SYBASE、dBASE III PLUS、ACCESS 等系統採用木結構。結構如下表：

表 關聯結構表

學號	科系	姓名	年級	班別	住址
9613001	資工系	江直樹	二	A	台北市
9613071	資工系	李湘琴	二	B	桃園市
9615011	電機系	洪建良	二	A	新竹縣
9615101	電機系	李水波	二	C	台北市
9514021	電子系	鄭永昇	四	A	台北市
9514099	電子系	吳三義	四	B	高雄市
9414088	電子系	陳大雄	三	B	台南市
9414095	電子系	林宜靜	三	B	屏東縣

8.8 關聯式資料庫

關聯式資料庫系統是由一群相關的表格 (Table) 所組成，表格中的 tuple 在系統中沒有順序性。關聯式資料庫系統使用實體關係圖 (Entity-Relationship Diagram，ERD) 作為設計關聯式資料庫及描述實體關係圖 (Entity-Relationship Model，E-R Model) 時的工具。如以下範例：

表 關聯式資料庫系統實例

Student（表名）　　　　Attribute（屬性）

學號	科系	姓名	年級	班別	住址
9613001	資工系	江直樹	二	A	台北市
9613071	資工系	李湘琴	二	B	桃園市
9615011	電機系	洪建良	二	A	新竹縣
9615101	電機系	李水波	二	C	台北市 ← 值 (value)
9514021	電子系	鄭永昇	四	A	台北市
9514099	電子系	吳三義	四	B	高雄市
9414088	電子系	陳大雄	三	B	台南市 ← tuple
9414095	電子系	林宜靜	三	B	屏東縣

本章重點回顧

- 資訊是指將資料經過資料處理的動作後，所得到對使用者有意義的結果。

- 資料由低階到高階的順序為位元、位元組、欄位、記錄、檔案及資料庫。

- 常用的檔案組織有循序檔、直接存取檔及索引檔三種。

- 循序存取是指按照儲存的順序執行存取動作，循序存取的特性是速度慢、效率差。

- 直接存取是指透過雜湊函數直接計算記錄在儲存裝置中的位址，並直接對儲存在該位址的記錄資料進行存取；直接存取的特點是速度快，效率佳。

- 檔案組織決定因素有以下四點：檔案中記錄的大小、成長性、活動性與揮發性。

- 主檔會儲存全部的資料，因此資料最完整且不宜經常修改。異動檔的用途則是用來記載某段時間內主檔修正的內容資料。

- 資料庫系統六項特牲：共享性、不重複性、完整性、資料獨立性、安全性與一致性。

- ANSI/SPARC 所定義完整資料庫系統架構共分為三個階層，分別是內部階層、概念層與外部層。

- 資料庫的邏輯結構有階層結構、網路結構及關聯結構三種。

本 章 習 題

選｜擇｜題

( ) 1. 在資料處理作業中，資料階層由低而高的幾個階層中，下列敘述何者正確？

  (A) 欄位－位元－位元組－檔案－記錄－資料庫
  (B) 位元－位元組－記錄－欄位－檔案－資料庫
  (C) 位元－位元組－欄位－記錄－檔案－資料庫
  (D) 欄位－檔案－位元－位元組－記錄－資料庫。

( ) 2. 雜湊檔 (Hashing File) 是屬於下列哪一種檔案組織方式所使用的技術？

  (A) 循序式   (B) 表格索引式   (C) 直接存取式   (D) 樹狀結構索引式。

( ) 3. 下列哪一種檔案組織方式，在進行資料的新增或刪除時容易造成其他記錄的搬動而使得維護成本提高？

  (A) 循序式   (B) 表格索引式   (C) 直接存取式   (D) 樹狀結構索引式。

( ) 4. 下列哪一種檔案之儲存裝置只能循序資料讀取（Sequential Access），無法直接存取（Direct Access）？

  (A) 硬碟機   (B) 磁帶機   (C) 光碟機   (D) 軟式磁碟機。

( ) 5. 下列何者不是檔案系統的一種？

  (A)FTP(File Transfer Protocol)
  (B)NTFS(WindowsNT File System)
  (C)HPFS(High-Performance File System)
  (D)FAT(File Allocation Table)。

( ) 6. 檔案管理員（File Manager）的主要功能是？

  (A) 告知作業系統如何與其他裝置通訊   (B) 決定工作處理的次序
  (C) 評估並報告系統資源或裝置的現況   (D) 檔案的貯存與管理。

( ) 7. 檔案系統的缺點是？

  (A) 資料關聯密切   (B) 資料獨立性程度高
  (C) 資料依賴於程式   (D) 結構簡單。

( ) 8. 以下何者是資料庫的定義？

  (A) 編製格式整齊文件的方法   (B) 讓電腦執行複雜數學計算的方法
  (C) 可供資料檢索的檔案集合   (D) 讓資料在電話線上傳輸的方法。

( ) 9. 下列何者是使用資料庫的優點？

  (A) 資料容易重複   (B) 結構較檔案系統簡單
  (C) 資料具有保密性及安全性   (D) 檔案維護困難。

( ) 10. 以下哪個詞句是用來表示相同資料出現在數個檔案中的意思？

(A) 資料不整　　　(B) 資料相依　　　(C) 資料重複　　　(D) 資料安全。

( ) 11. 資料庫無法直接解決以下哪個問題？

(A) 資料重複　　　(B) 資料不一致　　　(C) 資料加密　　　(D) 資料共享。

( ) 12. 在下列何種情況下，宜採用傳統的檔案系統來進行資料的管理應用？

(A) 資料的變異性不大，彼此不具關連性與整合性

(B) 資料內容必須時常異動包括更新、加入或刪除

(C) 有許多部門或人員必須同時存取資料

(D) 資料的一致性與冗複 (Redundancy) 是相當重要的應用考量。

( ) 13. 下列何種情況宜採用資料庫管理系統來進行資料的管理應用？

(A) 資料定義與資料處理程序過於一般化

(B) 資訊系統並不需要提供多人同時存取資料的需求

(C) 對於反應時間的要求特別嚴格的即時系統應用

(D) 資料內容必須時常異動包括更新、加入或刪除。

( ) 14. 下列何種情況不是使用資料庫系統的要件？

(A) 更換資料的內部存取結構時，不想更動應用程式

(B) 某些應用程式需迫切需要即時 (Real-time) 回應

(C) 需要多使用者 (Multiple-user) 同時存取資料

(D) 要避免資料間的不一致 (Inconsistency)。

( ) 15. SQL 會成為標準的資料庫語言是因為？

(A) 簡單

(B) 功能比 JAVA 程式語言強

(C) 模塑能力 (Modeling Power) 強

(D) 提供一般程式語言所沒有的結構如迴圈、while 等。

( ) 16. 資料庫所用的資料語言有下列哪三種？

(A) DPL、DDL、DCL　　　　　(B) DDL、DML、DCL

(C) DCL、DDL、DLL　　　　　(D) DCL、DPL、DML。

( ) 17. 下列哪兩種系統皆不需用到資料庫系統的設計？

(A) 地理資訊系統、文書編輯　　　(B) 全文檢索、簡報製作

(C) 航空訂位、全文檢索　　　　　(D) 文書編輯、簡報製作。

( ) 18. 資料與資訊主要區別應該在於？

(A) 資料是否經過資料處理動作　　　(B) 是否為利用電腦系統產生的結果

(C) 是否為分散獨立的數據　　　　　(D) 對某一特定決策是否有參考的價值。

( ) 19. 以下何種資料庫只能由上而下，依序檢索資料？

(A) 階層式資料庫   (B) 網狀資料庫

(C) 關聯式資料庫   (D) 物件導向資料庫。

( ) 20. 假定我們以實體關聯模式來描述學生學籍資料庫之資料概念，則學生個人資料中之學號、姓名、電話、地址等是屬於此關聯架構中的哪一種概念？

(A) 實體   (B) 屬性   (C) 關係   (D) 弱實體。

應 | 用 | 題

1. 請說明位元 (Bit) 及位元組 (Byte) 之意義，並說明一般個人電腦在儲存一個數字、英文字母及中文字彙各佔多少記憶體，為什麼？

2. 將「檔案系統」與「資料庫系統」相比較，「檔案系統」除了資料重複 (Redundancy) 所造成的問題外，是否還有其他缺點？

3. 就資料庫系統的結構型態而言，任一個資料庫系統可歸納成三大層次，即：內部層次、概念層次及外部層次。試就這三個層次加以描述。

4. 一般重要的行政電腦化系統如戶政、警政和健保系統，均採用資料庫方式而不採行使用傳統檔案處理方式，為什麼？資料庫處理方式提供哪些重要的優點？

5. 解釋名詞：

(1) 實體資料獨立性 (Physical Data Independence)。

(2) 邏輯資料獨立性 (Logical Data Independence)。

6. 請以銀行為例，說明資料庫 (Data Base) 與資料倉儲 (Data Warehouse) 間的差異。

7. 說明資料庫查詢語言 SQL 之六格子句 SELECT、FROM、WHERE、GROUP BY、HAVING 與 ORDER BY 之語法與作用。

8. 何謂資料、資訊及知識？資訊系統用什麼方法來表示此三者？

9. 請比較檔案與資料庫系統差別。

10. 請說明並比較資料庫與資料庫管理系統 (Data Base Management System，DBMS)。

09
CHAPTER

數位邏輯

電腦的硬體是由邏輯電路所組成。數位邏輯 (Digital Logic) 是分析及設計邏輯電路時所必須瞭解的知識。因此若要瞭解邏輯電路的原理及設計方式便必須學習數位邏輯。本章包含以下主題，分別是邏輯運算子及邏輯閘、布林運算的重要定理、通用閘、布林運算式的正規表示法、布林運算式的化簡與基礎組合邏輯。

9.1　邏輯運算子及邏輯閘

　　因為邏輯運算處理的值是邏輯值，邏輯值也可稱為布林值 (即 true 與 false)，所以邏輯運算又稱為布林運算。常用的邏輯運算子有 AND、OR、NOT、NAND、NOR、XOR 與 XNOR 等。其中「NOT」是比較特別的邏輯運算子，它只有一個輸入、一個輸出；而其他的邏輯運算子則是有兩個輸入、一個輸出。為了簡化表達的方式，通常會用「1」來代替布林值「true」，用「0」來代替布林值「false」。以下將一一介紹常用的邏輯運算子。

一、AND 運算子

　　AND 運算子輸入與對應輸出的關係是「當兩個輸入值皆為 true 時，輸出值為 true；否則輸出值為 false」。AND 運算子輸入與對應輸出的關係利用真值表 (truth table) 定義如右：

x	y	F
0	0	0
0	1	0
1	0	0
1	1	1

　　由右上表可知當 AND 運算子的兩個輸入 x 與 y 之值皆為 1 時，對應的輸出值為 1，其他輸入狀況對應的輸出值皆為 0。通常將「x AND y」的敘述簡化寫成「x · y」。AND 閘 (gate) 如右：

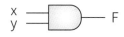

二、OR 運算子

　　OR 運算子輸入與對應輸出的關係是「當兩個輸入值皆為 false 時，輸出值為 false；否則輸出值為 true」。OR 運算子輸入與對應輸出的關係利用真值表定義如右：

x	y	F
0	0	0
0	1	1
1	0	1
1	1	1

　　由右上表可知當 OR 運算子的兩個輸入 x 與 y 之值皆為 0 時，對應的輸出值為 0，其他輸入狀況對應的輸出值皆為 1。通常將「x OR y」的敘述簡化寫成「x+y」。OR 閘如右圖：

📺|**範例 ①**

兩個 8 bits 的暫存器 X 及 Y，內容分別為 $X=5D_{16}$，$Y=AB_{16}$。若將 X、Y 暫存器之內容經過 OR 之邏輯處理後將其結果存入另一暫存器 Z 中，則 Z 的內容應為何？（結果請以 16 進位表示）

解：FF_{16}

本題為「數字系統轉換」及 OR 邏輯運算之綜合問題。解題過程說明如下：

(1) 將 X、Y 暫存器之值由 16 進位表示法轉換為 2 進位表示法。

$\quad X=5D_{16}=01011101_2$

$\quad Y=AB_{16}=10101011_2$

(2) 計算 (01011101_2) OR (10101011_2)，計算方式如下：

	0	1	0	1	1	1	0	1	←——1 OR 1=1
OR)	1	0	1	0	1	0	1	1	
	1	1	1	1	1	1	1	1	

由上述計算過程可得 (01011101_2) OR (10101011_2) 的結果為 11111111_2。

(3) 將結果值由 2 進位表示法轉換為 16 進位表示法，結果為：$11111111_2=FF_{16}$

三、NOT 運算子

    NOT 運算子輸入與對應輸出的關係是「輸出值為輸入值的『1 的補數』」。NOT 運算子輸入與對應輸出的關係利用真值表定義如右：

x	F
0	1
1	0

    由右上表可知當 NOT 運算子的輸入值為 0 時，對應的輸出值為 1；輸入值為 1 時，對應的輸出值為 0。通常將「NOT x」的敘述簡化寫成「$\overline{X}$」或「x'」。NOT 閘如右圖：

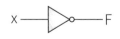

範例 ②

請依以下 8 種 (X、Y、Z) 的可能值，計算運算式 $X \cdot Y + \overline{Y} \cdot Z$ 之結果值為何？

X	Y	Z	$X \cdot Y + \overline{Y} \cdot Z$
0	0	0	
0	0	1	
0	1	0	
0	1	1	
1	0	0	
1	0	1	
1	1	0	
1	1	1	

解

計算過程及結果如下表：

X	Y	Z	$X \cdot Y$	$\overline{Y} \cdot Z$	$X \cdot Y + \overline{Y} \cdot Z$
0	0	0	0	0	0
0	0	1	0	1	1
0	1	0	0	0	0
0	1	1	0	0	0
1	0	0	0	0	0
1	0	1	0	1	1
1	1	0	1	0	1
1	1	1	1	0	1

四、NAND 運算子

NAND 運算子輸入與對應輸出的關係是「當兩個輸入值皆為 true 時，輸出值為 false；否則輸出值為 true」。NAND 運算子輸入與對應輸出的關係利用真值表定義如右：

x	y	F
0	0	1
0	1	1
1	0	1
1	1	0

由右上表可知當 NAND 運算子的兩個輸入 x 與 y 之值皆為 1 時，對應的輸出值為 0，其他輸入狀況對應的輸出值皆為 1。NAND 閘如右圖：

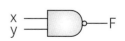

輸入 x，y 與輸出 F 間之對應關係如右列關係式：

$$F = \overline{x \cdot y} = \overline{x} + \overline{y}$$

五、NOR 運算子

NOR 運算子輸入與對應輸出的關係是「當兩個輸入值皆為 false 時，輸出值為 true；否則輸出值為 false」。NOR 運算子輸入與對應輸出的關係利用真值表定義如右：

x	y	F
0	0	1
0	1	0
1	0	0
1	1	0

由右上表可知當 NOR 運算子的兩個輸入 x 與 y 之值皆為 0 時，對應的輸出值為 1，其他輸入狀況對應的輸出值皆為 0。NOR 閘如右：

輸入 x，y 與輸出 F 間之對應關係如右列關係式：

$$F = \overline{x+y} = \overline{x} \cdot \overline{y}$$

六、XOR 運算子

XOR 運算子輸入與對應輸出的關係是「當兩個輸入值不同時，輸出值為 true；否則輸出值為 false」。XOR 運算子輸入與對應輸出的關係利用真值表定義如下：

x	y	F
0	0	0
0	1	1
1	0	1
1	1	0

由右上表可知當 XOR 運算子的兩個輸入 x 與 y 之值為 (1, 0) 或 (0, 1) 時，對應的輸出值為 1，其他輸入狀況對應的輸出值皆為 0。XOR 閘如下圖：

輸入 x，y 與輸出 F 間之對應關係如下列關係式：

$$F = x \oplus y = x \cdot \overline{y} + \overline{x} \cdot y$$

七、XNOR 運算子

XNOR 運算子輸入與對應輸出的關係是「當兩個輸入值相同時，輸出值為 true；否則輸出值為 false」。XNOR 運算子輸入與對應輸出的關係利用真值表定義如右：

x	y	F
0	0	1
0	1	0
1	0	0
1	1	1

由右上表可知當 XNOR 運算子的兩個輸入 x 與 y 之值為 (0, 0) 或 (1, 1) 時，對應的輸出值為 1，其他輸入狀況對應的輸出值皆為 0。XNOR 閘如右圖：

輸入 x，y 與輸出 F 間之對應關係如右列關係式：

$$F = x \odot y = x \cdot y + \overline{x} \cdot \overline{y}$$

9.2 布林運算的重要定理

　　布林運算的相關定理通常會被使用在布林運算式的化簡用途上。本節將依單一律、結合律、分配律、交換律、吸收律及笛摩根定律之順序做詳細介紹。

一、單一律

　　單一律 (Tautology Law) 是指在布林運算式中僅有單獨一個變數的可能值未確定之前提下，布林運算式的結果值與該變數的關係。下表為單一律的八種可能情形。

編號	單一律	說明
1	X+X=X	當 X=0 時，0+0=0；當 X=1 時，1+1=1。所以 X+X=X。
2	X · X=X	當 X=0 時，0 · 0=0；當 X=1 時，1 · 1=1。所以 X · X=X。
3	X+1=1	當 X=0 時，0+1=1；當 X=1 時，1+1=1。所以 X+1=1。
4	X+0=X	當 X=0 時，0+0=0；當 X=1 時，1+0=1。所以 X+0=X。
5	X · 1=X	當 X=0 時，0 · 1=0；當 X=1 時，1 · 1=1。所以 X · 1=X。
6	X · 0=0	當 X=0 時，0 · 0=0；當 X=1 時，1 · 0=0。所以 X · 0=0。
7	$X+\overline{X}=1$	當 X=0 時，0+1=1；當 X=1 時，1+0=1。所以 $X+\overline{X}=1$。
8	$X · \overline{X}=0$	當 X=0 時，0 · 1=0；當 X=1 時，1 · 0=0。所以 $X · \overline{X}=0$。

範例 ①

本題中所有的運算式皆為布林運算式。

(1) 下列敘述何者為真？

(A) $0+1=1$ 　　(B) $0+0=1$ 　　(C) $1+1=2$ 　　(D) $1+1=10$。

(2) 下列敘述何者為真？

(A) $0 · 1=1$ 　　(B) $1 · 1=1$ 　　(C) $0+1=0$ 　　(D) $1+1=0$。

(3) 下列敘述何者有誤？

(A) $X+0=X$ 　　(B) $X+1=X$ 　　(C) $X · 0=0$ 　　(D) $X · 1=X$。

(4) 下列敘述何者有誤？

(A) $X+\overline{X}=1$ 　　(B) $X · \overline{X}=0$ 　　(C) $X+X · Y=Y$ 　　(D) $X+X · Z=X$。

(5) 下列敘述何者為真？

(A) $X \cdot Y = Y \cdot X$　　(B) $X \cdot 1 = X + 1$　　(C) $X + \overline{X} = 0$　　(D) $X \cdot \overline{X} = 1$。

解：(1) A　(2) B　(3) B　(4) C　(5) A

(1) (B) $0 + 0 = 0$　(C) $1 + 1 = 1$　(D) $1 + 1 = 1$。

(2) (A) $0 \cdot 1 = 0$　(C) $0 + 1 = 1$　(D) $1 + 1 = 1$。

(3) (B) $X + 1 = 1$。

(4) (C) $X + X \cdot Y = X \cdot (1 + Y) = X \cdot 1 = X$

(5) (B) $X \cdot 1 = X$，$X + 1 = 1$　(C) $X + \overline{X} = 1$　(D) $X \cdot \overline{X} = 0$。

二、結合律

結合律 (Associative Law) 是指改變計算的順序，針對「＋」及「·」可滿足結合律之特性。以下將以兩個實例來解釋結合律。

1. 「＋」的結合律

$X + (Y + Z) = (X + Y) + Z$

證明：

X	Y	Z	Y + Z	X + (Y + Z)	X + Y	(X + Y) + Z
0	0	0	0	0	0	0
0	0	1	1	1	0	1
0	1	0	1	1	1	1
0	1	1	1	1	1	1
1	0	0	0	1	1	1
1	0	1	1	1	1	1
1	1	0	1	1	1	1
1	1	1	1	1	1	1

由上表知，在 (X, Y, Z) 八種可能的不同輸入值所對應的輸出值 $X + (Y + Z)$ 之值恆等於 $(X + Y) + Z$ 之值，故「$X + (Y + Z) = (X + Y) + Z$」運算式成立。提醒讀者注意「結合律」並未限制運算元的個數，因此可將運算元調整為大於 3 個，如「$(A + B) + (C + D) + E = A + (B + C) + (D + E)$」亦會滿足「結合律」。

2.「·」的結合律

$X \cdot (Y \cdot Z) = (X \cdot Y) \cdot Z$

證明：

X	Y	Z	Y·Z	X·(Y·Z)	X·Y	(X·Y)·Z
0	0	0	0	0	0	0
0	0	1	0	0	0	0
0	1	0	0	0	0	0
0	1	1	1	0	0	0
1	0	0	0	0	0	0
1	0	1	0	0	0	0
1	1	0	0	0	1	0
1	1	1	1	1	1	1

由上表知，在 (X, Y, Z) 八種可能的不同輸入值所對應的輸出值 $X \cdot (Y \cdot Z)$ 之值恆等於 $(X \cdot Y) \cdot Z$ 之值，故「$X \cdot (Y \cdot Z) = (X \cdot Y) \cdot Z$」運算式成立。提醒讀者注意「結合律」並未限制運算元的個數，因此可將運算元調整為大於 3 個，如「$(A \cdot B) \cdot (C \cdot D) \cdot E = A \cdot (B \cdot C) \cdot (D \cdot E)$」亦會滿足「結合律」。

三、分配律

分配律 (Distributive Law) 有兩類分別是「加對乘的分配律」及「乘對加的分配律」，分別介紹如下：

1. 加對乘的分配律

$X + (Y \cdot Z) = (X + Y) \cdot (X + Z)$

證明：

X	Y	Z	Y·Z	X+(Y·Z)	X+Y	X+Z	(X+Y)·(X+Z)
0	0	0	0	0	0	0	0
0	0	1	0	0	0	1	0
0	1	0	0	0	1	0	0
0	1	1	1	1	1	1	1
1	0	0	0	1	1	1	1
1	0	1	0	1	1	1	1
1	1	0	0	1	1	1	1
1	1	1	1	1	1	1	1

由上表知，在 (X, Y, Z) 八種可能的不同輸入值所對應的輸出值 X + (Y · Z) 之值恆等於 (X + Y) · (X + Z) 之值，故「X + (Y · Z) = (X + Y) · (X + Z)」運算式成立。

2. 乘對加的分配律

X · (Y + Z) = (X · Y) + (X · Z)

證明：

X	Y	Z	Y + Z	X · (Y + Z)	X · Y	X · Z	(X · Y) + (X · Z)
0	0	0	0	0	0	0	0
0	0	1	1	0	0	0	0
0	1	0	1	0	0	0	0
0	1	1	1	0	0	0	0
1	0	0	0	0	0	0	0
1	0	1	1	1	0	1	1
1	1	0	1	1	1	0	1
1	1	1	1	1	1	1	1

由上表知，在 (X, Y, Z) 八種可能的不同輸入值所對應的輸出值 X · (Y + Z) 之值恆等於 (X · Y) + (X · Z) 之值，故「X · (Y + Z) = (X · Y) + (X · Z)」運算式成立。

四、交換律

交換律 (Commutative Law) 是指改變運算元的順序但運算的結果值不會改變。「+」及「·」兩個運算子都滿足交換律，分別介紹如下：

1. X + Y = Y + X

證明：

X	Y	X + Y	Y + X
0	0	0	0
0	1	1	1
1	0	1	1
1	1	1	1

由上表知，在 (X, Y) 四種可能的不同輸入值所對應的輸出值 X + Y 之值恆等於 Y + X 之值，故「X + Y = Y + X」運算式成立。

2. X · Y = Y · X

證明：

X	Y	X · Y	Y · X
0	0	0	0
0	1	0	0
1	0	0	0
1	1	1	1

由上表知，在 (X, Y) 四種可能的不同輸入值所對應的輸出值 X · Y 之值恆等於 Y · X 之值，故「X · Y = Y · X」運算式成立。

五、吸收律

吸收律 (Absorption Law) 有兩個定理，介紹如下：

1. $X + X \cdot Y = X$

證明：

$X + X \cdot Y$

$= X \cdot (1 + Y)$（根據「乘法對加法的分配律」）

$= X \cdot 1$

$= X$

由以上之推導知「$X + X \cdot Y = X$」成立。

2. $X \cdot (X + Y) = X$

證明：

$X \cdot (X + Y)$

$= X \cdot X + X \cdot Y$（根據「乘法對加法的分配律」）

$= X + X \cdot Y$（利用「單一律」推導）

$= X$（利用前題的結果）

由以上之推導知「$X \cdot (X + Y) = X$」成立。

六、笛摩根定律

笛摩根定律 (DeMorgan's Law) 常用在布林運算式的化簡上，主要分為兩類，分別介紹如下：

1. $\overline{X + Y} = \overline{X} \cdot \overline{Y}$

證明：

X	Y	X + Y	$\overline{X + Y}$	$\overline{X}$	$\overline{Y}$	$\overline{X} \cdot \overline{Y}$
0	0	0	1	1	1	1
0	1	1	0	1	0	0
1	0	1	0	0	1	0
1	1	1	0	0	0	0

由上表知，在 (X, Y) 四種可能的不同輸入值所對應的輸出值 $\overline{X + Y}$ 之值恆等於 $\overline{X} \cdot \overline{Y}$ 之值，故「$\overline{X + Y} = \overline{X} \cdot \overline{Y}$」運算式成立。

2. $\overline{X \cdot Y} = \overline{X} + \overline{Y}$

證明：

X	Y	X · Y	$\overline{X \cdot Y}$	$\overline{X}$	$\overline{Y}$	$\overline{X} + \overline{Y}$
0	0	0	1	1	1	1
0	1	0	1	1	0	1
1	0	0	1	0	1	1
1	1	1	0	0	0	0

由上表知，在 (X, Y) 四種可能的不同輸入值所對應的輸出值 $\overline{X \cdot Y}$ 之值恆等於 $\overline{X} + \overline{Y}$ 之值，故「$\overline{X \cdot Y} = \overline{X} + \overline{Y}$」運算式成立。

笛摩根定律可擴充至任意個運算元，假設運算元的個數為 n 個，則擴充後的笛摩根定律如下：

(1) $\overline{X_1 + X_2 + ... + X_{n-1} + X_n} = \overline{X_1} \cdot \overline{X_2} \cdot ... \cdot \overline{X_{n-1}} \cdot \overline{X_n}$

(2) $\overline{X_1 \cdot X_2 \cdot ... \cdot X_{n-1} \cdot X_n} = \overline{X_1} + \overline{X_2} + ... + \overline{X_{n-1}} + \overline{X_n}$

9.3 通用閘

通用閘 (Universal Gate) 是指可被利用來表示所有邏輯電路的邏輯閘，通用閘有兩種分別是 NAND gate 與 NOR gate。一般來說，所有的邏輯電路均可利用 AND gate，OR gate 與 NOT gate 三種邏輯閘組成。因此必須能利用通用閘取代 AND gate，OR gate 與 NOT gate 三種邏輯閘的功能，如此一來才可說明所有的邏輯電路均可利用通用閘來表示。以下將分別介紹 NAND gate 與 NOR gate 為通用閘的理由。

首先說明 NAND gate 為通用閘的理由：

1. 利用 NAND gate 取代 NOT gate 的功能

將同一輸入值同時當做 NAND gate 的兩個輸入，如下圖：

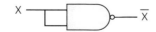

$\overline{X \cdot X}$（根據「單一律」）

$= \overline{X}$

利用以上的作法，最少使用 1 個 NAND gate 便可取代 NOT gate 的功能。

2. 利用 NAND gate 取代 AND gate 的功能

已知「NOT AND＝NAND」，利用此基本觀念並利用以下推導方式可利用 NAND gate 取代 AND gate。

利用以上的作法，最少使用 2 個 NAND gate 便可取代 AND gate 的功能。

3. 利用 NAND gate 取代 OR gate 的功能

此處必須利用笛摩根定律 $\overline{x \cdot y} = \overline{x} + \overline{y}$ 才能完成利用 NAND gate 取代 OR gate 的功能。對應的電路圖如下：

利用以上觀念並利用以下推導方式可利用 NAND gate 取代 OR gate。

利用以上的作法，最少使用 3 個 NAND gate 便可取代 OR gate 的功能。

根據以上的轉換可知 NAND gate 可取代 AND gate，OR gate 與 NOT gate 三種邏輯閘的功能，因此 NAND gate 為通用閘。

接下來說明 NOR gate 為通用閘的理由：

1. 利用 NOR gate 取代 NOT gate 的功能

將同一輸入值同時當做 NOR gate 的兩個輸入，如下圖：

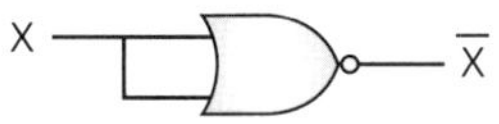

$\overline{x+x}$（根據「單一律」）

$= \overline{x}$

利用以上的作法，最少使用 1 個 NOR gate 便可取代 NOT gate 的功能。

2. 利用 NOR gate 取代 OR gate 的功能

已知「NOT OR＝NOR」，利用此基本觀念並利用以下推導方式可利用 NOR gate 取代 OR gate。

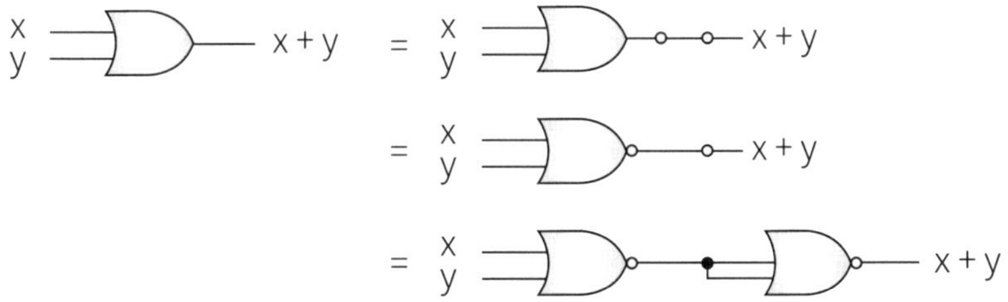

利用以上的作法，最少使用 2 個 NOR gate 便可取代 OR gate 的功能。

3. 利用 NOR gate 取代 AND gate 的功能

此處必須利用笛摩根定律 $\overline{x+y} = \overline{x} \cdot \overline{y}$ 才能完成利用 NOR gate 取代 AND gate 的功能。對應的電路圖如下：

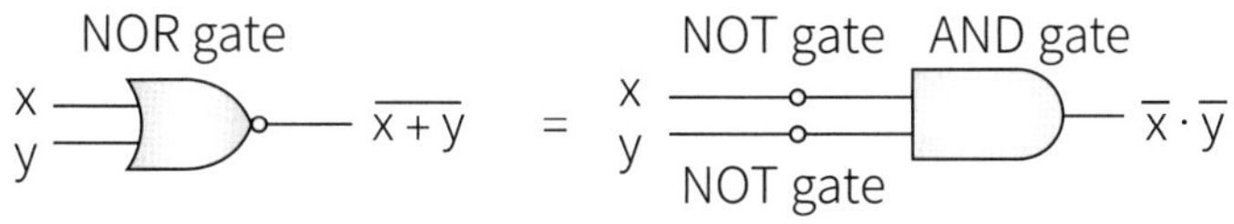

利用以上觀念並利用以下推導方式可利用 NOR gate 取代 AND gate。

利用以上的作法，最少使用 3 個 NOR gate 便可取代 AND gate 的功能。

　　根據以上的轉換可知 NOR gate 可取代 AND gate，OR gate 與 NOT gate 三種邏輯閘的功能，因此 NOR gate 為通用閘。

💻｜**範例 ❶**

下列敘述何者有誤？

(A)　利用 NOT 和 OR 邏輯閘可組成任意邏輯電路

(B)　利用 NOT 和 AND 邏輯閘可組成任意邏輯電路

(C)　利用 AND 和 OR 邏輯閘可組成任意邏輯電路

(D)　利用 NOR 邏輯閘可組成任意邏輯電路。

解：C

(1)　AND、OR 與 NOT 為基本邏輯閘，利用基本邏輯閘便可組成任意邏輯電路。

(2)　NAND 及 NOR 為「通用閘」。可利用「通用閘」取代 AND、OR 與 NOT 邏輯閘的功能。

(3)　由 (1) 及 (2) 知，利用「通用閘」可組成任意邏輯電路。

(4)　選項中只有 (C) 的敘述無法構成與「通用閘」相同的功能，因此選 C。

9.4 布林運算式的正規表示法

布林運算式的正規表示法是在執行布林運算式化簡動作時，會使用到的基本知識及工具。而布林運算式的正規表示法可為「最小項的和」(Sum of Minterms) 與「最大項的積」(Product of Maxterms) 兩種，分別介紹如下：

首先介紹「最小項的和」：

1. 「最小項」(Minterm)

包含所有變數且「最小項」變數間的運算子皆為「AND」，也就是「·」。例如在三個變數情況下 (假設變數為 X、Y 及 Z)，「最小項」的可能性有八種，詳列如下表：

X	Y	Z	最小項	替代符號
0	0	0	$\overline{X} \cdot \overline{Y} \cdot \overline{Z}$	m_0
0	0	1	$\overline{X} \cdot \overline{Y} \cdot Z$	m_1
0	1	0	$\overline{X} \cdot Y \cdot \overline{Z}$	m_2
0	1	1	$\overline{X} \cdot Y \cdot Z$	m_3
1	0	0	$X \cdot \overline{Y} \cdot \overline{Z}$	m_4
1	0	1	$X \cdot \overline{Y} \cdot Z$	m_5
1	1	0	$X \cdot Y \cdot \overline{Z}$	m_6
1	1	1	$X \cdot Y \cdot Z$	m_7

由上表可知「最小項」的「替代符號」之下標恰與 (X, Y, Z) 二進位值轉換後的十進位值相等，若以 $X \cdot Y \cdot \overline{Z}$ 為例，此時 (X, Y, Z) = (1, 1, 0) 時，(1, 1, 0) 的二進位值為 110_2，將 110_2 轉換成 10 進位值結果為 6_{10}，所以 $X \cdot Y \cdot \overline{Z}$ 會以 m_6 做為「替代符號」，其他情況可依此類推。由以上之說明可知「最小項」會包含所有變數的乘積項。

2. 「最小項的和」(Sum of Minterms)

將最小項以「OR」運算子結合，也就是用「+」運算子結合，便是「最小項的和」。

💻 | **範例 ❶**

$m_1 + m_3 + m_5 + m_7$

$= \overline{X} \cdot \overline{Y} \cdot Z + \overline{X} \cdot Y \cdot Z + X \cdot \overline{Y} \cdot Z + X \cdot Y \cdot Z$

接下來介紹「最大項的積」：

1.「最大項」(Maxterm)

包含所有變數且「最大項」變數間的運算子皆為「OR」，也就是「+」。例如在三個變數情況下(假設變數為 X、Y 及 Z)，「最大項」的可能性有八種，詳列如下表：

X	Y	Z	最大項	替代符號
0	0	0	$X+Y+Z$	M_0
0	0	1	$X+Y+\overline{Z}$	M_1
0	1	0	$X+\overline{Y}+Z$	M_2
0	1	1	$X+\overline{Y}+\overline{Z}$	M_3
1	0	0	$\overline{X}+Y+Z$	M_4
1	0	1	$\overline{X}+Y+\overline{Z}$	M_5
1	1	0	$\overline{X}+\overline{Y}+Z$	M_6
1	1	1	$\overline{X}+\overline{Y}+\overline{Z}$	M_7

「最大項」M_i 與「最小項」m_i 間有「互為補數」的關係，即 $M_i=\overline{m_i}$，例如 $m_6=X \cdot Y \cdot \overline{Z}$，所以，

$$M_6=\overline{m_6}=\overline{X \cdot Y \cdot \overline{Z}}=\overline{X}+\overline{Y}+Z$$

其餘各項可依此類推。由以上之說明可知「最大項」會包含所有變數的和項。

2.「最大項的積」(Product of Maxterms)

將最大項以「AND」運算子結合，也就是用「·」運算子結合，便是「最大項的積」。

🖥 | 範例 ❷

$M_1 \cdot M_3 \cdot M_5 \cdot M_7$

$=(X+Y+\overline{Z}) \cdot (X+\overline{Y}+\overline{Z}) \cdot (\overline{X}+Y+\overline{Z}) \cdot (\overline{X}+\overline{Y}+\overline{Z})$

9.5 布林運算式的化簡

對布林運算式執行化簡的目的為希望能減少硬體成本的支出。透過執行布林運算式化簡，通常可減少數位電路所需要的邏輯閘數量，如此一來便可降低硬體成本的支出。布林運算式的化簡法一般有兩種，分別為「定理化簡法」與「卡諾圖 (Kamaugh Map) 化簡法」，分別介紹如下：

1. 定理化簡法

本法是直接利用基本的定理如單一律、交換律或結合律等定理來進行布林運算式的化簡。

💻│**範例❶**

請利用定理來化簡以下布林運算式：

$\overline{X}\ \overline{Y}\ \overline{Z} + \overline{X}\ \overline{Y}\ Z + X\ \overline{Y}\ Z + \overline{X}\ Y\ \overline{Z}$

解：$\overline{X}\ \overline{Y}\ \overline{Z} + \overline{X}\ \overline{Y}\ Z + X\ \overline{Y}\ Z + \overline{X}\ Y\ \overline{Z}$

　　$= \overline{X}\ \overline{Y}\ \overline{Z} + \overline{X}\ Y\ \overline{Z} + \overline{X}\ \overline{Y}\ Z + X\ \overline{Y}\ Z$（利用交換律）

　　$= \overline{X}\ \overline{Z}\ (\overline{Y} + Y) + \overline{Y}\ Z\ (\overline{X} + X)$（利用乘法對加法的分配律）

　　$= \overline{X}\ \overline{Z} + \overline{Y}\ Z$

💻│**範例❷**

有一布林運算式 $X(\overline{X} + Y)$，請將此運算式化簡，並求出最簡式。

解：XY

$X(\overline{X} + Y)$

$= X\overline{X} + XY$（利用乘法對加法的分配律）

$= 0 + XY$

$= XY$

📺│ **範例 ③**

請利用定理來化簡以下布林運算式。

$XZ + \overline{X}Y + YZ$

解：$XZ + \overline{X}Y + YZ$

$= XZ + \overline{X}Y + YZ(X + \overline{X})$（額外加入一個原本不存在的項『$X + \overline{X}$』）

$= XZ + \overline{X}Y + YZX + YZ\overline{X}$（利用乘法對加法的分配律）

$= XZ + \overline{X}Y + XYZ + \overline{X}YZ$（利用交換律）

$= XZ + XYZ + \overline{X}Y + \overline{X}YZ$（利用交換律）

$= (XZ + XYZ) + (\overline{X}Y + \overline{X}YZ)$（利用結合律）

$= (XZ + XZY) + (\overline{X}Y + \overline{X}YZ)$（利用交換律）

$= XZ(1 + Y) + \overline{X}Y(1 + Z)$（利用乘法對加法的分配律）

$= XZ + \overline{X}Y$（利用單一律）

本範例若利用基本定理乘進行布林運算式的化簡工作，必須加入額外項『$X + \overline{X}$』，對於一般人來說困難度較高，因為當題目不同時，必須加入的額外項不同且加入的位置也會不同。所以最好能有一種方法，可以很簡單的解決在本範例中所遭遇的問題。以下將介紹「卡諾圖化簡法」來解決以上的問題。

2. **卡諾圖化簡法**

卡諾圖化簡法的特性是作法固定與容易理解。卡諾圖化簡法的作法分為以下四個步驟：

(1) 若布林運算式有 n 個變數，則卡諾圖應有 2^n 個方格。

(2) 若布林運算式採「最小項的和」(Sum of Minterms) 表示，則必須在卡諾圖中相對應的方格內填入 1。若採「最大項的積」(Product of Maxterm) 則填入 0。

(3) 卡諾圖中相鄰的方格僅有一個位元不同。合併方式如下：

　ⓐ　相鄰的 2^k 個方格可被合併。

　ⓑ　選擇相鄰方格數最多的方式來簡化。

　ⓒ　每個被使用的方格皆至少被選用一次，但不限制被選用的次數。

(4) 卡諾圖型式：

ⓐ 兩個變數：

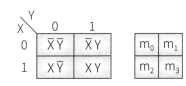

X\Y	0	1
0	$\bar{X}\bar{Y}$	$\bar{X}Y$
1	$X\bar{Y}$	XY

m_0	m_1
m_2	m_3

兩個相鄰方格合併，共有四種情況列舉如下：

X\Y	0	1
0	1	1
1		

X\Y	0	1
0		
1	1	1

X\Y	0	1
0	1	
1	1	

X\Y	0	1
0		1
1		1

四個相鄰方格合併，只有一種情況如下：

X\Y	0	1
0	1	1
1	1	1

ⓑ 三個變數：

X\YZ	00	01	11	10
0	$\bar{X}\bar{Y}\bar{Z}$	$\bar{X}\bar{Y}Z$	$\bar{X}YZ$	$\bar{X}Y\bar{Z}$
1	$X\bar{Y}\bar{Z}$	$X\bar{Y}Z$	XYZ	$XY\bar{Z}$

m_0	m_1	m_3	m_2
m_4	m_5	m_7	m_6

由於卡諾圖規定相鄰的方格僅能有一個位元不同，所以第三欄必須調整為「11」，而第四欄則調整為「10」。

兩個相鄰方格合併，共有十二種情況列舉如下：

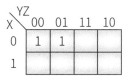

X\YZ	00	01	11	10
0	1			
1	1			

X\YZ	00	01	11	10
0		1		
1		1		

X\YZ	00	01	11	10
0			1	
1			1	

X\YZ	00	01	11	10
0				1
1				1

X\YZ	00	01	11	10
0	1	1		
1				

X\YZ	00	01	11	10
0		1	1	
1				

X\YZ	00	01	11	10
0			1	1
1				

X\YZ	00	01	11	10
0	1			1
1				

X\YZ	00	01	11	10
0				
1	1	1		

X\YZ	00	01	11	10
0				
1		1	1	

X\YZ	00	01	11	10
0				
1			1	1

X\YZ	00	01	11	10
0				
1	1			1

四個相鄰方格合併，共有六種情況列舉如下：

X＼YZ	00	01	11	10
0	1	1		
1	1	1		

X＼YZ	00	01	11	10
0		1	1	
1		1	1	

X＼YZ	00	01	11	10
0			1	1
1			1	1

X＼YZ	00	01	11	10
0	1			1
1	1			1

X＼YZ	00	01	11	10
0	1	1	1	1
1				

X＼YZ	00	01	11	10
0				
1	1	1	1	1

八個相鄰方格合併，只有一種情況如下：

X＼YZ	00	01	11	10
0	1	1	1	1
1	1	1	1	1

四個變數 (含) 以上的情況，請讀者自行參考「數位邏輯」相關書籍。

💻│範例 ④

請利用「卡諾圖化簡法」來化簡以下布林運算式：

$\overline{X}\,\overline{Y}\,\overline{Z}+\overline{X}\,\overline{Y}\,Z+X\,\overline{Y}\,Z+\overline{X}\,Y\,\overline{Z}$

解

(1) 布林運算式有 3 個變數，因此卡諾圖有 2^3＝8 個方格。

(2) 採「最小項的和」(Sum of Minterms) 表示，因此在卡諾圖中相對應的方格內填入 1。結果如下圖：

X＼YZ	00	01	11	10
0	1	1		1
1		1		

(3) 將卡諾圖中相鄰的方格合併，本題中共有 2 組 2 個相鄰的方格可合併，結果如下圖：

X＼YZ	00	01	11	10
0	1	1		1
1		1		

由上圖可知，

ⓐ $\overline{X}\,\overline{Y}\,\overline{Z}$（即 000）與 $\overline{X}\,Y\,\overline{Z}$（即 010）合併：結果為 $\overline{X}\,\overline{Z}$

ⓑ $\overline{X}\,\overline{Y}\,Z$（即 001）與 $X\,\overline{Y}\,Z$（即 101）合併：結果為 $\overline{Y}\,Z$

所以本題答案為 $\overline{X}\,\overline{Z}+\overline{Y}\,Z$。

💻 | 範例 ❺

請利用「卡諾圖化簡法」來化簡以下布林運算式：

$XZ+\overline{X}Y+YZ$

解

(1) 布林運算式有 3 個變數，因此卡諾圖有 $2^3=8$ 個方格。

(2) 採「最小項的和」(Sum of Minterms) 表示，但因為題意中 XZ、$\overline{X}Y$ 及 YZ 皆非「最小項」，所以必須補足所缺的變數，使其成為「最小項」，結果如下：

$XZ \Rightarrow XZ(Y+\overline{Y}) \Rightarrow XYZ+X\overline{Y}Z$

$\overline{X}Y \Rightarrow \overline{X}Y\,(Z+\overline{Z}) \Rightarrow \overline{X}YZ+\overline{X}Y\overline{Z}$

$YZ \Rightarrow YZ\,(X+\overline{X}) \Rightarrow XYZ+\overline{X}YZ$

在卡諾圖中相對應的方格內填入 1。結果如下圖：

X\YZ	00	01	11	10
0			1	1
1		1	1	

(3) 將卡諾圖中相鄰的方格合併，本題中共有 2 組 2 個相鄰的方格可合併，結果如下圖：

X\YZ	00	01	11	10
0			1	1
1		1	1	

由上圖可知，

ⓐ $\overline{X}YZ$（即 011）與 $\overline{X}Y\overline{Z}$（即 010）合併：結果為 $\overline{X}Y$

ⓑ $X\overline{Y}Z$（即 101）與 XYZ（即 111）合併：結果為 XZ

所以本題答案為 $\overline{X}Y+XZ$。

📺│範例 ❻

有一布林運算式 $XZ + \overline{X}\,\overline{Y} + \overline{Y}\,\overline{Z} + XY$，請將此運算式化簡，並求出最簡式。

解：$X + \overline{Y}$

(1) 布林運算式有 3 個變數，因此卡諾圖有 $2^3 = 8$ 個方格。

(2) 採「最小項的和」(Sum of Minterms) 表示，但因為題意中 XZ、$\overline{X}\,\overline{Y}$、$\overline{Y}\,\overline{Z}$ 及 XY 皆非「最小項」，所以必須補足所缺的變數，使其成為「最小項」，結果如下：

$XZ \Rightarrow XZ(Y + \overline{Y}) \Rightarrow XYZ + X\overline{Y}Z$

$\overline{X}\,\overline{Y} \Rightarrow \overline{X}\,\overline{Y}(Z + \overline{Z}) \Rightarrow \overline{X}\,\overline{Y}Z + \overline{X}\,\overline{Y}\,\overline{Z}$

$\overline{Y}\,\overline{Z} \Rightarrow \overline{Y}\,\overline{Z}(X + \overline{X}) \Rightarrow X\overline{Y}\,\overline{Z} + \overline{X}\,\overline{Y}\,\overline{Z}$

$XY \Rightarrow XY(Z + \overline{Z}) \Rightarrow XYZ + XY\overline{Z}$

在卡諾圖中相對應的方格內填入 1。結果如下圖：

X \ YZ	00	01	11	10
0	1	1		
1	1	1	1	1

(3) 將卡諾圖中相鄰的方格合併，本題中共有 2 組 4 個相鄰的方格可合併，結果如下圖：

X \ YZ	00	01	11	10
0	1	1		
1	1	1	1	1

由上圖可知，

ⓐ $\overline{X}\,\overline{Y}\,\overline{Z}$ (即 000)、$\overline{X}\,\overline{Y}Z$ (即 001)、$X\overline{Y}\,\overline{Z}$ (即 100) 與 $X\overline{Y}Z$ (即 101) 合併：結果為 $\overline{Y}$

ⓑ $X\overline{Y}\,\overline{Z}$ (即 100)、$X\overline{Y}Z$ (即 101)、XYZ (即 111) 與 $XY\overline{Z}$ (即 110) 合併：結果為 X

所以本題答案為 $X + \overline{Y}$。

📺 範例 ❼

有一布林運算式 $Y + X\overline{Y}$，請將此運算式化簡，並求出最簡式。

解

(1) 布林運算式有 2 個變數，因此卡諾圖有 $2^2 = 4$ 個方格。

(2) 採「最小項的和」(Sum of Minterms) 表示，但因為題意中 Y 非「最小項」，所以必須補足所缺的變數，使其成為「最小項」，結果如下：

$$Y \Rightarrow Y(X + \overline{X}) \Rightarrow XY + \overline{X}Y$$

在卡諾圖中相對應的方格內填入 1。
結果如下圖：

(3) 將卡諾圖中相鄰的方格合併，本題中共有 2 組 2 個相鄰的方格可合併，結果如下圖：

由上圖可知，

ⓐ $X\overline{Y}$ (即 10) 與 XY (即 11) 合併：結果為 X

ⓑ $\overline{X}Y$ (即 01) 與 XY (即 11) 合併：結果為 Y

所以本題答案為 X + Y。

擴充

兩個變數卡諾圖，若填入 3 個 1，全部的可能性有 4 種，第一種請見前題，另外三種列舉如下：

左圖化簡後之結果為 $X + \overline{Y}$

左圖化簡後之結果為 $\overline{X} + Y$

左圖化簡後之結果為 $\overline{X} + \overline{Y}$

💻 | **範例 ⑧**

下列真值表中 A、B、C 代表輸入，D
代表輸出，請求出此真值表對應的邏輯
運算式。

A	B	C	D
0	0	0	1
0	0	1	0
0	1	0	1
0	1	1	1
1	0	0	1
1	0	1	0
1	1	0	0
1	1	1	0

解 ：$\overline{B}\,\overline{C}+\overline{A}\,B$

利用卡諾圖化簡 ，題意真值表對應的卡
諾圖如下：

A＼BC	00	01	11	10
0	1		1	1
1	1			

上述卡諾圖執行合併動作後結果為：

$$\overline{B}\,\overline{C}+\overline{A}\,B$$

💻 | **範例 ⑨**

簡化下列布林計算式：

$\overline{A}\cdot C+\overline{A}\cdot B+A\cdot\overline{B}\cdot C+B\cdot C$

解 ：$C+\overline{A}\cdot B$

處理過程如下：

(1) $\overline{A}\cdot C=\overline{A}\cdot\overline{B}\cdot C+\overline{A}\cdot B\cdot C$ ⇒在卡諾圖中「001」及「011」項目中填1。

(2) $\overline{A}\cdot B=\overline{A}\cdot B\cdot\overline{C}+\overline{A}\cdot B\cdot C$ ⇒在卡諾圖中「010」及「011」項目中填1。

(3) $A\cdot\overline{B}\cdot C$ ⇒在卡諾圖中「101」項目中填1。

(4) $B\cdot C=\overline{A}\cdot B\cdot C+A\cdot B\cdot C$ ⇒在卡諾圖中「011」及「111」項目中填1。

(5) 繪製卡諾圖：

A＼BC	00	01	11	10
0		1	1	1
1		1	1	

(6) 執行合併動作，結果為 $C+\overline{A}\cdot B$。

所以，$\overline{A}\cdot C+\overline{A}\cdot B+A\cdot\overline{B}\cdot C+B\cdot C=C+\overline{A}\cdot B$

9.6 基礎組合邏輯

組合邏輯 (Combinational Logic) 是一種邏輯電路，組合邏輯電路在某一時刻的輸出值僅與該時刻的輸入值有關，與該時刻之前的輸入值沒有任何關連。組合邏輯的電路結構是由邏輯閘所組成，不得包含以下三種設備：

1. 記憶單元。

2. 回授 (Feedback) 線路。

3. 時脈 (Clock)。

本節將介紹半加器與全加器這兩種最常見的組合邏輯電路。

9.6.1 半加器

半加器 (Half Adder) 的功能是執行兩個輸入位元 (x 與 y) 的相加動作，輸出值為輸入值相加後的和 (Sum，S) 及進位 (Carry，C)。由於半加器只有兩個輸入，因此無法處理前一個位元的進位，也就是說半加器處理的並不是完整的加法運算，因此稱之為半加器。半加器之輸出與輸入對應的方塊圖如下：

```
x ──→ ┌─────┐ ──→ S(Sum)
y ──→ │半加器│ ──→ C(Carry)
       └─────┘
```

半加器輸出與輸入對應的真值表如下：

x	y	S	C
0	0	0	0
0	1	1	0
1	0	1	0
1	1	0	1

由真值表知輸出結果值如下：

$$S = x \oplus y$$
$$C = x \cdot y$$

輸出與輸入對應的邏輯電路圖如下：

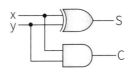

9.6.2 全加器

全加器 (Full Adder) 的功能是執行三個輸入位元 (x、y 與 z) 的相加動作，因此除了兩個相對應的位元直接相加外，另外，必須加上前一位元的進位部分一併執行加法動作。全加器的輸出值為輸入值相加後的和 (Sum，S) 及進位 (Carry，C)。全加器之輸出與輸入對應的方塊圖如下：

全加器輸出與輸入對應的真值表如下：

x	y	z	S	C
0	0	0	0	0
0	0	1	1	0
0	1	0	1	0
0	1	1	0	1,
1	0	0	1	0
1	0	1	0	1
1	1	0	0	1
1	1	1	1	1

由真值表知輸出結果值如下：

$$S = x \oplus y \oplus z$$
$$C = \overline{x}yz + x\overline{y}z + xy\overline{z} + xyz$$
$$= z(\overline{x}y + x\overline{y}) + xy(\overline{z} + z)$$
$$= z(x \oplus y) + xy$$

輸出與輸入對應的邏輯電路圖如下：

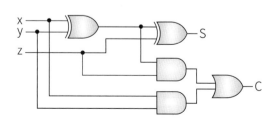

✅ AND 運算子輸入與對應輸出的關係是「當兩個輸入值皆為 true 時，輸出值為 true；否則輸出值為 false」。NAND 運算子輸入與對應輸出的關係是「當兩個輸入值皆為 true 時，輸出值為 false；否則輸出值為 true」。

✅ OR 運算子輸入與對應輸出的關係是「當兩個輸入值皆為 false 時，輸出值為 false；否則輸出值為 true」。NOR 運算子輸入與對應輸出的關係是「當兩個輸入值皆為 false 時，輸出值為 true；否則輸出值為 false」。

✅ NOT 運算子輸入與對應輸出的關係是「輸出值為輸入值的『1 的補數』」。

✅ XOR 運算子輸入與對應輸出的關係是「當兩個輸入值不同時，輸出值為 true；否則輸出值為 false」。

✅ XNOR 運算子輸入與對應輸出的關係是「當兩個輸入值相同時，輸出值為 true；否則輸出值為 false」。

✅ 通用閘是指可被利用來表示所有邏輯電路的邏輯閘，通用閘有兩種，分別是 NAND 與 NOR gate。

✅ NAND gate 取代 NOT、AND 與 OR gate 所使用的最少數量分別是 1、2 與 3 個。

✅ NOR gate 取代 NOT、OR 與 AND gate 所使用的最少數量分別是 1、2 與 3 個。

✅ 布林運算式的化簡法有兩種，分別為定理化簡法與卡諾圖化簡法。其中卡諾圖化簡法請務必精熟處理流程。

✅ 組合邏輯電路的輸出值僅與該時刻的輸入值有關，與該時刻之前的輸入值沒有任何關連。

本章習題

選 | 擇 | 題

( ) 1. 邏輯閘為電腦硬體的基本組成元件。何種邏輯閘是如有其中一個輸入為真或全輸入為真時輸出便為假?

    (A) NOR   (B) OR   (C) NAND   (D) AND。

( ) 2. 若兩個輸入端輸入的值相同,則輸出為 1 的邏輯閘是?

    (A) NAND   (B) NOR   (C) XOR   (D) XNOR。

( ) 3. 一個 NAND 邏輯閘的兩個輸入端分別為 0 和 1,則其輸出為?

    (A) 0   (B) 1   (C) 01   (D) 10。

( ) 4. 若邏輯運算 1011 與 0101 的結果為 0001,則運算子應為何?

    (A) AND   (B) OR   (C) XOR   (D) NAND。

( ) 5. 電腦數字系統中,1 的補數相當於哪一個邏輯閘?

    (A) NAND   (B) NOR   (C) NOT   (D) XOR。

( ) 6. 下列布林代數運算,何者有誤?

    (A) $A+\overline{A}=1$ (B) $A \cdot \overline{A}=0$ (C) $\overline{A \cdot B}=\overline{A}+\overline{B}$ (D) $A+\overline{A}\,\overline{B}=A+B$。

( ) 7. 下列哪一個運算式有誤?

    (A) 0 NAND 0 = 1   (B) 0 NAND 1 = 1

    (C) 1 NAND 0 = 0   (D) 1 NAND 1 = 0。

( ) 8. 將 8 bit 資料 10100101 與 10110110 作 XOR 運算後結果以 16 進制表示應為?

    (A) EC   (B) 24   (C) A4   (D) 13。

( ) 9. X=F5,Y=3E(均以 16 進制表示),若 Z=X and Y,則 Z 值應為何?

    (A) FE   (B) 35   (C) 34   (D) 3E。

( ) 10. 若欲利用邏輯閘製作邏輯運算式 $A\overline{B}\,\overline{C}+AB\overline{C}$,則使用之最少邏輯閘為?

    (A) 3 個 AND 邏輯閘,1 個 OR 邏輯閘,1 個 NOT 邏輯閘

    (B) 3 個 NOT 邏輯閘,4 個 AND 邏輯閘,1 個 OR 邏輯閘

    (C) 1 個 NOT 邏輯閘,1 個 AND 邏輯閘

    (D) 1 個 NOT 邏輯閘,1 個 OR 邏輯閘。

( ) 11. OR 邏輯閘最少需用多少個 NAND 閘來實現?

    (A) 2   (B) 3   (C) 4   (D) 5。

( ) 12. 雙輸入的 AND 閘可用下列哪一項閘電路代替?

    (A) 2 個 NAND 閘   (B) 1 個 NAND 閘   (C) 1 個 NOR 閘   (D) 2 個 NOR 閘。

( ) 13. 下列有關邏輯閘的敘述何者錯誤？

    (A) 只用 NAND 就可以做出所有邏輯電路

    (B) 只用 NOR 就可以做出所有邏輯電路

    (C) 只用 AND 和 NOT 就可以做出所有邏輯電路

    (D) 只用 AND 和 OR 就可以做出所有邏輯電路。

( ) 14. 下列哪一項不是通用閘之組合？

    (A) NAND 閘   (B) NOR 閘

    (C) AND、OR、NOT 閘   (D) AND、OR 閘。

( ) 15. 一個全加器可以用下列何種元件組合而成？

    (A) 兩個半加器及一個 AND 閘   (B) 兩個半加器及一個 OR 閘

    (C) 一個半加器及兩個 OR 閘   (D) 一個半加器及兩個 AND 閘。

( ) 16. 邏輯電路中有關半加器的敘述，下列何者有誤？

    (A) 有兩個輸入及兩個輸出   (B) 能處理三個位元的相加

    (C) 構造比全加器簡單   (D) 輸入並不考慮前個位元的進位。

( ) 17. 下列何者不是真值表使用的目的？

    (A) 顯示布林函數的定義   (B) 邏輯式的表示方式

    (C) 說明邏輯電路的輸出入關係   (D) 定義邏輯電路的實際連接方式。

( ) 18. 下列何者相當於 NOR 的邏輯功能？

    (A)   (B)   (C)   (D)

( ) 19. 下列何者為 XOR 的邏輯運算符號？

    (A)   (B)   (C)   (D)

( ) 20. 下列哪一個答案和另外三個不一致？

    (A)   (B)

    (C)   (D)

本章習題

1. 假設暫存器的長度是 4 個位元,則 11_{10} XOR 1101_2= ?

2. 請回答以下問題:

   (1) 請說明 NOR 及 NAND 邏輯閘的運算。

   (2) 請以圖形證明 NOR 閘及 NAND 閘都可以作為通用閘。

   註:即確認 NOR 閘及 NAND 閘都可以模擬出 AND、OR、NOT 三種邏輯閘。

3. 請用卡諾圖將下列布林函數簡化成最簡形式。

   (1) $F(A, B) = \overline{A}B + \overline{A}\,\overline{B}$

   (2) $F(A, B, C) = \overline{A}\,\overline{B}C + \overline{A}BC + A\overline{B}C + ABC + AB\overline{C}$

4. 試以 NAND 閘來取代 XOR Gate,請以最少數量的 NAND 閘來完成本項工作。

5. 請說明全加器 (full adder) 運作的原理,並畫出邏輯電路圖。

6. 下圖的輸出值 F 為何?

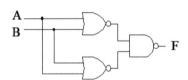

7. 有一邏輯電路圖如下:

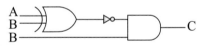

   若 A=10010111_2、B=11010001_2,則 C= ?

8. 下圖之邏輯電路,當 (1) C=0,(2) C=1 時輸出 Y 的值為何?

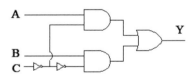

9. 利用卡諾圖求出下列各函數之最簡化式:

   F1=XY+$\overline{X}$Z+YZ

10. 請將 NOT、AND、OR、NAND、NOR、XOR 及 XNOR 共七個邏輯運算子轉換成對等的「if –then-else」結構。

10 計算機組織與結構

CHAPTER

計算機硬體是由記憶單元 (Memory Unit)、控制單元 (Control Unit)、算術 / 邏輯單元 (Arithmetic and Logic Unit，ALU)、輸入單元 (Input Unit) 與輸出單元 (Output Unit) 等五大單元所組成。通常會將記憶單元、控制單元及算術 / 邏輯單元合稱為中央處理單元 (Central Processing Unit，CPU)，但是若是指個人電腦的 CPU 則只包含控制單元及算術 / 邏輯單元並不包含記憶單元。本章將介紹計算機硬體的相關知識及技術，

包含的主題有記憶單元、中央處理單元與輸入及輸出單元。

10.1　記憶單元

10.2　中央處理單元

10.3　輸入及輸出單元

10.1 記憶單元

第一個要介紹的硬體元件為記憶單元，記憶單元可分為主記憶體 (Main Memory) 與輔助記憶體 (Auxiliary Memory) 兩種。

10.1.1 主記憶體

主記憶體的組成元件最早是利用真空管來製作，後來利用磁蕊來取代真空管，目前則是以半導體來製作主記憶體。

關於主記憶體有一項十分重要的觀念：

程式執行前必須先載入到主記憶體中

這句話代表了主記憶體在計算機系統中的地位，如果程式無法載入主記憶體根本就無法執行，因此主記憶體的容量多寡對於計算機系統的效能有十分重大的影響。通常主記憶體會分為以下五個區域：

1. 作業系統區：作業系統載入的區域。
2. 工作暫存區：暫時存放資料的區域。
3. 應用程式區：應用程式載入的區域。
4. 輸入緩衝區：資料輸入後暫時存放的區域。
5. 輸出緩衝區：資料輸出前暫時存放的區域。

主記憶體可區分成隨機存取記憶體 (Random Access Memory，RAM) 及唯讀記憶體 (Read Only Memory，ROM) 兩種。隨機存取記憶體中資料在電源關閉後會消失不見，因此隨機存取記憶體屬於揮發性記憶體 (Volatile Memory)。唯讀記憶體中的資料不會因電源關閉而消失，所以唯讀記憶體可用來儲存開機用的基本程式。唯讀記憶體為非揮發性記憶體 (Non-volatile Memory) 的一種。唯讀記憶體適合讓生命週期中不會被更改的軟體來存放，例如電腦和行動裝置的作業系統、CPU 和 GPU(Graphics Processing Unit) 中的程式等。安裝了不會被更改軟體的唯讀記憶體通常被稱為韌體 (Firmware)。RAM 和 ROM 的分類表詳列如下：

表 主記憶體分類表

名稱		性質
RAM	靜態隨機存取記憶體 (Static RAM，SRAM)	1. 利用正反器 (Filp-Flop) 製作。 2. 通常做為快取記憶體 (Cache) 使用。 3. 因電荷不會隨著時間消失，所以不需充電 (Refresh)。
	動態隨機存取記憶體 (Dynamic RAM，DRAM)	1. 利用電容 (Capacitance) 製作。 2. 電容中的電荷會隨著時間消失，因此必須每隔一段時間充電，才能保持原本的電壓，資料才不會流失。 3. 存取速度較 SRAM 慢。
ROM	光罩式 ROM (MASK ROM)	1. 廠商大量製造的唯讀記憶體。 2. 資料在出廠前已寫入，出廠後內容無法修改。
	可程式化唯讀記憶體 (Programmable ROM，PROM)	1. 出廠時 PROM 中無資料。 2. 出廠後使用者可自行做一次燒錄程式或資料之動作。 3. 程式或資料一旦燒錄，內容便不能更動。 4. 不適合大量製造。

	可抹除型程式化唯讀記憶體
	(Erasable PROM，EPROM)
		1. 出廠時 EPROM 未包含任何資料。
		2. 出廠後使用者可自行做多次燒錄程式或資料之動作。
		3. 依清除資料不同的方式可分為：
		  (1) EEPROM：利用低電壓清除資料。
		  (2) UVEPROM：利用紫外線清除資料。

　　由於 RAM 與 ROM 在電腦內部所佔的比例十分懸殊，ROM 通常不到 1%，而在 RAM 中 DRAM 所佔的比例又遠高過 SRAM，因此通常只要沒有特別說明，主記憶體指的就是 DRAM。

💻│ 範例 ❶

解釋名詞：BIOS(Basic Input Output System，基本輸出入系統)。

解

BIOS 程式段存放在唯讀記憶體 (ROM) 中，BIOS 程式段的主要工作是負責電腦的開機、電源管理及隨插即用等工作並包含描述電腦輸出入作業的基本程式及開機時系統的基本測試程式。

10.1.2 輔助記憶體

　　因為 DRAM 在主記憶體中所佔的比例很高 (通常在 99% 以上)，所以一般來說，提到主記憶體其實就是泛指 DRAM。DRAM 有一項特性：「當電源關閉時，存放在 DRAM 中的資料會全部流失」，且 DRAM 容量有可能不足以存放要儲存的資料；因為有前述的兩項問題，因此需要有某些儲存裝置可滿足以下兩項特性：

1. 當電源關閉時，存放在儲存設備中的資料不會流失。

2. 容易擴充容量。

　　當儲存裝置可以滿足以上兩項特性時，便可以改善主記憶體的缺點，這類型的儲存裝置被稱為輔助記憶體。輔助記憶體用來做為資料備份之用。常見的輔助記憶體有硬碟、光碟、隨身碟、記憶卡與隨身硬碟，以下將一一介紹。

一、硬碟

　　硬碟具有存取速度快、高儲存量及價格低廉等三大特點，因此是最常用的輔助儲存設備。硬碟機是由轉軸串接多個磁盤所構成，磁盤的兩面均可儲存資料，每一個磁盤面 (簡稱磁面) 都會有一個讀寫頭，資料的存取必須藉由讀寫頭才能完成。

圖 10-1　硬碟

二、光碟

　　光碟 (Optical Disc) 是目前使用十分普及的輔助記憶體，可分為 CD(Compact Disc)、DVD(Digital Video Disc) 及 BD(Blue-ray Disc，藍光光碟) 三種。

1. CD

CD 是 1980 年時由 SONY 及 Philips 兩家公司所共同研發之產品，標準容量可儲存 650 M bytes 的資料或 74 分鐘的影音資料。

常見的 CD 光碟可分為以下三類：

名稱	特性
唯讀型光碟 (Read Only Compact Disc， CD-ROM)	儲存的資料是預先壓製，使用者只能對此類光碟執行資料讀取動作，不允許執行資料寫入動作。
單寫多讀式光碟 (CD Recordable，CD-R)	使用者可對此類光碟利用 CD 燒錄器執行資料寫入動作，但同一資料區域的寫入動作只允許執行一次且資料一旦寫入便無法抹除。
可清除型光碟 (CD-ReWriteable，CD-RW)	使用者可對此類光碟利用 CD 燒錄器執行資料寫入動作，同一資料區域的寫入動作允許執行多次，但必須先將之前存放的資料抹除。

圖 10-2 光碟

2. DVD

DVD 光碟技術是由 CD 光碟技術改良而得，傳統的 CD 光碟技術是利用波長為 780 奈米波長的雷射光來讀取資料，可在直徑 12 公分的 CD 光碟上儲存 650 M bytes 的資料。若縮短雷射光波長，便可提高 CD 光碟之儲存容量。早期的 DVD 光碟 (Digital Video Disc) 便是利用此項技術並結合 MPEG-2 技術而製造出來，它的容量是 CD 光碟的 4 倍。在 1995 年制定新的 DVD 光碟規格，將 DVD 光碟更名為數位多用途光碟 (Digital Versatile Disc)。新一代的 DVD 光碟允許雙面存放資料並使用「半透射二層讀取技術」，這項技術可以在光碟片的同一面儲存雙層資料，所以 DVD 光碟的儲存容量比 CD 光碟大非常多。

常見的 DVD 光碟可分為以下三類：

名稱	特性
DVD-ROM	光碟只能執行資料讀取的動作，不允許資料寫入動作。
DVD-R/DVD-RW	光碟可利用 DVD 燒錄器執行資料寫入動作。DVD-R 光碟同一資料區域的寫入動作只允許執行一次，而 DVD-RW 光碟同一資料區域的寫入動作允許執行多次。
DVD+R/DVD+RW	光碟可利用 DVD 燒錄器執行資料寫入動作。DVD+R 光碟同一資料區域的寫入動作只允許執行一次，而 DVD+RW 光碟同一資料區域的寫入動作允許執行多次。

上表中的 DVD-R/DVD-RW 及 DVD+R/DVD+RW 光碟是兩種不相容的規格，早期的燒錄器或 DVD 播放器，只能支援其中一種光碟片的存取動作，但是現在的燒錄器或 DVD 播放器幾乎都可以同時支援這兩類光碟片的存取動作。目前市售的 DVD 光碟若依容量來區分有 4.7G bytes（單面單層）、8.5-8.7Gbytes（單面雙層）、9.4 Gbytes（雙面單層）及 17.08 Gbytes（雙面雙層）。

因為光碟有存取設備普及度高、容量大、易保存及價格低廉等優點，因此光碟是普及程度很高的輔助記憶體。

3. DVD RAM

DVD RAM 也是光碟片的一種，與傳統光碟主要有兩點不同：

ⓐ 傳統光碟 (CD-R、CD-RW、DVD-R、DVD-RW、DVD+R 或 DVD+RW) 在刪除資料時必須將整個光碟片的資料完全清除，但 DVD RAM 允許只刪除部分資料。

ⓑ 傳統光碟資料寫入模式為循序方式，而 DVD RAM 允許以隨機方式寫入資料。

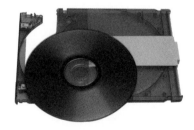

圖 10-3 DVD RAM

若要將資料寫入光碟片內便必須使用燒錄器。由於價格低廉，目前市售的電腦不論是個人電腦幾乎都會內建燒錄器。目前主流規格的燒錄器都可支援各種不同類型之 DVD 及 CD 光碟的存取動作。

圖 10-4 DVD 光碟機

📺 **範例 ①**

市面上常見的 CD 光碟常標示「52×」，DVD 光碟常標示「16×」請問這類型符號代表何種意義？

解

CD 光碟標示「52×」代表 CD 光碟片資料存取的速度，以「1×」代表「1 倍速」是指 CD 光碟片存取資料的速度為每秒 150K bytes，所以「52×」便是代表「52 倍速」，而 CD 光碟片存取資料的速度為每秒 52×150K bytes。

DVD 光碟標示「16×」代表 DVD 光碟片資料存取的速度，以「1×」代表「1 倍速」是指 DVD 光碟片存取資料的速度為每秒 1350K bytes，所以「16×」便是代表「16 倍速」，而 DVD 光碟片存取資料的速度為每秒 16×1350K bytes。

4. **BD**

BD(藍光光碟) 是由 SONY 及松下電器等企業組成的藍光光碟聯盟 (Blu-ray Disc Association) 所提出的技術。傳統的 CD 及 DVD 光碟分別採用 780 及 650 奈米波長的紅光讀寫器來讀寫資料，而藍光光碟則是採用 405 奈米波長的藍光讀寫器來讀寫資料。因為藍光的波長比紅光短，因此在相同大小的光碟面積上可儲存比傳統 CD 及 DVD 光碟更多的資料；一片 BD 最多可以有四個資料層，容量可以分為 25GB(單層)、50GB(雙層)、100GB(三層) 及 128GB(四層)。因為單片 BD 便可儲存大量資料，所以 BD 目前主的用途是用來儲存高品質的影音以及高容量的資料。

圖 10-5 藍光光碟機

三、固態儲存裝置

固態儲存裝置 (Solid State Storage Device) 是使用非揮發性記憶體來存放資料。目前市面上常見的固態儲存裝置有隨身碟、記憶卡、行動硬碟及固態硬碟。以下將分別介紹。

1. 隨身碟

隨身碟是指可以隨身攜帶的一種輔助記憶體，她的記憶元件為快閃記憶體 (Flash Memory)，「快閃記憶體」技術最早是由 Toshiba 所提出，屬於非揮發型記憶體，也就是說即使電源關閉資料也不會流失。快閃記憶體可執行三項動作，分別是寫入、讀出及清除。隨身碟大多利用 USB 介面與電腦連接。

圖 10-6 隨身碟
(圖片來源：Transcend 創見官網)

2. 記憶卡

記憶卡的記憶元件也是快閃記憶體，主要被使用在掌上型遊戲機、行車紀錄器、數位相機及手機上。因記憶卡體積小、容量大、價格便宜，所以普及程度很高，常見的記憶卡種類有 SD、micro SD、Memory stick 及 CF 等類別。

圖 10-7 記憶卡
(圖片來源：Transcend 創見官網)

3. 固態硬碟

傳統硬碟使用堅硬的碟片，透過旋轉碟片及機械式讀寫頭來讀寫資料；固態硬碟 (Solid state drive) 沒有碟片及讀寫頭等元件，而是直接將資料存放在快閃記憶體中，所以存取的速度較傳統硬碟可快上 10 倍以上。但由於固態硬碟的價格比傳統硬碟高上許多，因此主流的使用仍是以傳統硬碟為多。

圖 10-8 固態硬碟

10.2 中央處理單元

本節是由個人電腦的角度來說明中央處理單元的組成及各個元件的任務，另外也會一併介紹與中央處理單元相關的硬體知識，例如字組、時脈頻率、指令週期、管線技術、CPU 效能評估及直接記憶體存取等。

10.2.1 CPU 的組成

電腦的硬體共有以下五大單元：

1. 控制單元。
2. 算術 / 邏輯單元。
3. 儲存單元。
4. 輸入單元。
5. 輸出單元。

中央處埋單元 (Central Processing Unit，CPU) 是電腦系統硬體中最重要的部分，它掌控整個電腦系統的運作。一般來說，CPU 包含了以下三個單元：「控制單元」，「算術 / 邏輯單元」與「儲存單元」。但若是特別指個人電腦中的 CPU 則僅含「算術 / 邏輯單元」與「控制單元」，而各個不同的單元之間是透過匯流排 (bus) 來溝通。

個人電腦中的 CPU 中除了「算術 / 邏輯單元」與「控制單元」外，還會有快取記憶體 (Cache Memory)、暫存器 (Register) 及匯流排 (Bus) 。暫存器是 CPU 內部的儲存單元，主要的作用是暫時存放資料使用，存取的速度非常快，但因硬體成本高，所以數量不多。「算術 / 邏輯單元」及「控制單元」內部都含有暫存器。快取記憶體是介於暫存器及主記憶體兩個單元間的儲存設備，因為暫存器與「主記憶體間存取速度相差太大，若暫存器與主記憶體間直接進入資料的輸出入動作將可能使得 CPU 閒置 (Idle) 時間太長，因

此在暫存器與主記憶體之間加入快取記憶體，藉以在計算機硬體的成本與效能間取得平衡。快取記憶體的存取速度介於暫存器與主記憶體之間。下圖說明了各種不同的儲存媒體間的速度與容量間的關係。

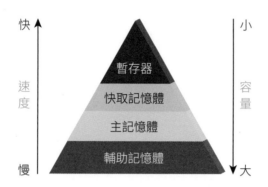

圖 10-9　記憶體層次結構圖

📺 範例 ❶

請將下列儲存設備依「存取速度」由快至慢依序排列。

硬碟、快取記憶體、DRAM、光碟、磁片、磁帶、暫存器。

解

儲存設備依「存取速度」由快至慢依序排列如下：

暫存器、快取記憶體、DRAM、硬碟、光碟、磁片、磁帶

10.2.2 字組與時脈頻率

　　「CPU 一次可處理的資料量」及「CPU 的處理速度」是兩項經常被用來比較「電腦好或壞」的標準。若能瞭解本節將介紹的「字組」與「時脈頻率」這兩個主題，自然也就瞭解「CPU 一次可處理的資料量」及「CPU 的處理速度」之相關觀念。

➡ 字組

　　中央處理單元一次可處理的資料量稱為一個「字組」(word)，因此若中央處理單元為 64 位元則代表使用該款中央處理單元的電腦內一個「字組」等於 64 位元。「64 位元電腦」是指電腦的中央處理單元一次可以處理 64 個位元的資料。

　　常見的「32 位元電腦」或「64 位元電腦」是指計算機內部執行運算時是以 32 位元或 64 位元為單位，換句話來說也就是計算機的資料匯流排寬度。

結論

資料匯流排為 n bits 的計算機，一次可處理 n bits 的資料，可稱此類電腦為「n 位元電腦」。

時脈頻率

CPU 的「時脈頻率」(Clock Speed Rate) 代表 CPU 處理的速度。clock 每振盪一次代表 CPU 可完成一個基本的運算。若 CPU 的「時脈頻率」為 3 GHz 便是代表 clock 每秒振盪 3×10^9 次，也就是說 CPU 在每秒鐘內可完成 30 億個基本運算。

📺 範例 ❷

(1) 3GHz CPU 是指何種意義？

    (A) CPU 每秒可以執行 30 億個機器指令

    (B) CPU 每秒可以執行 30 億行的程式碼

    (C) CPU 的時鐘脈衝每秒 300 億次

    (D) CPU 內的快取記憶體有 300 億個位元組。

(2) mega hertz 或 MHz 所代表的意思為：

    (A) 每一秒有一百萬個機器循環週期

    (B) 每一秒有十億個機器循環週期

    (C) 每一秒有一兆個機器循環週期

    (D) 每一秒有一萬個機器循環週期。

解：(1) A   (2) A

關於 CPU 時脈有二個重要名詞，分別介紹如下：

- 內頻 (Internal Clock)：
  CPU 內部執行運算工作的頻率，也就是一般俗稱的「運算速度」。

- 外頻 (External Clock)：
  CPU 會與主機板上其他週邊設備進行資料傳輸，這些會跟 CPU 進行資料傳輸的週邊設備包括晶片組、記憶體、第二層快閃記憶體（L2 Cache）等。CPU 內部執行運算後的資料會傳送給這些外部週邊設備，而來自外部的訊息也會透過這些外部週邊設備傳到 CPU 的內部；外頻指的是外部週邊設備傳輸資料的速度。毫無疑問，內頻一定比外頻快。

- 倍頻係數 (Clock Multiplier Factor)：
  倍頻係數 = 內頻 / 外頻。

10.2.3 算術及邏輯單元

「算術 / 邏輯運算單元」主要執行的功能包括了加法、減法、乘法、除法等算術運算及 AND、OR、NOT 等邏輯運算。本單元內有一個相當重要的暫存器，稱為「累積器」(Accumulator)，「累積器」主要是執行算術運算或邏輯運算時會被用來作為存放計算結果使用，並且可用來做資料的移位或旋轉之用途。

10.2.4 控制單元

「控制單元」是 CPU 的核心部分，負責控制計算機中所有單元的運作並負責協調的工作，也就是說「控制單元」必須負責資料流及指令流的流向及相關處理工作。「控制單元」主要是由一群暫存器所組成的，常見重要的暫存器列舉如下表：

表 常見重要暫存器列表

編號	暫存器名稱	暫存器功能
1	通用暫存器 (General-Purpose Register；GP)	CPU 在運算過程中暫時存放資料的地方，為一般用途暫存器。
2	記憶體位址暫存器 (Memory Address Register；MAR)	存放欲存取資料或指令的記憶體位址。
3	記憶體緩衝暫存器 (Memory Buffer Register；MBR)	存放記憶體位址暫存器 (MAR) 中存放之位址內的資料或指令。
4	程式計數器 (Program Counter；PC)	存放下一個要執行指令的位址。
5	指令暫存器 (Instruction Register；IR)	存放目前正在執行的指令。
6	狀態暫存器 (Status Register)	存放 CPU 在執行運算時的各種狀態，如進位 (Carry)、溢位 (Overflow)、欠位 (Underflow) 等等。
7	索引暫存器 (Index Register)	採用「索引定址法」時儲存資料使用。可計算索引暫存器內儲存的值加上固定基底位址的結果得到資料位址。
8	堆疊指標 (Stack Pointer；SP)	存放目前在堆疊頂端資料的位址。

💻 | 範例 ③

計算機內部的暫存器通常數量極為有限，它不像 RAM 一樣，數量可以大幅增加，為什麼？

解

因為暫存器的成本太高。另外，若大幅增加暫存器數量，將使得 CPU 設計的複雜度提高並影響 CPU 的實體體積。基於以上理由，所以計算機內部的暫存器數量十分有限。

10.2.5 匯流排

電腦系統中各硬體單元間聯絡的管道主要是藉由資料匯流排 (Data Bus)、位址匯流排 (Address Bus) 及控制匯流排 (Control Bus) 等三種匯流排來完成。匯流排相關資料詳列如下表：

表 匯流排整理表

編號	匯流排名稱	資料流向	功能
1	資料匯流排	雙向	負責 CPU 及週邊裝置間一般資料的傳輸。
2	位址匯流排	單向，僅能由 CPU 發出	負責位址資料的傳輸。
3	控制匯流排	單向，僅能由 CPU 發出	負責控制信號的傳輸。

當 CPU 需要存取記憶單元內的資料時，必須先由位址匯流排送出該筆資料的位址，然後才能對該筆資料的內容進行存取動作。位址匯流排的位元數可決定計算機系統內記憶單元的最大容量。

💻 | 範例 ④

一般電腦主機板內的匯流排 (Bus) 寬度是以什麼為單位？

(A) 英呎 (feet)　(B) 位元 (bit)　(C) 百萬赫芝 (MHZ)　(D) 英吋 (inch)。

解：B

電腦主機板內的匯流排寬度是以位元為單位，如位址匯流排為 24 位元，則可定址的範圍為 2^{24} 個記憶體單元。

💻 | **範例 ⑤**

已知位址線數目求定址範圍。

解

假設某計算機系統的位址匯流排有 30 bits(即 30 條位址線)，則該系統可定址的最大範圍是 2^{30} (1G bytes) 個記憶體單位。

💻 | **範例 ⑥**

已知定址範圍求位址線數目。

解

假設某計算機系統的記憶體有 4 G bytes ($4\,G = 2^{32}$)，此時必須要有 32 條位址線才能對 4 G bytes 做定址動作。

💻 | **範例 ⑦**

計算機的定址範圍是由何種匯流排來控制？請舉實例說明。

解

電腦系統中記憶單元的最大容量是由位址匯流排決定的，例如位址匯流排為 32 bits，所以記憶體最大可定址範圍是 2^{32} bytes (4G bytes)。

10.2.6 指令週期

指令執行完成的期間稱為一個指令週期 (Instruction Cycle)，指令週期依執行順序可分成以下六個階段，每個階段執行的細節，以及各種暫存器的使用情形，詳述如下：

1. 指令提取 (Instruction Fetch)

「指令提取」階段主要的工作為將指令內容由記憶體中取回，詳細步驟如下：

(1) 首先，根據指令指標 (Instruction Counter，IC)，將存放指令的位址設定給記憶體位址暫存器 (Memory Address Register，MAR)。

(2) 其次，根據 MAR 存放的位址資料，由該位址處提取指令。

(3) 將指令放置於記憶體緩衝暫存器 (Memory Buffer Register，MBR)，然後 IC 依指令的長度自動增加數值。

(4) 最後將指令從 MBR 中移送到指令暫存器 (Instruction Register；IR) 中等待執行。

相關動作如下圖所示：

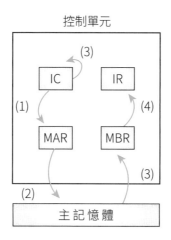

控制單元

圖 **10-10** 指令提取階段

2. 指令解碼 (Instruction Decode)

「指令解碼」階段主要的工作為對指令進行解碼動作 (即翻譯動作)，詳細步驟如下：

(1) 將存放在 IR 中指令之運算碼 (OP Code) 利用解碼器解碼並產生指令碼。控制單元會根據指令碼並藉由控制邏輯電路產生控制信號控制算術邏輯單元的動作。

(2) 存放在 IR 中指令之位址部分傳送到 MAR。但有時 IR 中指令因為要做 Jump 的動作而將位址部分傳送到程式。

3. 計算有效位址 (Effective Address Calculate)

根據 MAR 中位址執行解碼動作。

4. 運算元提取 (Operand Fetch)

利用前一步驟計算出的有效位址，從該位址的記憶體中提取資料並置於 MBR 中。

5. 執行 (Execution)

依加法、減法、乘法及除法之順序各別介紹如下：

(1) 加法 / 減法：

「算術 / 邏輯運算單元」透過控制單元之控制對累積器 (Accumulator，ACC) 與 MBR 的內容執行加 / 減法運算。

(2) 乘法：

「算術 / 邏輯運算單元」透過控制單元之控制對 ACC 與 MBR 的內容執行乘法運算。利用對 MQ(乘商暫存器) 做移位的動作，對「算術 / 邏輯運算單元」做加法的動作而達到乘法之運算。

(3) 除法：

「算術 / 邏輯運算單元」透過控制單元之控制對 ACC 與 MBR 的內容執行除法運算。對 ACC 做移位的動作，對「算術 / 邏輯運算單元」做減法的動作，而除法運算結果的商是置於 MQ 暫存器中。

6. **儲存結果 (Store)**

若前一步驟執行加法、減法或乘法，最後都是將計算結果送回 ACC 儲存；若是執行除法則是將運算結果的餘數置於 ACC，而商則是置於 MQ 中。

💻 範例 ⑧

請說明各種暫存器與指令週期的關係。

解

指令週期的各個階段工作內容所使用的暫存器資料整理如右表：

階段名稱	使用的暫存器
指令提取	1. 記憶體位址暫存器 (MAR) 2. 記憶體緩衝暫存器 (MBR) 3. 指令暫存器 (IR)
指令解碼	1. 指令暫存器 (IR) 2. 記憶體位址暫存器 (MAR)
計算有效位址	記憶體位址暫存器 (MAR)
運算元提取	記憶體緩衝暫存器 (MBR)
執行	1. 累積器 (Accumulator，ACC) 2. 記憶體緩衝暫存器 (MBR) 3. MQ(乘商暫存器)
儲存結果	1. 累積器 (Accumulator，ACC) 2. MQ(乘商暫存器)

10.2.7 管線

管線 (Pipeline) 技術是一種被使用來提昇計算機系統效能的方法，本節將介紹管線的實作方式及管線危障 (pipeline hazards) 等兩個主題。

一、管線實作方式

由前節的介紹知指令執行完成的期間稱為一個指令週期，指令週期依執行前後順序可分成以下六個階段：指令提取 (Instruction Fetch，IF)、指令解碼 (Instruction Decode，ID)、計算有效位址 (Effective Address Calculate，EAC)、運算元的提取 (Operand Fetch，OF)、執行 (Execution；EXE) 及儲存結果 (Store，STO)。

程式正常的執行模式應是依程式碼中指令的順序，並配合程式的邏輯結構依序執行；也就是說，正常的執行模式應該是一條指令將指令週期中的六個階段依序執行完畢後，才開始下一個指令的指令週期之執行動作。指令週期的六個階段雖然有先後次序關係，但是卻是各自獨立，讓我們假設一種情況：

若「指令 i」與「指令 i+1」有先後執行的次序關係，當「指令 i」完成指令提取 (IF) 階段工作進入指令解碼 (ID) 階段時，是否可以讓「指令 i+1」進入指令提取階段來執行呢？

如果允許這樣的執行模式，當「指令 i」進入指令週期的最後一個階段儲存結果 (STO) 時，「指令 i」～「指令 i+5」所對應的階段將如下表所示：

指令編號	指令 i	指令 i+1	指令 i+2	指令 i+3	指令 i+4	指令 i+5
對應階段	STO	EXE	OF	EAC	ID	IF

實際上這種將多個指令的執行動作重疊的技術已經廣泛地使用在今日的計算機架構中，以下將正式定義此項技術：

> **將多個指令的執行動作重疊，以達到加速程式執行之目的方法稱為「管線」(Pipeline)。**

在「管線」技術中一個指令執行完一階段工作所需的時間叫做一個機器週期 (Machine Cycle)。因為「管線」技術的限制是必須同時將在六個階段中執行的指令送往下一階段執行，因此指令週期的六個階段中最耗時的階段所需的時間便是一個機器週期所需時間，通常一個機器週期就是一個 Clock Cycle。

下表為採用「管線」技術執行的範例。本範例中有 5 條連續指令，在第 5 個機器週期時，5 條指令全部都在某一階段中處理，其中第 1 條指令在執行階段、第 2 條指令在運算元提取階段、第 3 條指令在計算有效位址階段、第 4 條指令在指令解碼階段、第 5 條指令則在指令提取階段。

表 「管線」技術執行範例

機器週期 指令編號	1	2	3	4	5	6	7	8	9	10
1	IF	ID	EAC	OF	EXE	STO				
2		IF	ID	EAC	OF	EXE	STO			
3			IF	ID	EAC	OF	EXE	STO		
4				IF	ID	EAC	OF	EXE	STO	
5					IF	ID	EAC	OF	EXE	STO

　　當第 6 個機器週期結束時，第 1 條指令會執行完成。第 6 個機器週期以後，每多 1 個機器週期便有一條指令會執行完成。因此 5 條指令利用「管線」技術執行所需的時間為 6＋4×1＝10 個機器週期時間。如果未利用「管線」技術執行所需的時間則約為 5×6＝30 個機器週期時間。

　　「管線」技術很重要的一項工作就是要「平衡」指令週期中各階段所需的時間，如果各階段所需時間幾近相同的話，則在理想狀況下每條指令執行所需的時間為：

$$\frac{\text{在未提供「管線」技術時之執行時間}}{\text{指令週期中的階段 (Stage) 數}}$$

　　但是由於各階段所需時間不太可能完全相同，而且「管線」技術的導入必定會增加某些額外的負擔，例如階段與階段間資料傳遞的時間，因此指令實際的執行時間會比理想狀況下所需的時間稍多。

　　另外必須提醒讀者注意以下的觀念。若從單獨的一條指令來分析導入「管線」技術前後所需的執行時間之差異的話，整體程式會因導入「管線」技術而降低執行時間，但個別指令執行的總時間則會因導入「管線」技術而增加。即

> 「管線」技術可增加 CPU 單位時間內處理的指令數，
> 但並未真正減少一個單獨的指令真正執行所需要的時間。

二、管線危障 (Pipeline hazards)

　　若系統採用「管線」技術，當系統有「危障」(Hazard) 產生時就必須讓「管線動作暫停」(Stall)，以免造成程式執行錯誤。

「管線動作暫停」是指同時執行的多個指令中,某些指令的執行動作被暫停,而未被暫停的指令則是繼續執行的動作。當一個指令因「管線動作暫停」而被暫停執行工作時,所有在被暫停指令後方的指令都必須停止執行,而所有在被暫停指令前方的指令則可繼續執行。使下一個指令無法在預定的 Clock Cycle 期間內執行的情形稱為「危障」。常見的「危障」情況有以下三種:

1. **結構危障 (Structure Hazard)**

   在系統中同時執行的指令間發生資源請求的數量超出可用資源數量時,這種情形稱為「資源衝突」(Resource Conflict)。要解決此類型的危害必須暫停發生資源衝突指令的執行,直到資源可用時為止。

2. **資料危障 (Data Hazard)**

   程式中程式碼實際執行的順序被 Pipeline 所改變而造成的危障。常見的資料危障實例為「RAW」(Read After Write) 類型。利用以下範例作說明。

🖥 | **範例 ⑨**

指令 1:ADD R1, R2, R3
指令 2:ADD R4, R1, R2

說明:
指令 2 為指令 1 在 Pipeline 機制下的後方指令。「指令 1」執行 R1=R2+R3 工作,對 R1 執行「write」動作,此動作會在「管線」機制下第六個階段「儲存結果」時完成。「指令 2」執行 R4=R1+R2 工作,對 R1 執行「read」動作,此動作會在「管線」機制下第四個階段「運算元提取」時完成。指令 1 與指令 2 的「管線」執行模式如下:

表 **資料危障實例**

指令編號 / 機器週期	1	2	3	4	5	6	7
1	IF	ID	EAC	OF	EXE	STO	
2		IF	ID	EAC	OF	EXE	STO

由上表知,指令 2 對 R1 的 read 動作會在指令 1 對 R1 的 write 動作前發生,如此一來,將使得指令 2 所 read 到的 R1 值為舊值,而非指令 1 執行完畢後寫入 R1 的新值。這種情況將造成「RAW」類型的資料危障。

3. 控制危障 (Control Hazard)：

若指令為分支指令 (Branch Instruction)，例如 goto 指令，則該分支指令的後方的所有指令在 Pipeline 機制下都會被暫停兩個 Clock Cycle 才能進行「指令提取」(IF) 階段之動作。如以下範例：

表 控制危障實例

第一個指令 (分支指令) 完成「有效位址」階段才確定分支 (Branch) 的位址。

指令編號 ＼ 機器週期	1	2	3	4	5	6	7	8	9	10
1	IF	ID	EAC	OF	EXE	STO				
2		Stall	Stall	IF	ID	EAC	OF	EXE	STO	
3			Stall	Stall	IF	ID	EAC	OF	EXE	STO
4				Stall	Stall	IF	ID	EAC	OF	EXE…
5					Stall	Stall	IF	ID	EAC	OF…

假設指令 1 為「分支指令」。

10.2.8 CPU 效能評估

CPU 效能常用的評估方式有「CPU 時間」、「每秒執行的百萬指令數」(Million Instruction Per Second，MIPS) 及「每秒執行的百萬浮點指令數」(Million FLoating-point Operations Per Second，MFLOPS) 等三種方法。請讀者注意這三種方式不一定十分準確，但是都可作為 CPU 效能評估之參考。

一、CPU 時間

程式執行時使用的 CPU 時間決定了 CPU 執行程式的效能。CPU 時間公式如下：

> CPU 時間 =「執行程式所需的 CPU Clock Cycle 數量」×「Clock Cycle 時間」

其中「執行程式所需的 CPU Clock Cycle 數量」= CPI × IC

CPI：Clock Cycle Per Instruction。

IC：Instruction Count，即「指令數目」。

由以上說明知，程式執行時使用的 CPU 時間可重新整理如下：

> **CPU 時間 ＝CPI × IC ×「Clock Cycle 時間」**

由上述公式知若要降低程式執行時使用的 CPU 時間，有以下三種可能方式：

1. 減少 CPI 值
2. 減少 IC 值
3. 降低「Clock Cycle 時間」

實際上 CPI、IC 及「Clock Cycle 時間」彼此之間有非常密切的關係，若某一項的值被改變了，必定會影響至少另外一項的值。例如，

1. 若藉由調整指令集 (Instruction Set) 來降低指令個數 (即減少 IC 值)，會使得「Clock Cycle 時間」變大，如此一來便抵消了減少 IC 值的效果。
2. 降低「Clock Cycle 時間」會使 CPI 值增加。

二、MIPS

MIPS 對應公式如下：

$$MIPS = \frac{指令數目}{CPU\ 時間\ \times 10^6}$$

$$= \frac{IC}{CPU\ 時間\ \times 10^6}$$

$$= \frac{IC}{CPI \times IC \times Clock\ Cyce\ 時間\ \times 10^6}$$

$$= \frac{1}{CPI \times Clock\ Cycle\ 時間\ \times 10^6}$$

$$= \frac{Clock\ Rate}{CPI \times 10^6}$$

由上述公式知 MIPS 恰與「CPU 時間」或反比關係，也就是說 MIPS 愈高則 CPU 時間將愈短。

結論：「MIPS 愈高則執行速度將愈快」。

看起來是一個很棒的結論，但卻不一定是對的。理由如下：

1. 在同一部電腦上，會因為執行的程式不同，使得 MIPS 不同。

2. MIPS 會因使用的指令集不同而不同。

基於以上理由，MIPS 可供作為效能比較的參考，但不宜作為效能比較的標準。

三、MFLOPS

最後介紹第三種 CPU 效能評估的方式：MFLOPS。MFLOPS 對應公式如下：

$$MFLOPS = \frac{程式中浮點指令數目}{CPU\ 時間\ \times 10^6}$$

由於並非所有計算機都提供浮點運算指令，因此不宜以 MFLOPS 作為效能比較的標準。

💻│**範例 ⑩**

假設某部的電腦處理速度 10 MIPS，試問原則上每分鐘可處理多少個指令？

解

MIPS 代表每秒執行的百萬指令個數 (Million Instruction Per Second)。所以 10 MIPS 代表每秒執行 10 個百萬指令，因此一分鐘可執行 $10 \times 10^6 \times 60 = 600$ 個百萬指令。

💻│**範例 ⑪**

假設 A、B 兩部電腦處理速度分別是 5 MIPS 及 6 MIPS，請問 B 電腦之處理速度是否比 A 快？

解：不一定

若 A、B 兩部電腦執行的程式不同則不同，的 MIPS 值便不具比較意義。

除了上述的三種方法外，若從程式的邏輯結構來比較，測量電腦系統效能的方法還有以下二種作法：

1. **靜態測量 (Static Measurement)**

測量電腦系統效能時，是由測式程式的程式碼本身來決定效能與程式執行過程無關。

2. 動態測量 (Dynamic Measurement)

測量電腦系統效能時，是根據測式程式執行過程中實際的狀況來決定效能，例如以執行時某類事件 (Event) 出現的次數來測量。

假設測式程式中有一個 for-loop 迴圈程式段，對靜態測量法而言該迴圈程式段的大小是固定的，但對動態測量法而言，則會依該迴圈程式段執行時實際的執行次數來測量電腦系統的效能。因此，一般來說動態測量法會比靜態測量法精準。

10.2.9 CISC 與 RISC

CISC(Complex Instruction Set Computer) 與 RISC (Reduced Instruction Set Computer) 是目前計算機所常用的兩種指令集結構。不同的指令集結構代表對指令的處理模式不同，因此若 CPU 採用的指令集結構不同，便代表這些採用不同指令集結構的 CPU 具有不同的計算機結構。

CISC 代表計算機的指令集是由許多較複雜且功能較強大的指令所構成，屬於「微程式規劃計算機」(Microprogrammed Computer)，由於每個指令之微指令 (Micro Instruction) 長度不一定相同，因此不易達到最佳化 (Optimization)。Intel 的 80×86 及 Pentium CPU 屬於 CISC 系列。

RISC 則代表計算機的指令集是由少數較簡單指令及定址模式所構成，而且只有 LOAD 和 STORE 指令會存取主記憶體內容，所以本類電腦又被稱為 Load/Store 機器。由於每個指令之執行時間較短 (一般指令具 Single Cycle Execution 的特色)，因此 CPU 可利用較高的時脈速度來運算，採用 Hardwired Control 技術，非 Microprogrammed control 技術。RISC 主要的缺點是需依賴編譯器最佳化及會使用大量的暫存器協助執行工作之進行。Apple 所推出的 Power PC 即屬於 RISC 系列。

CISC 與 RISC 的比較表，詳列如下：

表 CISC 與 RISC 比較表

	CISC	RISC
指令集	較複雜	較簡單
指令長度	不固定	固定
指令解碼速度	較慢	較快
暫存器的使用	較少	較多

	CISC	RISC
指令時脈週期 (clock cycle)	通常多個	通常 1 個
定址模式 (Addressing mode)	種類較多	種類較少
控制單元 (Control unit)	「微程式規劃計算機」 (Microprogrammed Computer)	「硬體接線式計算機」 (Hardwired Computer)
最佳化	較難	容易

10.3 輸入及輸出單元

本節將介紹計算機之輸入單元與輸出單元的運作原理與範例。

10.3.1 輸入及輸出連接埠

「輸入及輸出連接埠」的作用是將輸出入設備連接到個人電腦。目前大多數個人電腦採用的輸入及輸出連接埠規格如下圖所示：

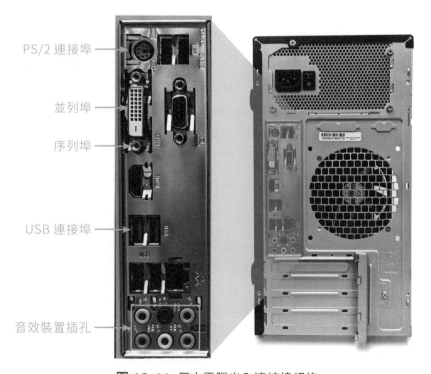

PS/2 連接埠

並列埠

序列埠

USB 連接埠

音效裝置插孔

圖 10-11 個人電腦出入連接埠規格

個人電腦連接埠的資料詳列如下表：

表 個人電腦連接埠

名稱	功能	可連接的輸出入設備
USB	全名為 Universal Serial Bus (通用序列連接埠)。USB 為目前最常用的連接埠，最多可連接 127 項設備，絕大部分的輸出入設備均提供 USB 連接。USB 3.2 傳輸速度最高可達 20 Gbps 左右。	印表機、掃瞄器、滑鼠、鍵盤、數位相機、數據機、手寫板等。
序列埠	分為 COM 1 及 COM 2 兩種	**過去：**滑鼠、數據機、手寫板等。 **目前：**幾乎沒有輸出入設備使用序列埠。
並列埠	又稱為平行埠。	**過去：**印表機。 **目前：**少用。
PS/2	滑鼠、鍵盤專用連接埠。	PS/2 滑鼠與鍵盤。
音效裝置連接埠	連接音效裝置。	麥克風、耳機、喇叭。

10.3.2 輸入單元

輸入單元的工作是負責將電腦外部的資料送入電腦內部。常見的輸入設備有鍵盤 (Keyboard)、滑鼠 (Mouse)、掃描器 (Scanner)、數位相機、數位攝影機、視訊攝影機、讀卡機 (Card Reader)、磁碟機、磁帶機、條碼掃瞄機、搖桿、麥克風、光學記號閱讀機 (OMR)、磁墨字元閱讀機 (MICR) 及數位板等。以下將介紹鍵盤、滑鼠及掃描器的運作原理。

第一個介紹的輸入設備為鍵盤。鍵盤的使用模式如下：

1. 使用者對鍵盤進行按鍵動作

2. 鍵盤接收資料

3. 資料顯示在螢幕上。

接下來介紹滑鼠。可藉由滑鼠對螢幕上的圖像 (Icon) 進行點選或拉曳等動作對應用程式進行選取、複製、啟動或關閉等工作。

第三種要介紹的輸入設備為掃瞄器。掃瞄器是藉由光學掃瞄動作將紙本資料 (可能是圖案、相片或文字資料等類型) 轉換為可直接儲存在電腦內部的數位資料。掃瞄器是以「解析度」(Dot Per Inch) 來代表影像檔的品質，「解析度」愈高代表影像品質愈佳。常見的掃瞄器有手持式、饋紙式及平台式三種類型。

(a)

(b)

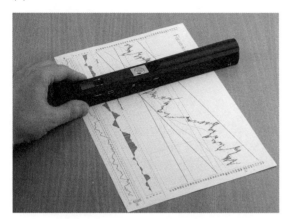

圖 10-12　(a) 手持式掃瞄器　(b) 平台式及饋紙式掃瞄器 (圖片來源：HP 官網)

10.3.3 輸出單元

　　輸出單元的工作是負責將電腦系統處理所得的結果送到電腦系統的外部。常見的輸出設備有螢幕、印表機、繪圖機、磁碟機、磁帶機等等。以下將介紹螢幕及印表機的運作原理。

　　第一種要介紹的輸出設備為螢幕。早期螢幕採用陰極映像管 (Cathode Ray Tube，CRT) 來顯示影像，因為此種螢幕體積較大，已經很少見到。

　　目前主流螢幕採用液晶 (Liquid Crystal Display，LCD) 晶格來顯示影像，輕薄短小，已逐漸取代 CRT 螢幕。

　　螢幕是以「解析度」(Dot Per Inch) 來代表螢幕顯示影像的品質，「解析度」愈高代表影像品質愈佳。

圖 10-13 CRT 螢幕

第二種介紹的輸出設備為印表機。印表機可分為「撞擊式印表機」及「非撞擊式印表機」兩類，其中點矩陣式印表機是為「撞擊式印表機」，而噴墨印表機及雷射印表機則為「非撞擊式印表機」。現分別說明如下：

1. 點矩陣式印表機

點矩陣式印表機的印表頭上有撞針，印表機執行輸出資料動作時會控制撞針作前後伸縮動作，利用撞針撞擊色帶方式來輸出資料。撞針可分為九針及二十四針二種不同類型，其中二十四針的撞針列印品質較佳。點矩陣式印表機具有複印模式列印功能，即一次列印之動作可同時產生多份輸出，例如量販店使用的印表機即為本類型印表機。

2. 噴墨印表機

利用印表機印字頭上的噴嘴將墨汁噴灑到紙上，藉以將資料印在紙上輸出。解析度高低、色彩數目、墨點大小及色階為影響噴墨式印表機列印品質的主要因素，其中色階是指在每一點中可以表現的顏色數目。

3. 雷射印表機

利用雷射光學原理將碳粉印在報表紙上。

印表機是以「解析度」(Dot Per Inch) 來代表印表機列印的品質，「解析度」愈高代表列印品質愈佳。「列印速度」是衡量印表機效能的另一項重要指標，印表機的「列印速度」單位為「ppm」(Page Per Minute)，「ppm」值愈大代表「列印速度」愈快。

(a)　　　　　　　　　　　　　　　　　　　(b)

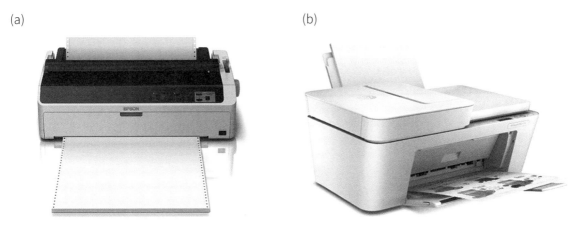

圖 10-14 (a) 點矩陣印表機 (圖片來源：Epson 官網)。(b) 噴墨印表機 (圖片來源：HP 官網)

本章重點回顧

✅ 程式執行前必須先載入到主記憶體中。

✅ 主記憶體可區分成隨機存取記憶體 (RAM) 及唯讀記憶體 (ROM) 兩種。RAM 中的資料在電源關閉後會消失不見，ROM 中的資料不會因電源關閉而消失。

✅ 電腦的硬體共有五大單元：控制單元、算術 / 邏輯單元、儲存單元、輸入單元及輸出單元。記憶、控制及算術 / 邏輯單元合稱為中央處理單元 (CPU)，但是若是指個人電腦的 CPU 則只包含控制單元及算術 / 邏輯單元並不包含記憶單元。

✅ 儲存設備依「存取速度」由快至慢依序排列如右：暫存器、快取記憶體、DRAM、硬碟、光碟、磁片、磁帶。

✅ 中央處理單元一次可處理的資料量稱為一個「字組」(Word)。

✅ CPU 的「時脈頻率」(Clock Speed Rate) 代表 CPU 處理的速度。clock 每振盪一次代表 CPU 可完成一個基本的運算。若 CPU 的「時脈頻率」為 3 GHz 便是代表 clock 每秒振盪 3×10^9 次，也就是說 CPU 在每秒鐘內可完成 30 億個基本運算。

✅ 電腦系統中各硬體單元間聯絡的管道主要是藉由匯流排完成。匯流排分為資料匯流排、位址匯流排及控制匯流排三種。

✅ 指令執行完成的期間稱為一個指令週期 (Instruction Cycle)，指令週期依執行順序可分成以下六個階段：指令提取、指令解碼、計算有效位址、運算元提取、執行與儲存結果。

✅ 將多個指令的執行動作重疊，以達到加速程式執行之目的方法稱為管線 (Pipeline)。

✅ CPU 效能常用的評估方式有 CPU 時間、每秒執行的百萬指令數 (MIPS) 及每秒執行的百萬浮點指令數 (MFLOPS) 等三種方法。

選 | 擇 | 題

( ) 1. 當突然停電時，下列哪些儲存裝置中所存放的資料會消失？①隨機存取記憶體、②磁片、③唯讀記憶體、④硬碟、⑤快取記憶體、⑥暫存器、⑦光碟片？
(A) ① ⑤ ⑥　　(B) ① ③ ⑤ ⑦　　(C) ② ③ ④ ⑦　　(D) ② ④ ⑥。

( ) 2. 以下關於硬碟相關的描述何者錯誤？
(A) 硬碟存取的速度比 RAM 快
(B) 即使硬碟仍然在保固期內，儲存在硬碟中的資料依然要定期備份
(C) 快閃記憶體比傳統的硬碟更加的耐震
(D) 硬碟在運轉時不宜隨意的拆裝或者移動。

( ) 3. 下列具有記憶功能的硬體元件，何者速度最快？
(A) 快取記憶體　　　　　　　　(B) 隨機存取記憶體
(C) 暫存器　　　　　　　　　　(D) 硬碟。

( ) 4. 下列何者為非揮發性（Non-Volatile）記憶體？
(A) SRAM　　　　　　　　　　(B) DDR-SDRAM
(C) EPROM　　　　　　　　　 (D) DRAM。

( ) 5. 欲定址 128K 的位址，至少需要使用多少位址線？
(A) 17　　　　(B) 18　　　　(C) 19　　　　(D) 20。

( ) 6. 現有 2K×4 隨機存取記憶體晶片，需要多少這樣的晶片來組成一個 32K×16 容量的 RAM ？
(A) 16　　　　(B) 32　　　　(C) 64　　　　(D) 128。

( ) 7. 下列哪一種單位不宜用來評估電腦 CPU 的處理速度？
(A) MIPS　　　(B) MHz　　　(C) MFLIPS　　　(D) BPS。

( ) 8. 假設某部大型電腦處理速度高達 50 MIPS，試問原則上每分鐘它可處理多少個指令？
(A) 5×10^7　　(B) 3×10^8　　(C) 3×10^9　　(D) 5×10^9。

( ) 9. 假設電腦 A 的時脈頻率為 100 MHz，而且所有指令的執行都需要 100 個時脈週期，試問電腦 A 每秒可以執行多少個指令？
(A) 10^5　　(B) 10^6　　(C) 10^7　　(D) 10^8。

( ) 10. 下列何者不包含在中央處理單元之中？
(A) 輔助記憶體 (Auxiliary Memory)　　(B) 控制單元 (Control Unit)
(C) 算術邏輯單元　　　　　　　　　　(D) 記憶暫存器。

( ) 11. 我們所稱 64 位元 CPU 之 64 位元是指？

    (A) 位址匯流排寬度   (B) CPU 中斷向量的寬度

    (C) 資料匯流排寬度   (D) 狀態旗標的位元數。

( ) 12. 程式計數器的作用是？

    (A) 存放程式指令   (B) 存放指令的長度

    (C) 存放下一個要被執行之指令的位址   (D) 存放資料處理結果。

( ) 13. USB 是目前個人電腦上常見的規格，所謂 USB 是指電腦的？

    (A) 插槽 (slot) 規格   (B) 匯流排 (bus) 規格

    (C) 網路傳輸規格   (D) 記憶體規格。

( ) 14. 循序式界面 (serial interface) 中最常見的是 RS-232C，它每次傳輸序多少位元 (bit) 資料？

    (A) 1 位元   (B) 8 位元   (C) 16 位元   (D) 32 位元。

( ) 15. 平行埠 (Parallel port) 每次可送出多少位元 (bit) 資料？

    (A) 1   (B) 4   (C) 6   (D) 8。

( ) 16. 下列有關電腦硬體架構的敘述何者錯誤？

    (A) 螢幕、喇叭、繪圖機均屬於輸出單元

    (B) 算術邏輯單元執行算數運算及邏輯運算

    (C) 控制單元負責控制、協調中央處理器內各單元的動作及單元間的相互運作

    (D) 記憶單元和控制單元合稱為中央處理單元。

( ) 17. 所謂「范紐曼瓶頸（Von Neumann Bottleneck）」，是描述下列哪一種情形？

    (A) CPU 執行速度的快慢，會影響系統的效能

    (B) 電腦的記憶體容量有限，會造成程式執行的瓶頸

    (C) 複雜指令集（Complex Instruction Set Computer, CISC）會造成程式設計者困擾

    (D) 程式的記憶體參考頻繁，會影響系統執行效能。

( ) 18. 電腦在處理每 1 個指令時，第 1 個階段必須從記憶體取出指令放在 CPU 中準備執行，此動作稱之為？

    (A) 解碼週期（Decode Cycle）   (B) 執行週期（Execute Cycle）

    (C) 寫回週期（Write Back Cycle）   (D) 擷取週期（Fetch Cycle）。

( ) 19. 在程式執行的過程中，微算機處理器 (Microprocessor) 用哪一個元件來儲存下一個指令的位址？

      (A) 記憶體位址暫存器 (Memory Address Register)
      (B) 指令暫存器 (Instruction Register)
      (C) 記憶體緩衝暫存器 (Memory Buffer Register)
      (D) 程式計數器 (Program Counter)。

( ) 20. 有一種改進 CPU 效能的技術，是同時處理多個指令的擷取 (Fetch)、解碼 (Decode)、執行 (Execute) 各步驟，就是前面指令開始解碼時就可開始抓取下一指令，這種技術叫做？

      (A) 緩衝 (Buffering)   (B) 重疊 (Overlapping)
      (C) 串接 (Cascading)   (D) 管線 (Pipelining)。

應 | 用 | 題

1. 請說明何為緩衝區 (Buffer) ？它和邏輯記錄 (Logical Record)、實際記錄 (Physical Record) 有何關係？為何需要緩衝區？

2. 假設在不影響 I/O 效能的前提下，使用 4 倍的成本，便可使得 CPU 的速度是原來的 6 倍快。又假設程式中，有 60% 的時間使用 CPU，而其餘的時間則花在等待 I/O。如果 CPU 的成本佔計算機總成本的 1/3，則從成本 / 效能的觀點來看，將 CPU 加快 6 倍是不是理想的投資？為什麼？

3. 在一部含有 Cache 的電腦系統中，若 CPU 存取 Cache 中資料的平均時間為 10 ns，CPU 存取 Main Memory 中資料的平均時間為 80 ns。假設命中率 (hit ratio) 為 80%，試計算 CPU 存取資料的平均時間？

4. RISC 是一種 CPU 架構，其中 R 表示 Reduced(精簡、簡化)。請問：RISC 精簡了什麼？為什麼要精簡？有何優缺點？

5. 請說明三種 Pipeline Hazards：結構危害 (Structure Hazard)、資料危害 (Data Hazard) 及控制危害 (Control Hazard) 的解決方式。

6. 計算機內部的暫存器通常數量極為有限，它不像 DRAM 一樣數量可以大幅增加，其原因何在？試說明之。

7. 目前個人電腦至少配備有兩層的快取記憶體，分別是 Level 1 快取記憶體與 Level 2 快取記憶體兩種，說明此兩快取記憶體的功能。

8. 請說明下列三種常被用為評估計算機效能的指標之意義，並討論其作為效能指標的缺點：Clock Rate of CPU （CPU 的時脈頻率）、MIPS、MFLOPS。

9. 常見 X 位元 CPU，Y 位元作業系統的說法。

   (1) X 位元的 CPU 代表何種意義？

   (2) Y 位元的作業系統代表何種意義？

   (3) X 位元的 CPU 與 Y 位元的作業系統之間有什麼關係？

10. 請回答以下問題：

   (1) 在一部未採用 Pipeline 技術的電腦中，機器週期為 9 個單位時間，試計算執行完 12 個指令所需的時間？

   (2) 若採用 Pipeline 技術，將機器週期分為 3 個 stage，其運算時間分別為 3, 2, 4，試計算執行完 12 個指令所需的時間？

   (3) 此 Pipeline 技術的加速 (Speedup) 為？

11 網路通訊技術原理

CHAPTER

本章將介紹網路通訊技術原理的基礎概念。本章主要重點內容有通訊線路、電腦網路型態、ISO OSI 模型的七層結構、網路系統拓樸結構、常用網路設備、單工與雙工傳輸、資料傳輸方式、乙太網路、記號環網路與誤差及錯誤檢查等十項。

11.1　通訊線路

　　通訊線路 (Communication Line) 是指傳輸介質，資料可在通訊線路上傳遞並到達指定的目的地。一般會將通訊線路分為有線傳輸媒介及無線傳輸媒介兩種。

一、有線傳輸媒介

　　有線傳輸媒介常見的有雙絞線 (Twisted Pair)、同軸電纜 (Coaxial Cable，COAX) 及光纖 (Optical Fiber) 三種，分別介紹如下。

　　雙絞線是指由兩根外覆絕緣材質的銅線互相纏繞而成，家用電話線便是採用雙絞線。此種傳輸介質大量被利用在乙太網路、記號環網路中；通常在區域網路中採用 Category 3 纜線，並配合集線器而連接成星狀網路。

　　雙絞線分為兩種，分別是「無包覆雙絞線」(Unshielded Twisted Pair，UTP) 及「有包覆雙絞線」(Shielded Twisted Pair，STP)；「無包覆雙絞線」較「有包覆雙絞線」便宜，「有包覆雙絞線」通常使用在記號環網路中，與「無包覆雙絞線」不同的是「有包覆雙絞線」多了一層網線防止電磁干擾，因此訊號的傳輸距離及速度均較「無包覆雙絞線」佳但價格較貴。

　　雙絞線主要的優點為成本低、容易安裝、適用於類比及數位傳輸；缺點是信號衰減程度高、通訊距離在 100 公尺內、頻寬小及易受電磁干擾。

　　若使用者是利用電話線路使用網際網路資源，則通訊介質便是用雙絞線。

圖 11-1　雙絞線

　　接下來介紹同軸電纜。同軸電纜通常被使用在區域網路中做為資料傳輸的介質。同軸電纜在同一軸心上共分為兩個平行的導體，是採用同心圓之設計法，資料傳輸線為多芯銅

線 (Stranded Copper)，位於圓心之部分，而另外一線是做為接地用途，環繞在圓心線之外圍，主要目的是要降低資料傳遞時的電磁干擾並進而增加資料傳遞的隱定性。同軸電纜的優點為成本低、容易佈線及擴充、信號衰減程度中等及抗電磁干擾能力中等。主要缺點則為比雙絞線難排除故障。

同軸電纜可利用不同的口徑和阻抗來區分種類。口徑的單位為 RG，RG 值與資料傳輸線粗細成反比，即 RG 值愈大，資料傳輸線愈細；RG 值愈小，資料傳輸線愈粗。

乙太網路中常用的同軸電纜有以下兩種：

1. 10 Base 5 (粗線 - Thicknet)：傳輸速率為 10 M bps，一個區段可達 500 公尺，若超過 500 公尺就必須利用訊號加強器來增加通訊距離如 RG-11。

2. 10 Base 2 (細線 - Thinnet)：傳輸速率為 10 M bps，一個區段可達 200 公尺，若超過 200 公尺就必須利用訊號加強器來增加通訊距離，如 RG-58 及 RG-59。

若使用者採用的網路服務是由有線電視業者所提供，則通訊介質便是用同軸電纜。

第三個要介紹的通訊介質是光纖。目前光纖已成為主流的通訊介質。光纖之材質為玻璃纖維，具有重量輕及傳輸速度快的優點，但僅適用於點對點的傳輸模式；光纖是利用光波的形式來傳輸資料，雷射光由一端傳送到另一端，光纖較無信號衰減之問題，而且光纖也無電磁干擾之問題。但在光纖中光線只能單向傳送，若要雙向皆能傳送資料則必須利用兩條光纖。

(a)　　　　　　　　　　　　　　　　　　　(b)

圖 11-2　(a) 同軸電纜、(b) 光纖

二、無線傳輸媒介

無線傳輸媒介常見的有通訊衛星 (Communication Satellites)、紅外線 (Infrared Transmission，IR)、雷射 (Laser) 及無線電波 (Radio Waves) 四種，分別介紹如下：

第一種無線傳輸媒介是通訊衛星。通訊衛星藉由太陽能電池來維持運轉之功能，適用於遠距離的資料傳輸，比如廣播 (Broadcast) 傳輸模式；本法傳輸速度非常快，可直接以數位訊號傳輸不必進行訊號轉換之工作。

第二種要介紹的無線傳輸媒介是紅外線傳輸。紅外線傳為一種無線遙控技術，如電視、音響等即是採用此種傳輸方式來控制，目前市售的筆記型電腦幾乎都搭配了紅外線傳輸功能。由於本傳輸方式之傳輸距離短及紅外線傳輸穿透性差，容易被物體阻隔傳輸，因此紅外線傳輸並未被廣泛地使用。

第三種要介紹的無線傳輸媒介是雷射。由於雷射光不會散射，因此雷射傳輸為直接連接式的高頻率電磁波傳送技術。雷射傳輸特別適用於在不適合挖掘路面的場域來建立兩個區域網路間的連線。

最後一種要介紹的是被目前大部分的無線網路通訊技術採用做為傳輸媒介的無線電波。無線電波的優點為穿透力強且為全方位傳輸；缺點則是利用無線電波傳送資料保密性差且易受干擾。

11.2　電腦網路型態

通訊網路依傳輸範圍的大小及傳輸距離的遠近可分為三種，分別是區域網路 (Local Area Network，LAN)、廣域網路 (Wide Area Network，WAN) 及都會網路 (Metropolitan Area Network，MAN)，分別介紹如下：

1. 區域網路
區域網路適用於短距離以及有限區域內的傳輸，傳輸距離在 2 公里以內，如一棟大樓、學校或工廠等等。在區域網路內電腦與電腦間 (或節點與節點間) 關係十分密切。

2. 廣域網路
廣域網路涵蓋區域廣大，傳輸範圍可擴及不同城市，甚至不同國家，傳輸距離可達數千公里以上。可利用電話線、微波或衛星通道做為電腦與電腦間的通訊線路。

3. 都會網路
傳輸的距離以及範圍介於區域網路與廣域網路之間，大約是一個都市的規模。

圖 11-3　區域網路示意圖

11.3 ISO OSI 模型的七層結構

國際標準組織 (International Standard Organization，ISO) 於 1984 年發表了 OSI (Open System Interconnection，OSI) 模型，將網路的設計分為七層，每層有專屬的工作，對應圖形如下圖：

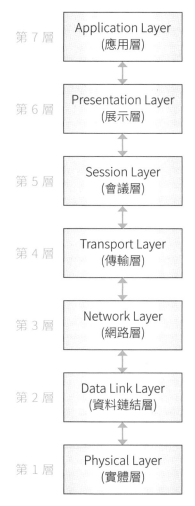

第 7 層 — Application Layer (應用層)

第 6 層 — Presentation Layer (展示層)

第 5 層 — Session Layer (會議層)

第 4 層 — Transport Layer (傳輸層)

第 3 層 — Network Layer (網路層)

第 2 層 — Data Link Layer (資料鏈結層)

第 1 層 — Physical Layer (實體層)

各層的工作介紹如下：

1. **實體層 (Physical Layer)**

    實體層主要是與通訊介質有關的規格。本層負責以下三項規格：

    (1) 傳輸介質的規格：雙絞線、同軸電纜、光纖等。

    (2) 資料實際傳輸的規格：光脈衝或電脈衝等。

    (3) 接頭的規格。

2. 資料鏈結層 (Data Link Layer)

資料鏈結層的工作是確保同一網路中的資料可正確傳輸。本層負責以下三項工作：

(1) 同步作業
同步傳送端及接收端之動作，以確保資料能正確傳送或接收。

(2) 偵錯
利用 CRC(Cyclic Redundancy Check) 碼來偵測傳送過程中發生的錯誤。

(3) 制定 MAC(Media Access Control) 方法
處理分封訊息 (Packet Message) 並檢測實體層的錯誤及排除錯誤。

3. 網路層 (Network Layer)

網路層負責以下兩項工作：

(1) 定址 (Addressing)
決定傳送端及接收端唯一且可識別之位址。

(2) 選擇傳送路徑 (Routing)
藉由比較線路品質、可靠度、頻寬、成本及使用率等因素，進而決定選擇走哪一條路徑將資料由傳送端送到接收端。

4. 傳輸層 (Transport Layer)：保障不同網路中的資料傳輸無誤。

傳輸層負責以下三項工作：

(1) 編排分封次序
分割訊息 (Message) 為分封 (Packet)，編排分封次序，訊息以分封為傳送單位，接收端接收到同一訊息的所有分封後會按照編號將分封組合成原訊息。

(2) 控制資料流量
控制資料流量以避免接收端資料接收不及導致資料流失。

(3) 偵錯錯誤處理
負責傳送者與接收者間資料的傳送之完整性 (Integrity)。

5. 會議層 (Session Layer)

會議層的作用為製定通訊雙方通訊時應遵守的協定 (Protocol)，也就是通訊時應遵守的規則或通訊關係。

6. **展示層 (Presentation Layer)**

展示層負責以下三項工作：

(1) 內碼轉換：處理通訊雙方不同機器間格式的差異。

(2) 加密 (Encrypt) 與解密 (Decrypt)。

(3) 壓縮 (Compress) 與解壓縮 (Decompress)。

7. **應用層 (Application Layer)**

應用層為系統與使用者交談的介面，提供使用者所需要的服務，如電子郵件，檔案傳輸及瀏覽程式等服務。

OSI 模型的七層結構運作方式可利用下面的圖形來做說明：

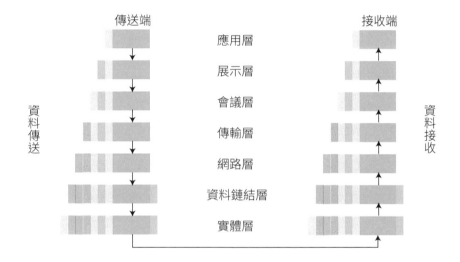

在上圖中有傳送端及接收端兩類使用者。傳送端與接收端均建構了一個 OSI 模型的七層結構來傳送或接收資料。資料會由傳送端的最上層產生，而後逐層往下遞送直到傳送端最底層；在傳送端由最上層將資料往下遞送的過程中，每經過一層，均會執行資料封裝 (Encapsulation) 動作，也就是在原始資料前端加上一個表頭 (Header) 資訊。原始資料送達接收端的最底層時已經加上了七個表頭資訊，接收端會將接收到的資料由最底層往上遞送直到接收端的最上層，每經過一層，均會執行除去資料表頭的工作，因此當資料在接收端的最上層執行除去資料表頭的工作後，資料將回復與傳送端最上層最初的資料相同。

在資料鏈結層及實體層除了如前文之敘述會加上表頭資訊以外，還會再加上一個額外的表尾 (Trailer) 資訊。表尾與表頭資訊運作方式相同。

11.4　網路系統拓樸結構

在網路系統中電腦與電腦間實際連接的情形稱為通訊網路的拓樸 (Topology) 結構。常見的拓樸結構有以下 5 種：

1. 完全連結網路 (Fully Connected)

在完全連結網路系統中任兩台電腦間都會有直接的通訊線路相連接。採用此種拓樸結構不論哪一台電腦或哪一條線路若損壞對系統的影響均最小，也就是說系統的可靠度最高，但是相對付出的金錢成本也是最高的。

若系統中有 4 台電腦則完全連結網路拓樸結構圖如右圖：

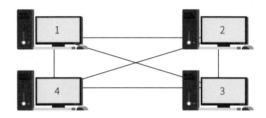

圖 11-4　完全連結網路拓樸結構

由上圖知 4 台電腦的完全連結網路拓樸結構圖中有 6 條連線。當電腦數變為 5 台時，連線數應是多少？答案是 10 條。這是一個簡單的數學問題，其實就是「5 台電腦中任 2 台電腦間應有一條連線」，所以答案便是組合數 $C_2^5 = 10$。所以，若將題目一般化，改為 n 台電腦的完全連結網路拓樸結構圖中應有幾條連線？答案便是 C_2^n。

2. 部分連接網路 (Partially Connected)

在部分連接網路系統中僅部分電腦間有通訊線路相連接。採用此種拓樸結構某一台電腦或某一條線路若損壞時，均可能對系統造成很大的影響，也就是說系統的可靠度較差，但是相對付出的金錢成本也較低。

圖①　　　　　　　　　　　　　　　　　　圖②

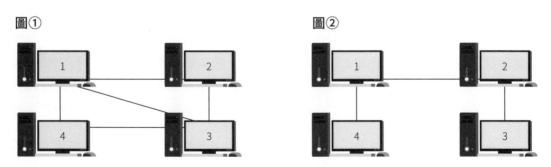

圖 11-5　部分連結網路拓樸結構

若系統中有 4 台電腦，則舉兩個可能情形來說明部分連接網路中通訊線路相連接的情形。

第一種拓樸結構圖其實與完全連結網路拓樸結構圖相差不大 (只少了一個邊)，因此圖①的特性與完全連結網路拓樸結構圖相近。第二種拓樸結構圖則與完全連結網路拓樸結構圖相差很大，若圖②中有一條通訊線路損壞則整個系統將被分成無法互相通訊的兩個區塊。因此部分連接網路的可靠度不佳。

3. **星狀結構網路** (Star Structure)

在星狀結構網路系統中僅由中央主電腦與各子電腦有直接相連。本架構主要的優點是系統容易擴充，但因子電腦間若要通訊均必須透過中央主電腦才可處理，因此中央主電腦可能容易變成瓶頸 (Bottleneck)，而且若中央主電腦無法運作，則將導致整個系統亦無法運作。

若系統中除了中央主電腦外，尚有 6 台電腦，則星狀結構網路拓樸結構圖如下：

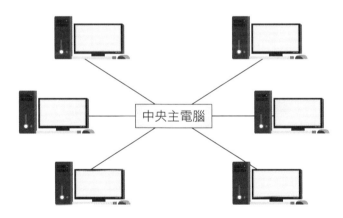

圖 11-6　星狀結構網路拓樸結構

4. **匯流排結構網路** (Bus Structure)

本結構是以一條共用的網路線來連接所有電腦。匯流排結構中若要擴充或刪除一台電腦十分容易，但主要的缺點則是同一時間只能允許一部電腦可傳輸資料，而且若有任何一段線路故障，整個網路架構便無法運作；此外，若要加入或刪除一台電腦都會使網路暫時無法運作。

匯流排結構網路拓樸結構圖如下：

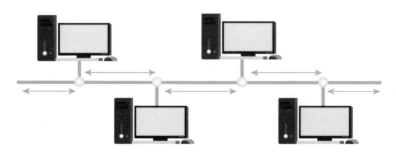

圖 11-7　匯流排結構網路

5. 環狀結構網路 (Ring Structure)

本結構是將電腦連成環狀，電腦間透過 Repeater 相連接。環狀結構可為雙向或單向。成本比星狀結構網路高，但可靠度比星狀結構網路好。

環狀結構網路拓樸結構圖如下：

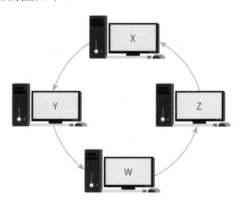

圖 11-8　環狀結構網路

11.5　網路設備

本節將介紹常見的網路設備。

1. 數據機

數據機 (Modem) 是由調變機 (Modulator) 及解調機 (Demodulator) 所組成。將數位資料轉換為類比資料是屬於調變機所執行之調變 (Modulation) 動作；而將類比資料轉換為數位資料則是屬於解調機所執行之解調變 (Demodulation) 動作；因此數據機常被稱為調變解調機。

2. 網路卡

網路卡 (Network Interface Card，NIC) 的功能是將連接到網路的設備 (可能是個人電腦、伺服器或網路印表機) 需要傳輸的資料轉換成傳輸媒介可以傳送的資料型態，不同的網路卡應有一個不同的 MAC(Media Access Control，MAC) 位址，此位址是網路卡出廠時由廠商所分配。網路卡本身會包含網路連接線的外接口 (通常是 RJ-45) 或無線網路天線。此處要特別說明的是網路卡在做上述資料轉換動作時會先在資料的前方加上網路卡的 MAC 位址，代表某筆資料是由該網路卡所發出。

圖 11-9　RJ-45 接頭

3. 中繼器

訊號必須在傳輸媒介中傳遞，而傳輸媒介因為有阻抗，所以傳輸距離增加必然會使得訊號強度減弱，如此一來將影響資料傳輸的距離。中繼器 (Repeater) 可重建衰減的訊號進而還原成原來的強度，因此可以使用中繼器來解決訊號衰減的問題。提醒讀者注意一件事，中繼器只能放大訊號並不具修改訊號的能力，因此中繼器是無法修正資料在傳輸過程中產生的錯誤。

4. 集線器

集線器 (Hub) 的功用是將網路的幹線與支線連接在一起，再利用星狀方式與所有端末電腦連線。集線器上會有多個 RJ-45 插孔 (4 個 ~32 個)，因為集線器來記錄每個插孔所連接的位址，因此一旦接收到資料便會將資料傳送到所有的連接埠，如此一來將使得網路通訊效率不佳。因為替代網路設備 (如交換器) 價格十分平實，因此集線器在市面上幾乎已經無人會購買。

5. 橋接器

由於在乙太網路中訊號是採用廣播的方式來傳遞，因此不論是哪一種訊號只要進了乙太網路，系統中任何一台電腦都能接收。但是事實上某些資料可能只是要讓某個區域內的某些電腦收到即可，若其他區域的電腦也可收到，其實是頻寬的浪費。因此，若為了合理限制訊號在網路中在固定範圍內傳送，橋接器 (Bridge) 便可派上用場。橋接器具有加強訊號以及隔離訊號兩項基本功能，當網路的通訊負過大時，橋接器便可隔離掉網路上一些不必要訊號之傳輸動作。

6. 路由器

路由器 (Router) 是屬於 OSI 模型中網路層的設備，路由器主要是被用在資料傳輸時有效路徑的安排，也就是做路徑選擇的意思。

7. 交換器

交換器 (Switch) 具有封包交換與路徑選擇的功能。有兩類不同的交換器：

(1) 第二層交換器 (Layer 2 Switch)
　　第二層交換器是屬於 OSI 模型中資料鏈路層 (Data Link Layer) 的設備，本設備具有集線器與橋接器的功能。

(2) 第三層交換器 (Layer 3 Switch)
　　第三層交換器是屬於 OSI 模型中網路層的設備，本設備具有第二層交換器功能及路由能力。通常可將第三層交換器視為簡化版的路由器。

11.6　單工與雙工傳輸

　　網路通訊線路可依資料傳輸能力及資料傳輸方向之不同，可分為三種不同方式，分別是單向單工傳輸 (Simplex)、半雙工傳輸 (Half-Duplex) 及全雙工傳輸 (Full-Duplex) 三種。分別說明如下：

1. 單向單工傳輸

　　在本傳輸方式中，通訊線路只能以某個固定方向來傳輸資料。也就是說，傳輸雙方其中一方只能傳送資料，而另一方只能接收資料。單向單工的通訊線路類似一條方向固定的單行道。如電視或廣播訊號的傳輸，只能由發送方傳送到接收方。

2. 半雙工傳輸

　　在本傳輸方式中，通訊線路可以雙向傳輸資料，但在同一時間內傳輸的方向只能是單向。傳輸的雙方都可以傳送或接收資料。半雙工的通訊線路類似一條方向不固定的單行道。如無線電訊號的傳輸，通訊雙方皆可做為發話方，也可做為收話方，但任一方均不得同時做為發話方及收話方。

3. 全雙工傳輸

　　在本傳輸方式中，通訊線路可以同時做雙向傳輸。傳輸的雙方都可以同時成為傳送方及接收方。全雙工的通訊線路就像是一條可雙向通行的道路。全雙工傳輸之通訊線路傳輸效率最好，但成本最高。如電話訊號的傳輸。

11.7　資料傳輸方式

　　資料在通訊線路中實際的傳輸方式稱為資料傳輸方式。常見的資料傳輸方式有「同步傳輸與非同步傳輸」及「平行傳輸與循序傳輸」兩種。詳細的內容說明如下：

1.　同步傳輸與非同步傳輸

(1)　同步傳輸 (Synchronous Transmission)

同步傳輸是指傳送端與接收端以同步計時的方式來傳送資料，主要作業方式是傳送端一次可傳送一個資料區，並在區段的前端與後端分別加上起始同步控制訊號及終止同步控制訊號，藉以識別欲傳送的資料，且接收端與傳送端的 clock 必須同步。又稱為區塊傳輸，適合大量資料的傳輸，傳輸效率較高，安全性高，但傳輸成本相對也較高。

(2)　非同步傳輸 (Asynchronous Transmission)

非同步傳輸是指傳送端與接收端不需要同步處理，傳輸的雙方不須同步作業，所以傳送端與接收端可各自作業不需同步。主要作業方式是傳送端必須在欲傳送的資料前端與後端分別加上起始位元 (start bit) 及終止位元 (Stop Bit)，藉以識別欲傳送的資料；但必須特別注意的是此種傳輸方式一次只能傳輸一個字元的資料，而且資料與資料之間的傳輸存在著等待時間，因此傳輸速率較慢，僅適用於低速傳輸之用途，但成本也較低。又稱為起止式傳輸 (Start-stop Transmission)。

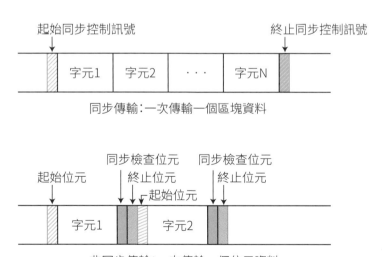

圖 11-10　同步與非同步傳輸

2. 平行傳輸與循序傳輸

(1) 平行傳輸 (Parallel Transmission)

平行傳輸是指傳輸的資料以位元組為單位,每個位元組中的各個位元同時在不同的傳輸線路上傳送。

(2) 循序傳輸 (Serial Transmission)

循序傳輸是指傳輸的資料以位元為單位,在單一的傳輸線路上依序傳送。

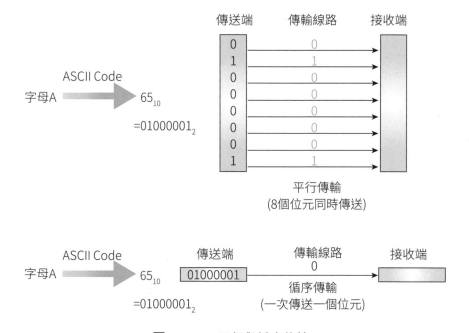

圖 11-11 平行與循序傳輸

11.8 乙太網路

乙太網路 (Ethernet) 是目前區域網路中最普遍的通訊協定。乙太網路使用的存取方式是 IEEE 802.3 CSMA/CD (Carrier Sense Multiple Access / Collision Detection)。CSMA/CD 的技術是在 1960 年代由美國夏威夷大學所發展。CSMA/CD 主要是運用隨機控制 (random control) 的方式來處理資料傳送問題。當某個 Station 要傳送資料時,必須先 Listen 傳輸線路,如果傳輸線路是處於「Quiet」的狀態,則此 Station 便可將訊息送出。若有多個 Station 同時要傳送資料,便發生了碰撞 (Collision),此時必須各自

等候 (Delay) 一段隨機時間後,再提出請求。本存取方法為乙太網路所採用的方式。在 1970 年代初期由全錄公司 (Xerox) 將 CSMA/CD 的技術應用在電腦區域網路中,進而發明了乙太網路。

乙太網路主要分類請見下表:

表 乙太網路分類

常用名稱	乙太網路	快速乙太網路	十億位元 乙太網路	百億位元 乙太網路
非正式 IEEE 標準名稱	10BASE-T	100BASE-T	1000BASE-LT	10GBASE-T
正式 IEEE 標準名稱	802.3	802.3u	802.3z	802.3an
材料	雙絞線	雙絞線	光纖	雙絞線
速度	10Mbps	100Mbps	1Gbps	10Gbps
最大傳輸距離	100 公尺	100 公尺	5,000 公尺	100 公尺

11.9 記號環網路

記號環網路 (Token Ring) 為 IBM 在 1970 年左右發展。在記號環網路中所有的電腦必須透過 MAU(Multi-Station Access Unit) 來互相連接,本架構適用於環狀 (ring) 的網路結構。有一個小的訊息稱為「記號」(Token) 會沿著環狀結構,在網路連線內傳遞。若「記號」之狀態為 free,則取得「記號」的 Station 便可以傳送訊息,並將「記號」之狀態設定為 busy 後將訊息附加到「記號」中,然將該資料串 (即「記號」+ 傳送訊息) 一併往後傳遞。若某個非接收端的 Station 接收到資料串時,會將資料串再複製一份,然後再往後傳送。當接收端 Station 收到資料串後,會將訊息自資料串中取下,並修正「記號」狀態為 Free,最後再讓「記號」在網路上繼續流動。

記號環網路具有自我復原的機制,作法如下:若任何一個 Station 在七秒內未收到相鄰前方 Station 送來之訊息,便可自我診斷已發生問題;並送出數項訊號如自己的位址、相鄰前方 Station 的位址及所發生的問題等等。如此一來,該 Station 的後方相鄰者會主動回報此一問題,並將有問題 Station 的訊息全部移除,以確保網路的穩定。

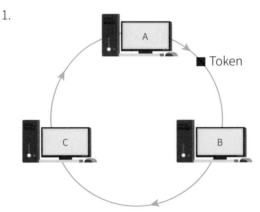

Token在環狀結構中傳遞

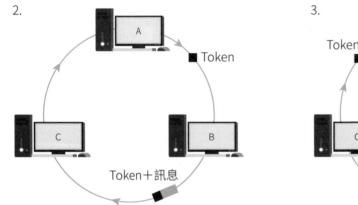

電腦 B 將 Token 取下並加上要傳送給電腦 C 的訊息在
Token 上後,將 Token 及訊息放到網路連線中傳遞

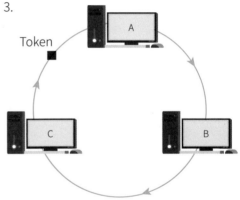

目的地電腦 C 由資料串中取下訊息後,
將 Token 放到網路連線中傳遞

圖 11-12 記號環網路

　　記號環網路採用 IEEE 802.5 協定,主要應用在區域網路上,因為具有自我復原之特性,所以比乙太網路穩定且可靠性較高,但成本較乙太網路高。

11.10 誤差與錯誤檢查

　　資料傳輸的錯誤檢查與誤差所針對的處理對象是不同的。本節將依序介紹誤差及資料傳輸的錯誤檢查兩個主題。

11.10.1 誤差

常見的誤差有以下三種：

1. **固有誤差 (Inherent Error)**

   固有誤差有時被稱為天生誤差。本類誤差是指無法避免或去除的誤差。產生固有誤差的原因有以下三種，第一種是以有限的位數來估計無限的數值，如 1/3 無法利用有限位數的小數來表示，只有用有限位數的小數來表示如 0.333333333；而圓周率 π 也只能用有限位數的小數來表示如 3.14159，1/3 及 π 均是屬於以有限的位數來估計無限的數值所產生的誤差。第二種則是人為的測量疏忽，最後一種則是因為實驗的不準確度或儀器準確度問題所造成的誤差。

2. **截尾誤差 (Truncation Error)**

   對有無限多項的運算式的求值計算僅取前面某些數目的有限項做計算所產生的誤差。

3. **捨棄誤差 (Rounding Error)**

   捨棄誤差是指資料的長度超過計算機所能儲存的範圍，因此必須捨棄資料的一部分才能儲存，此類型的誤差稱為捨棄誤差。以浮點數表示法來舉例說明如下：

   假設浮點數在計算機內部儲存時以 9 bits 來儲存有效數 (Mantissa)，此時若資料長度為 10 bits，則資料將有 1 個 bit 必須被捨棄無法儲存，如此一來必然會有誤差產生，因這種情形產生的誤差便是捨棄誤差。

🖥 **範例 ❶**

用 2.3417 來表示 2.3417689 的近似值，此近似值所造成的誤差是屬於哪一種？

(A) 溢位 (Overflow) 誤差　　　　　(B) 欠位 (Underflow) 誤差

(C) 截尾 (Truncation) 誤差　　　　(D) 捨棄 (Rounding) 誤差。

解：D

許多人會將「用 2.3417 來表示 2.3417689 的近似值」誤認為是截尾誤差，請特別留意此類誤差是捨棄誤差。

11.10.2 資料傳輸的錯誤檢查

由於資料可能在傳送的過程中發生錯誤，因此必須透過錯誤檢查的方式來偵測是否有錯誤發生，常見的錯誤檢查方式有以下兩種介紹如下：

1. 同位元檢查 (Parity Check)

同位元檢查的作法為在欲傳送的資料前面或後面加上一個同位檢查位元 (Parity Check Bit)。共分為奇同位檢查 (Odd Parity Check) 與偶同位檢查 (Even Parity Check) 兩種；奇同位檢查的錯誤檢查原則是資料與同位檢查位元中「1」的數目為奇數，偶同位檢查的錯誤檢查原則是資料與同位檢查位元中「1」的數目為偶數。舉一實例說明如下：假設要傳送的資料為 0100010，若採用奇同位檢查則同位檢查位元必須為 1，而資料將變成 01000101；若採用偶同位檢查則同位檢查位元必須為 0，而資料將變成 01000100。

利用同位元檢查來判斷資料在傳送的過程中是否發生錯誤，最大的優點便是速度快、簡單而且具低資料擴充度 (Data Expansion) 等特性 (因為 7 個資料位元只需增加 1 個額外的同位檢查位元)。但這類作法也有一項缺點，就是只能偵測錯誤而無法更正錯誤，而且也不是一旦有錯誤發生就一定可檢查出來，而是在錯誤為奇數個時能偵測出錯誤，若是錯誤為偶數個時便無法偵測出錯誤了。

🖥️ | 範例 ❷

(1) 可判斷有錯誤的情況：

　　假設要傳送的資料為 0100010，若採用偶同位檢查則同位檢查位元必須為 0，而資料將變成 01000100，若在傳送的過程中因為訊號干擾造成誤差使資料變成 01100100，由於此時有 3 個 1(違背偶同位檢查協定)，因此當接收端收到此訊息時自然知道在傳送過程中，因為某些問題導致資料發生錯誤 (請注意，此時雖然知道有錯誤，但並不會知道錯在何處)，必須請傳送方重送資料。

(2) 無法判斷有錯誤的情況：

　　假設要傳送的資料為 0100010，若採用偶同位檢查則同位檢查位元必須為 0，而資料將變成 01000100，若在傳送的過程中因為訊號干擾造成誤差使資料變成 01100000，由於此時有 2 個 1(符合偶同位檢查協定)，因此當接收端收到此訊息時，由於符合偶同位檢查協定，因此不知道在傳送過程中，因為某些問題導致資料發生錯誤，所以會誤認此訊息是正確的。

🖵 │ **範例 ❸**

若使用偶同位檢查，則在 ASCII 碼中「D」符號之同位檢查位元為何？

解：0

ASCII 碼中「D」符號的值為 $68_{10} = 1000100_2$，由於 1000100_2 已有偶數個「1」，因此同位檢查位元值為「0」。

🖵 │ **範例 ❹**

一個位元組中，如果用第一個位元來檢查前 4 位元的奇同位，用最後一個位元來檢查後 4 位元的偶同位，則該位元組內 1 的個數為？

(A) 奇數　　　　　(B) 偶數　　　　　(C) 3 的倍數　　　　　(D) 4 的倍數。

解：A

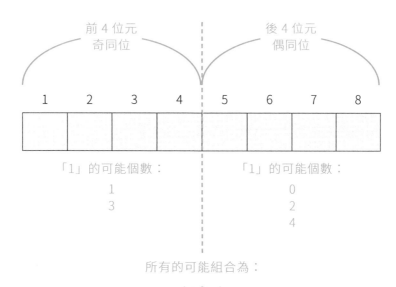

所有的可能組合為：

$1 + 0 = 1$
$1 + 2 = 3$
$1 + 4 = 5$
$3 + 0 = 3$
$3 + 2 = 5$
$3 + 4 = 7$

因為以上可能組合皆為奇數，所以選 (A)

💻| **範例 5**

下列有關同位元檢查之敘述何者為錯誤？

(A) 利用同位元檢查不會增加資料在通訊中傳輸的資料量

(B) 利用同位元檢查會使資料傳輸時間加長

(C) 偶同位檢查能偵得所有可能的傳輸錯誤

(D) 奇同位檢查與偶同位檢查之偵錯能力相同。

解：A，C

採用「同位元檢查」會增加一個額外的位元來作為同位元檢查用途，因此會增加資料在通訊中傳輸的資料量，並使得資料傳輸時間變長。此外，奇同位檢查與偶同位檢查之偵錯能力是相同的，都只能在資料傳輸時發生奇數個錯誤的情況下才能偵錯，但都不具更正錯誤的能力。

2. 漢明碼檢查 (Hamming Code Check)

漢明碼檢查的主要精神是利用數個加在特定位置的額外資料位元（即漢明碼）來達成更正錯誤的目的，若資料在傳輸的過程中產生 1 個位元的錯誤（只能 1 個），則利用漢明碼檢查法可更正此位元之錯誤。作法介紹如下：

(1) 在傳送的資料的 2 的次方位置保留做為漢明碼的填入位置。

(2) 根據欲傳送的資料的位置與值 (0 或 1) 決定處理方式；若資料為 0 則相對應的位置填 0，若資料為 1 則以其相對應的位置值化成二進位碼（比如說位置值是 7_{10}，則應填入值為 0111_2），並填入相對應的位置中。

(3) 各數位的 1 值個數需為偶數個依此原則決定所有漢明碼的值。

💻| **範例 6**

假設欲傳送的資料為 1010101001，則加上漢明碼的資料後，訊息將變成以下情況：

(1) 在欲傳送的資料的 2 的次方位置上需保留下來做為漢明碼（以□表示）的填入位置。

位置值	1	2	3	4	5	6	7	8	9	10	11	12	13	14
	□	□	1	□	0	1	0	□	1	0	1	0	0	1

(2) 根據欲傳送的資料的位置與值 (0 或 1) 決定處理方式。

	2^3	2^2	2^1	2^0
1	0	0	0	1
2	0	0	0	0
3	0	0	1	1
4	0	0	0	0
5	0	0	0	0
6	0	1	1	0
7	0	0	0	0
8	1	0	0	0
9	1	0	0	1
10	0	0	0	0
11	1	0	1	1
12	0	0	0	0
13	0	0	0	0
+ 14	1	1	1	0
	0	0	0	0

(3) 傳送的資訊變為 10100101101001。

📺 | 範例 7

同上例,傳送的資訊加上漢明碼後資料為 10100101101001,假設在傳送的過程中出現訊號受到干擾的情況,使得第 13 個位元出現錯誤,因此接收端接收到的訊號變為 10100101101011,接收端可利用下表得知第 13 個位元為錯誤位元,如此一來便可直接更正。

	2^3	2^2	2^1	2^0
1	0	0	0	1
2	0	0	0	0
3	0	0	1	1
4	0	0	0	0
5	0	0	0	0
6	0	1	1	0
7	0	0	0	0
8	1	0	0	0
9	1	0	0	1
10	0	0	0	0
11	1	0	1	1
12	0	0	0	0
13	1	1	0	1
+ 14	1	1	1	0
	1	1	0	1

由於上表各位元最後相加結果為 $1101_2 = 13_{10}$,因此錯誤位置即為第 13 個位元。

本章重點回顧

- 通訊線路是指傳輸介質。有線傳輸媒介常見的有雙絞線、同軸電纜及光纖三種，無線傳輸媒介常見的有通訊衛星、紅外線、雷射及無線電波四種。

- 通訊網路依傳輸範圍的大小及傳輸距離的遠近可分為三種，分別是區域網路 (LAN)、廣域網路 (WAN) 及都會網路 (MAN)。

- 國際標準組織 (ISO) 的 OSI 模型，將網路的設計分為七層，由下而上分別是實體層、資料鏈結層、網路層、傳輸層、會議層、展示層與應用層。

- 在網路系統中電腦與電腦間實際連接的情形稱為通訊網路的拓樸結構。常見的拓樸結構有 5 種，分別是完全連結、部分連接、星狀結構、匯流排結構與環狀結構。

- 單向單工傳輸只能以某個固定方向來傳輸資料。

- 半雙工傳輸通訊線路可以雙向傳輸資料，但在同一時間內傳輸的方向只能是單向。

- 全雙工傳輸通訊線路可以同時做雙向傳輸。

- 常見的誤差有固有誤差、截尾誤差與捨棄誤差三種。

- 同位元檢查可能可偵測傳輸過程中是否發生錯誤，但無法更正錯誤；分為奇同位與偶同位檢查兩種。

- 漢明碼檢查可能可偵測傳輸過程中是否發生錯誤，並可能可更正錯誤。(最多只能更正一個錯誤)

選｜擇｜題

(　　) 1. 要從家裡透過電話線接上網際網路的過程為？

    (A) 電腦→數據機→網際網路服務提供者 (ISP) →網際網路

    (B) 電腦→網際網路服務提供者→數據機→網際網路

    (C) 電腦→全球資訊網 (WWW) →數據機→網際網路

    (D) 電腦→數據機→全球資訊網→網際網路。

(　　) 2. 有關光纖傳輸媒介的敘述，何者錯誤？

    (A) 傳輸安全性高　　(B) 電磁干擾低　　(C) 傳輸速率高　　(D) 容易衰減。

(　　) 3. 雙絞線可分為遮蔽雙絞線（Shielded Twisted Pair，STP）和無遮蔽雙絞線（Unshielded Twisted Pair，UTP）兩種，下列敘述何者正確？

    (A) 遮蔽雙絞線與無遮蔽雙絞線最主要的差異為絞線數目不同

    (B) 無遮蔽雙絞線沒有金屬遮蔽

    (C) 無遮蔽雙絞線線徑較粗

    (D) 遮蔽雙絞線的顏色與無遮蔽雙絞線不同。

(　　) 4. 將類比訊號轉為數位訊號的過程稱為什麼？

    (A) 調變 (Modulation)　　　　　　(B) 壓縮 (Compress)

    (C) 加密 (Encrypt)　　　　　　　　(D) 解調變 (Demodulation)。

(　　) 5. 在國際標準組織所制定的 OSI 模式中，最高階者為何？

    (A) 應用層　　　　(B) 展示層　　　　(C) 會議層　　　　(D) 網路層。

(　　) 6. 在 OSI 的網路架構中，哪一層決定封包 (Packet) 傳送的路徑？

    (A) 實體層　　　　(B) 資料鏈結層　　(C) 網路層　　　　(D) 傳輸層。

(　　) 7. 在 OSI 模型之網路架構中，下列何者是實體層所負責的工作？

    (A) 媒體存取控制　　　　　　　　　(B) 偵錯與錯誤處理

    (C) 將資料轉換為傳輸媒介訊號　　　(D) 資料的壓縮和解壓縮。

(　　) 8. 下列哪一個 OSI 所定義的層級是負責協調建立起資料交換的格式，並且也負責資料的壓縮與加密？

    (A) 應用層　　　　　　　　　　　　(B) 網路層

    (C) 展示層　　　　　　　　　　　　(D) 資料鏈結層。

(　　) 9. 以國際標準組織所制定的開放系統互連架構 (OSI) 為主，其中屬於第二層的資料單位稱為什麼？

    (A) 訊框 (Frame)　　　　　　　　　(B) 封包 (Packet)

    (C) 片段 (Segment)　　　　　　　　(D) 訊息 (Message)。

( ) 10. 在下面哪一種通訊網路架構中,當其中中央電腦發生故障時,整個網路就無法運作?

  (A) 星狀　　　　　(B) 環狀　　　　　(C) 網狀　　　　　(D) 匯流。

( ) 11. 資料的傳輸一般分為單工、半雙工及全雙工三種模式,以下何者為全雙工?

  (A) 用收音機聽音樂　　　　　　　　(B) 用電話機交談
  (C) 以無線對講機交談　　　　　　　(D) 以電視觀看三台的節目。

( ) 12. 以下何種網路元件可用來將網路分隔成兩個不同區域?

  (A) Bridge　　　(B) Switch　　　(C) Repeater　　　(D) Hub。

( ) 13. 決定訊息傳遞最佳路徑的工作是由下列何種網路元件負責?

  (A) Switch　　　(B) Gateway　　　(C) Router　　　(D) Repeater。

( ) 14. 下列哪一種裝置可以用來連接數個不同網域的網路?

  (A) 路由器　　　(B) 集線器　　　(C) 橋接器　　　(D) 以上皆可。

( ) 15. 在通訊設備中,用來連接兩個不同的網路結構,能將某一網路上的數據格式轉換成其他網路能使用的數據格式之硬體設備,稱為?

  (A) 多工器 (Multiplexor)　　　　　(B) 集訊器 (Concentrator)
  (C) 控制器 (Controller)　　　　　　(D) 閘道器 (Gateway)。

( ) 16. 有一字組 (Word) 含 8 個位元,其中 1 個位元是同位檢查位元 (Parity Check Bit)。若採偶同位 (Even Parity) 編碼,則下列何者錯誤?

  (A) 00101101　　(B) 00110010　　(C) 11100010　　(D) 11100111。

( ) 17. 下列敘述何者不正確?

  (A) 同位元檢查碼,可以偵測出任何狀況的錯誤
  (B) 漢明碼檢查法是依照資料的內容計算產生的
  (C) 資料傳輸時,電路易受外界干擾,產生傳輸資料的錯誤
  (D) 安全性較佳的資料傳輸系統,有資料偵錯碼的更正功能。

( ) 18. 假設有一台電腦有 10GB 的硬碟儲存空間。它從電話線接收資料的速度是 14400bps。以此速度來存,則幾小時後該硬碟有機會被填滿?

  (A) 48　　　　　(B) 128　　　　　(C)512　　　　　(D) 1680。

( ) 19. 某部遠方的電腦中存有 56M Byte 的資料,如果用 baud rate 為 56K 的數據機下載這些資料,大約需要多少時間?

  (A) 不到 20 分鐘　(B) 約 1 小時　(C) 約 2.5 小時　(D) 1 天多。

( ) 20. 一般俗稱的 T3 專線,其傳輸速率約為多少?

  (A) 512 Kbps　　(B) 1024 Kbps　　(C) 1.544 Mbps　　(D) 44.736 Mbps

1. 說明電腦網路通訊協定的 OSI 七層架構。

2. 「安排路徑」(Routing) 屬於 ISO 的 OSI 架構中,哪一層的功能? ISO 的 OSI 架構中哪一層是做為直接對使用者提供服務?

3. 兩個資訊設備互連溝通,端賴使用相同的通訊協定 (Protocol),國際標準組織 (ISO) 定義了開放式系統互聯模型 (Open System Interconnection Model, OSI 模型),OSI 模型從實體層 (Physical Layer) 到應用層 (Application Layer) 共分為七層架構,請針對下列 TCP/IP 通訊協定,試述其功能、舉出實際應用,並指出屬於 OSI 模型的哪一層:

   (1) ICMP

   (2) UDP

4. 網路通訊協定中,ARP 協定的功用為何?如何運作?使用 Proxy ARP 的作用為何?

5. 解釋名詞:資料傳輸速率:bps。

6. 請說明 Modulation、Demodulation 及 Modem 之意義。

7. 試簡答下列問題:全雙工與半雙工的差別為何?

8. NAT(Network Address Translation) 是許多現代網路設備內建的功能,請問:

   (1) NAT 的功用及原理為何?又使用 NAT 有何缺點?請說明之。

   (2) 許多公司使用 NAT 的目的是降低網路遭受攻擊的風險,請說明其理由。

9. 交換器 (Switch) 和路由器 (Router) 是現代公司常見的網路設備,請回答下列問題:

   (1) 請從用途及特性詳細說明這兩種設備的區別。

   (2) RSTP(Rapid Spanning Tree Protocol) 是用在交換器還是路由器上的協定?

10. 請說明常見的誤差有哪三種?

12 網際網路、電子商務與物聯網

CHAPTER

本章將針對網際網路、電子商務與物聯網共三個主題作介紹，包含的內容有網際網路簡介、TCP/IP 通訊協定、IP 位址、網路遮罩、子網路與子網路遮罩、網域名稱與網域名稱伺服器、網際網路服務提供者與寬頻上網、全球資訊網、網際網路提供的常用服務、無線網路、電子商務與物聯網等內容。

12.1　網際網路簡介

　　目前被廣泛使用的網際網路 (Internet) 的前身為美國國防部的 DARPA(Defense Advanced Research Project Agency) 所建置的 ARPANET。網際網路採用 TCP/IP 通訊協定，透過 TCP/IP 通訊協定使位處於不同地區的網路系統可以互相連結並進而達到資源共享的目的。Internet 採用 client/server 架構，但是實際上 Internet 並非實體網路，Internet 是世界上許多網路系統透過通訊協定連接而成的集合體。

　　1989 年台灣教育部為建立一個可快速交換資訊與資源共享的基礎網路環境，因而規劃建立一個結合校園網路、校際網路與網際網路的整合性教學研究網路 TANet (Taiwan Academic Network)。當時 TANet 以 T1(1.544Mbps) 為骨幹網路連接 7 個區域網路中心，對外則連接網際網路。TANet 可視為台灣與網際網路的重要接軌。2016 年 TANet 架構中的中央研究院、臺北、新竹、臺中及臺南等主節點及各縣市區網中心之間 (臺東區網除外) 的骨幹網路連線速度均已提升至 100Gbps。各區網中心分別以兩條 100Gbps 線路與主節點連接並且各個節點間的線路彼此間具備互相備援的功能，大幅提升了 TANet 系統的可靠性。

12.2　TCP/IP 通訊協定

　　TCP/IP(Transmission Control/Internet Protocol) 是網際網路的通訊協定。目前廣泛使用的網際網路之前身為美國國防部的 ARPANET，TCP/IP 於 1982 年被 ARPANET 採用做為標準。TCP/IP 通訊協定並非只包含了 TCP 及 IP 兩種協定，實際上如 UDP、DHCP、POP3、SMTP、FTP、DNS、HTTP、Telnet、SNTP、NNTP 及 Telnet 也都是 TCP/IP 通訊協定的一部分。

　　雖然 TCP/IP 通訊協定中有多種協定，但是最重要的還是 TCP 及 IP 兩種協定。TCP 協定相當於 OSI 模型中第四層傳輸層的協定，主要的作用有三項分別是：

1. 建立傳送端及接收端的連線。

2. 控制連線中的資料流量。

3. 資料傳送的確認 (Acknowledge) 與重送 (Retransmit)。

IP 協定相當於 OSI 模型中第三層網路層的協定，IP v4 (Internet Protocol version 4) 是第一個需要做說明的協定。IP 協定主要的作用是定址 (Addressing)，也就是替每個網路設備編定一個唯一的位址。IP 協定的定址方式將在下節中詳細介紹。

TCP/IP 通訊協定的詳細架構介紹如下。TCP/IP 通訊協定共分為四層，最底層是第一層，依序往上直到第四層，TCP/IP 通訊協定的四層功能及與 OSI 的七層模型之對應關係如下表所示：

表 TCP/IP 通訊協定各層功能

階層	功能	對應 OSI 模型
階層 1：網路層 (Network Layer)	描述網路中連接電腦的方式。	1-2
階層 2：網際網路層 (Internet Layer)	描述如何連接不同的網路，並且提供在不同網路間電腦相互聯線的方法。定義 IP 通訊協定。	3
階層 3：傳輸層 (Transport Layer)	可提供網路上 End-to-End 的傳輸，並確保傳輸的資料能夠完整的送達接收方。定義 TCP 及 UDP 通訊協定。	4
階層 4：應用層 (Application Layer)	提供給使用者各種不同的應用服務，如 e-mail (POP3、SMTP)、FTP、DNS、HTTP 及 Telnet 等通訊協定。	5～7

TCP/IP 通訊協定中的 POP3、SMTP、FTP、DNS、HTTP 及 Telnet 協定在本章的後半部會陸續介紹。而 UDP 及 DHCP 協定介紹如下：

表 UDP 及 DHCP 協定

編號	協定名稱	功能
1	UDP (User Datagram Protocol)	僅負責將資料送出，但不須確認接收端是否接收到資料。傳輸效率較 TCP 高，但可靠度較差。
2	DHCP (Dynamic Host Configuration Protocol)	DHCP 的工作原理是用一台或一組 DHCP 伺服器來分配 IP 位址給網路設備。

12.3　IP 位址

　　IP 位址 (Internet Protocol Address) 代表電腦在網際網路的唯一位址。在網路上傳送的封包 (Packet) 都必須記載接收端的 IP 位址，藉由此唯一的位址，封包才能正確無誤地送達接收端。依 IPv4 位址分類的方式，IP 位址是由 32 個位元的二進位值來表示，但為了方便記憶及增加可讀性，因此將 32 個位元的二進位值分成四組 8 個位元的二進位值，再將 8 個位元的二進位值以 0~255 之間的十進位數來表示，每組數值間以「.」隔開。

　　若有一 32 個位元的 IP 位址如下：

10101010.11001100.00110011.11110000

　　將上面四個各 8 位元的二進位值轉換成十進位值表示，對應表示法如下：

170.204.51.240

　　IPv4 位址分類的方式是採用網路位址 (Network ID) 及主機位址 (Host ID) 兩層結構所組成，並區分 A、B、C、D 及 E 共五級。IPv4 位址共有 32 bits，由左邊開始編號，號碼由 0 至 31。分類規定如下表：

表 IPv4 位址分類方式

	特殊位元	網路位址	主機位址
Class A	規定第 0 個位元：0	1~7	8~31
Class B	規定第 0-1 個位元：10	2~15	16~31
Class C	規定第 0-2 個位元：110	3~23	24~31
Class D	規定第 0-3 個位元：1110	未區別網路位址與主機位址，本類別 IP 位址主要提供多點傳送 (Multicast) 群組位址使用。	
Class E	規定第 0-3 個位元：1111	未區別網路位址與主機位址，本類別 IP 位址主要提供實驗性網路使用。	

　　IPv4 雖然有 5 個 Class，但常用的只有 Class A、B 及 C 三種。網路位址及主機位址以利用下圖來幫助記憶：

➔ Class A：擁有最多的主機位址 (3 個位元組)。

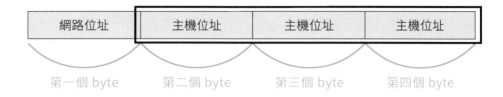

Class B：擁有中等的主機位址 (2 個位元組)。

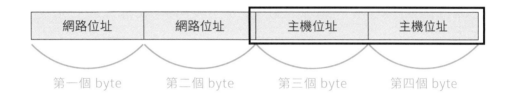

Class C：擁有最少的主機位址 (1 個位元組)。

網路位址	網路位址	網路位址	主機位址
第一個 byte	第二個 byte	第三個 byte	第四個 byte

IP 位址第一個 byte(即最左方的第一個數字) 的限制及範圍整理如下表：

表 IP 位址限制

	Class A	Class B	Class C
限　制	第 0 個位元為 0	第 0-1 個位元為 10	第 0-2 個位元為 110
最小值	$00000000_2 = 0_{10}$	$10000000_2 = 128_{10}$	$11000000_2 = 192_{10}$
最大值	$01111111_2 = 127_{10}$	$10111111_2 = 191_{10}$	$11011111_2 = 223_{10}$
範　圍	1~126 (0 與 127 保留另有用途)	128~191	192~223

上表中 Class A 保留了 0 與 127 兩個值，其中 0 是做為預設路徑位址，而 127 則是做為 look back 位址的用途。

若有 IP 位址為 100.50.50.50，由於 100 落在 1~126 之間，因此這個 IP 位址屬於 Class A。

因為 IP 位址是由 32 個位元組成，所以理論上會有：

$$2^{32} = 4,294,967,296 \cong 4 \times 10^9 \text{ 個 IP 位址 (即 40 億個左右)}$$

40 億看起來似乎很多，事實上地球目前的人口數大於 40 億，也就是說，若想要每個人分配一個 IP 位址是不夠分的。因此新一代的位址分類法 IPv6(Internet Protocol Version 6) 被提出，IPv6 利用了 128 個位元來定址，所以可以提供更多的 IP 位址給網路裝置來使用。IPv6 位址共分為八段 (Segment)，每段由 16 個位元構成，彼此以冒號 (：) 隔開，為方便閱讀通常會以 16 進位值來表示。以下即為使用 IPv6 位址分類法來表示位址的範例：

WXYZ：WXYZ：WXYZ：WXYZ：WXYZ：WXYZ：WXYZ：WXYZ

每段共 16 bits，合計 8 段

在本範例中符號 W、X、Y 及 Z 均代表一個 16 進位值。

12.4　網路遮罩

網路遮罩 (Network Mask) 的作用是用來計算出網路位址。網路遮罩為 32 bits 的資料，將網路遮罩與 IP 位址執行「位元對位元」的 AND 運算便可求得 IP 位址對應的網路位址。兩個不同的 IP 位址對同一個網路遮罩各自執行「位元對位元」的 AND 運算，若結果相同則代表這兩個不同的 IP 位址屬於同一網路。

Class A、B 及 C 三種對應的「網路遮罩」如下表所示：

表 Class A、B 及 C 對應網路遮罩

	網路遮罩	對應十進位表示
Class A	11111111 00000000000000000000000000000000 8 個 1，24 個 0	255.0.0.0
Class B	1111111111111111 0000000000000000 16 個 1，16 個 0	255.255.0.0
Class C	111111111111111111111111 00000000 24 個 1，8 個 0	255.255.255.0

🖥 | **範例 ❶**

若有一 IP 位址為 100.50.50.50，因為這個 IP 位址屬於 Class A，所以網路遮罩為 255.0.0.0，求此 IP 位址 100.50.50.50 對應的網路位址作法如下。

解

100.50.50.50 ⇒ 01100100.00110010.00110010.00110010

225.0.0.0 ⇒ 11111111.00000000.00000000.00000000

執行 and ⇒ 01100100.00000000.00000000.00000000

↓轉換為 10 進位

100.0.0.0

由以上之計算可知 IP 位址 100.50.50.50 對應的網路位址為 100.0.0.0。

🖥 | **範例 ❷**

請利用以下表格來說明兩個不同的 IP 位址是否屬於同一網路？

網路遮罩	IP 位址	是否屬於同一網路	理由
255.0.0.0	90.100.110.120 90.150.160.170	是	根據網路遮罩之值及 AND 運算子的特性，IP 位址的第一位值必須相同，才會屬於同一網。
255.255.0.0	90.100.110.120 90.100.120.130	是	根據網路遮罩之值及 AND 運算子的特性，IP 位址的第一位及第二位值必須相同，才會屬於同一網。
255.255.255.0	90.100.110.120 90.100.110.200	是	根據網路遮罩之值及 AND 運算子的特性，IP 位址的第一位、第二位及第三位值必須相同，才會屬於同一網。

12.5 子網路與子網路遮罩

子網路 (Subnet) 代表利用 Class A、B 或 C 的主機位址 (Host Address) 的一部分位元來劃分出子網路。如以下範例：

範例 ❶

若 Class B 的 IP 位址為 168.100.0.0，前 16 個位元為網路位址，而後 16 個位元為主機位址，此時若將主機位址的前 8 個位元移作網路位址，則此時 IP 位址的前 16 個位元為主網路位址，第 16~23 個位元為子網路位址，而後 8 個位元則為主機位址。如下圖所示：

解：ClassB

0 　　　　　7	8 　　　　　15	16 　　　　　23	24 　　　　　31
主網路位址	主網路位址	子網路位址	主機位址

實際上，子網路只能在同一個網路中被辨識，對網際網路上其他的網路來說，不論 IP 位址是否執行子網路切割，整個 32 bits 的 IP 位址仍然會被當作標準的 IP 位址來處理，不會有任何的區別。

　　子網路遮罩 (Subnet Mask) 用來決定兩個 IP 位址是否屬於同一個子網路 (Subnet)。如果子網路遮罩中的某個位元值為 1，則 IP 位址中所對應的位元，便是網路位址的一部分。如果是 0，則這個相對應的位元便為主機位址的一部分。

範例 ❷

若 Class B 的網路遮罩是 255.255.0.0，代表前 16 個位元是網路位址，後 16 個位元是主機位址，但若網路遮罩為 255.255.255.0，則代表前 24 個位元是網路位址，後 8 個位元是主機位址。如果某資料段的目的 IP 位址是 168.100.234.48，進入此等級 B 網路之後，與子網路遮罩 255.255.255.0 作 AND 運算，可得知目的地是子網路 168.100.234.0 上的一台主機。

範例 ❸

假設台灣大學分配到一個 Class B 網路，IP 位址為 168.100.x.x，若將此網路劃分成 25 個子網路，請回答以下問題：

(1)　子網路遮罩值應該為何？

(2)　每個子網路中有多少個實際可用的 IP 位址

解

(1)　計算子網路遮罩作法如下：

① 首先應先計算需要多少個位元，來表示子網路。

本題中子網路個數為 25 個，因此至少應有 5 個位元才能區分 25 個子網路。

理由：

$2^5 = 32 > 25$，若只有 4 個位元則因為 $2^4 = 16$，最多只能區分 16 個子網路，但因題意規定要劃分成 25 個子網路，所以最少應有 5 個位元才能區分 25 個子網路。

② 根據 IPv4，Class B 的規格：

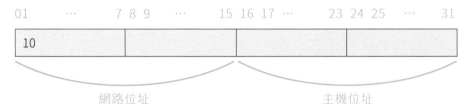

欲求 Class B 網路的子網路遮罩值做法如下：

(a) 將編號 0 及編號 1 位元的值皆設為 1。

(b) 將編號 2 到編號 15 位元的值皆設為 1。

(c) 將編號 16 到編號 20(共 5 個 bits) 的主機位址設定值為 1，編號 21~31 值全部設為 0。

結果如下：

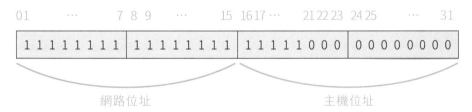

③ 根據上圖，子網路遮罩值為 11111111.11111111.11111000.00000000，即 255.255.248.0。

(2) 每個子網路可實際可用的 IP 位址，利用編號 21~31 共 11 個位元來區分，即 $2^{11} = 2046$ 個。

可變更值的位元數共有 11 個 (編號 21 至 31)

範例 4

若採用 IPv4 架構，假設將整個 Class B 網路交給您來管理，請問共有多少 IP 位址是可由您來分配使用？

解：

已知 IPv4，Class B 的規格如下：

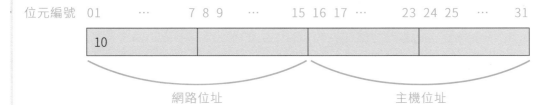

本題可分「網路位址」及「主機位址」分別處理，作法如下：

(1) 「網路位址」

① 最小值：「網路位址」編號 0 至 1 固定為 10，編號 2 至 15 共 14 個位元全為 0，所以 IP 位址的前 16 位元值為：<u>10000000.00000000</u>（相等於 128.0）

② 最大值：「網路位址」編號 0 至 1 固定為 10，編號 2 至 15 共 14 個位元全為 1，所以 IP 位址的前 16 位元值為：<u>10111111.11111111</u>（相等於 191.255）。

(2) 「主機位址」

① 最小值：「主機位址」共 16 個位元，前 15 個位元全為 0，第 16 個位元為 1。所以 IP 位址的後 16 位元值為：00000000.00000001（相等於 0.1）。

註：實際上，「主機位址」16 個位元皆為 0 才是最小值，但該值已被保留給網路或子網路本身使用，管理者不可指定為其他用途。

② 最大值：「主機位址」共 16 個位元，前 15 個位元全為 1，第 16 個位元為 0。所以 IP 位址的後 16 位元值為：11111111.11111110（相等於 255.254）。

註：實際上，「主機位址」16 個位元皆為 1 才是最大值，但該值已被保留為廣播（broadcast）位址使用，管理者不可指定為其他用途。

12.6 網域名稱與網域名稱伺服器

由於 IP 位址利用四個 0~255 的數字來代表某一主機的位址，因為數字通常不具特殊意義，導致 IP 位址不易記憶，因此一種比較容易記憶的方法 ——「網域名稱」(Domain Name) 被提出。本節將介紹網域名稱與網域名稱伺服器的相關觀念。首先介紹網域名稱。

一主機的網域名稱必須要唯一、不能與其他主機的網域名稱相同，另外通常會以有意義的英文簡寫來做為網域名稱。例如：

> **mail.csie.ntu.edu.tw**

mail 為特定主機名稱，而 csie.ntu.edu.tw 則為網域名稱。網域名稱分為兩個或兩個以上的部分，用來標明該網域名稱所屬的組織。上面的例子是國立台灣大學資工系郵件伺服器的網域名稱。

網域名稱命名採用階層式的樹狀結構，其中最右的一個項目是以地理位置來區分，也就是以國碼 (country code) 來區分不同的國家，常用的國碼如下表所示：

表 國名與網域名稱

國碼	國名	國碼	國名	國碼	國名	國碼	國名
無	美國	tw	臺灣	fr	法國	ru	俄羅斯
jp	日本	br	巴西	de	德國	in	印度
cn	中國	ca	加拿大	uk	英國	id	印尼
hk	香港	au	澳洲	pt	葡萄牙	vn	越南

網域名稱中，居於國碼左方的碼是以機構來區分，常用符號如下表所示：

表 機構性質與網域名稱

符號	意義	範例
com	商業組織	碁峰圖書：www.gotop.com.tw
edu	教育學術組織	國立台灣大學：www.ntu.edu.tw
net	網路組織	Hinet：www.hinet.net
gov	政府官方單位	中華民國總統府：www.president.gov.tw
org	財團法人等非官方組織	海基會：www.sef.org.tw

任何人或組織均可以註冊一個未被註冊的網域名稱來使用。由於此機制已實施一段時間，因此許多簡單而且容易記憶的網域名稱多數已經被註冊。

雖然可以利用好記的「網域名稱」來取代難記的 IP 位址，但是在 Internet 機制下是無法直接依「網域名稱」對應到真正的網頁，換句話說，因為 TCP/IP 通訊協定只認得 IP 位址，不認得「網域名稱」，因此必須有一個可以將「網域名稱」轉換成 IP 位址的轉換器。網域名稱伺服器 (Domain Name Server；DNS) 的作用便是將網域名稱轉換成 IP address，以符合 TCP/IP 通訊協定的規定。

當使用者透過瀏覽器位址視窗或電子郵件位址標示網域名稱，瀏覽器或電子郵件軟體便會送出一個將網域名稱轉換成 IP address 的請求給網域名稱伺服器，如果該網域名稱伺服器能轉換便會直接轉換；但若無法轉換，則會將請求轉遞給另一個網域名稱伺服器來處理，若仍然無法轉換，該請求會繼續轉遞給其他網域名稱伺服器來處理，直到順利獲得轉換或確定無法轉換時為止。

12.7 網際網路服務提供者與寬頻上網

使用者若要使用網際網路資源必須透過「網際網路服務提供者」(Internet Service Provider，ISP) 所提供的服務，才能連上網際網路。根據台灣網路資訊中心（TWNIC）進行的「台灣網際網路連線頻寬調查」結果顯示，於 2021 年統計 HiNet（中華電信數據分公司）、TFN（台灣固網）、Taiwanmobile（台灣大哥大）、NCIC（新世紀資通）與 emome（中華電信行動通信分公司），為台灣市佔率最高之前五大「網際網路服務提供者」。

目前 ISP 提供的上網服務常被稱為「寬頻上網」。目前提供商用或家用「寬頻上網」的方式有兩類，分別是「非對稱數位用戶迴路」(Asymmetric Digital Subscriber Line，ADSL) 及「纜線數據機」(Cable Modem)。分別介紹如下：

首先，由普及度最高的「非對稱數位用戶迴路」上網服務先做介紹。「非對稱數位用戶迴路」簡稱為 ADSL，「非對稱」代表下載 (Download) 與上傳 (Upload) 的速度不相同。ADSL 是利用現有的電話線路來連上網際網路的服務，本項技術允許上網與打電話可以同時進行，也就是說，同一條電話線路可以同時傳輸上傳、下載及聲音三種不同的資料。使用者若要申請 ADSL 上網服務，必須先確認上網地點與 ADSL 機房之距離必須在合理範圍內才能使用 ADSL 服務，若距離太遠將影響連線速度，甚至無法使用服務，傳輸速度主要的影響原因是電話線路的品質與電信機房之距離。ADSL 的基本架構圖如下：

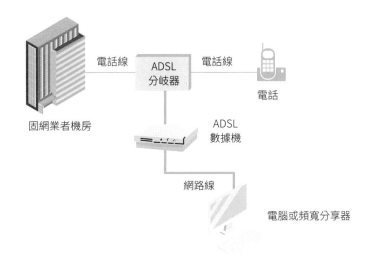

電話線　ADSL 分歧器　電話線　電話

固網業者機房

ADSL 數據機

網路線

電腦或頻寬分享器

圖 12-1　ADSL 利用電話線達到寬頻上網的目的

　　上圖中的「ADSL 分歧器」的用途是將數據資料與語音資料分離，以便讓數據資料交給數據機處理，而語音資料則交給電話來處理。

　　第二種介紹的是「纜線數據機」。「纜線數據機」是利用有線電視業者所提供的網際網路服務。本技術依資料在纜線的傳輸方向可分為二種不同作法，分別是「雙向傳輸」與「單向傳輸」。「雙向傳輸是指上網服務同時具備下載與上傳功能，而「單向傳輸」則是指上網服務只具下載功能，上傳功能必須利用傳統的電話線來傳送資料。剛開始提供「纜線數據機」上網服務時，曾有用戶申請「纜線數據機」上網服務，但未被清楚告知提供的服務性質為「單向傳輸」，竟然整整一個月電話線路均是被設定在「通話」狀態而白繳了很多錢，但因為目前已沒有業者提供「單向傳輸」的服務，所以上述的情況也就不會再出現了。

　　網路中資料傳輸速率的單位為 bps (Bit Per Second)，請特別注意的是 bps 是以 bit 為速率單位而非 byte。有時為了表示較大的傳輸速率可以利用 Gbps、Mbps 或 Kbps 來表示，這些單位的對應關係如下：

$$1 \text{ Gbps} = 10^3 \text{ Mbps} = 10^6 \text{ Kbps} = 10^9 \text{ bps}$$

　　如果通信傳輸速率為 9,600 bps，在不考慮其他影響因素的情形下，代表每分鐘可傳輸 72,000 個字元。作法解釋如下：

1 個字元 = 8 bits。1 分鐘 = 60 秒，

9,600 bps 相當於一分鐘可傳輸 9,600×60 bits 的資料。

因此，1 分鐘可傳輸的字元數 $= \dfrac{9,000 * 60}{8} = 72,000$。

🖥️ 範例 ❶

T1、T2、T3 與 T4 傳輸的速度各別為何？

解

分類	傳輸速度	分類	傳輸速度
T1	1.544M bps	T3	44.736 M bps
T2	6.312 M bps	T4	274.176 M bps

12.8 全球資訊網

1989 年歐洲瑞士粒子物理研究 (European Laboratory for particle Physics, CERN) 發展出 WWW 系統 (World Wide Web，全球資訊網)，供資訊網路服務之用。WWW 使用的檔案文件是一種超本文 (Hypertext)，超本文使用 HTML(Hyper Text Markup Language) 工具來設計，文件本身除了文字以外，也可包含多媒體資料，另外文件亦可透過超鏈結 (Hyperlink) 的動作與其他多媒體檔案連結。

超本文傳輸協定 (HyperText Transfer Protocol，HTTP) 的用途是在使用者端及伺服器端二者之間建立起傳送文字、聲音、圖片及視訊等文件之協定。利用 HTTP，WWW 系統便可讓使用者端及伺服器端得以溝通。透過 HTTP 由瀏覽器 (Browser) 向 WWW 伺服器讀取 HTML 的文件，由瀏覽器解譯，然後顯示在使用者的螢幕上，強調檔案文件或文字資料的組織化。

12.9 網際網路提供的常用服務

網際網路常被使用的服務有電子郵件、遠端登入及檔案傳輸三種，將於本節中介紹。

一、電子郵件

電子郵件 (Electronic Mail，e-mail) 是一種數位資料，除了可儲存文字資料以外，也可以包含多種多媒體資料如聲音及影像等格式之資料。電子郵件機制是利用網路來傳遞郵件，並利用磁碟空間來儲存電子郵件以提供類似信箱之功能。只要有收件人的電子郵件

地址 (e-mail Address) 資訊，便可以利用電子郵件機制將信件快速的送達收件人的電子郵件信箱 (Mail Box)。在網際網路中電子郵件地址必須唯一，不可重複。

電子郵件地址範例：

peter@ms1.csie.ntu.edu.tw

表 電子郵件地址範例說明

符號	意義
peter	使用者代號
@	@ 為 e-mail address 規定必須使用的符號，唸作「at」。 @ 的後方為 domain name，@ 前方為使用者代號。
ms1	主機名稱
csie	資訊工程系
ntu	國立台灣大學
edu	教育機構
tw	國碼

SMTP (Simple Mail Transfer Protocol) 與 POP3 (Post Office Protocol version 3) 為目前電子郵件系統中重要的通訊協定。SMTP 負責發送電子郵件，而 POP3 則是負責接收電子郵件。

二、遠端登入

利用遠端登入 (Telnet) 技術可以讓本地終端機模擬成遠端電腦系統的終端機。使用者可以透過網路連線登入遠端電腦系統，使用該電腦的資源及服務。當使用者登入遠端電腦系統時，便可使用提供給登入帳號的權限，因此當使用者在螢幕前下指令執行某項動作時，該指令便會透過網路連線傳到遠端主機，並在遠端主機上執行此指令，然後再將執行結果傳輸回使用者目前使用的終端機上。

因為 Telnet 機制在網路上傳遞的訊息是「明文」(Plaintext)，所謂的「明文」就是資料封包在網路上傳輸時，該資料封包的內容為資料的原始格式，換句話來說就是使用 telnet 登入遠端主機時輸入的帳號密碼便是以原本的資料格式傳輸，所以若傳輸的資料被 tcpdump 類型的監聽軟體監聽時，帳號密碼就被竊取了。

因此 IETF(Internet Engineering Task F) 的網路工作小組制定了 SSH(Secure Shell) 機制，SSH 是建立在以應用層與傳輸層為基礎的安全協定，提供了遠端登錄會話和其他網路服務安全通訊的服務，由於 SSH 可對所有傳輸的資料進行加密，因此提供了較佳的安全保護。

三、檔案傳輸協定

檔案傳輸協定 (File Transfer Protocol；FTP) 規定了電腦如何透過網路連線來完成資料傳遞，透過這種網際網路服務，使用者可以完成資料的上傳或下載工作。

FTP 的運作機制是保留編號為 20 及 21 的兩個連接埠 (Port)，並在執行檔案傳輸動作時使用二條 TCP 連線，其中 port 20 用來傳輸資料，port 21 則用來傳輸控制指令。FTP 傳輸資料時以明文方式傳輸，可能有安全上的疑慮。

安全檔案傳輸協定 (SSH File Transfer Protocol 或 Secret File Transfer Protocol，SFTP) 會加密訊息後再傳輸，可用來強化 FTP 傳輸的安全性，使用埠號 115。

12.10　無線網路

無線網路 (Wireless Network) 是指未使用網路線但可提供網路服務的網路系統。目前經常被用來使用無線網路服務的設備為行動裝置例如筆記型電腦、手機與平板等設備。

一、IEEE 802.11 無線區域網路標準

IEEE 802.11 無線區域網路標準為 IEEE 在 1997 年所制定，因 IEEE 802.11 標準的最大傳輸速度只有 2 Mbps，所以市場接受度不高；因此 1999 年 IEEE 制定了新的無線區域網路標準 IEEE 802.11a 及 IEEE 802.11b，最大傳輸速度分別是 54 Mbps 及 11 Mbps，此時市場已開始逐漸接受此項標準。隨後在 2003 年及 2009 年 IEEE 分別推出了具有相下相容特性的 802.11g 及 802.11n 兩項標準供無線區域網路環境使用。2013 年俗稱 5G Wi-Fi 且傳輸速率達 6.93Gbps 的 802.11ac 標準被推出，此時無線網路的傳輸速度正式進入 Gigabit 世代。俗稱 Wi-Fi 6 的 802.11ax 標準於 2020 年推出，此標準的傳輸速率已經可達 10 Gbps。提供使用者更多樣化的選擇。

表 IEEE 802.11 家族無線區域網路標準

年代	規格	頻段	最大傳輸速度
1997	802.11	2.4 GHz	2 Mbps
1999	802.11a	5 GHz	54 Mbps
1999	802.11b	2.4 GHz	11 Mbps
2003	802.11g	2.4 GHz	54 Mbps
2009	802.11n	2.4/5 GHz	540 Mbps
2013	802.11ac	5 GHz	6.93 Gbps
2020	802.11ax	2.4/5/6 GHz	10 Gbps

12.11 電子商務

　　電子商務發展的起源可由 1960 年代後期以分封交換網路 (Packet Switching Network) 為基礎而被提出 ARPANET 說起，因為 ARPANET 架構的提出，讓遠端的機器彼此間可透過網路互相溝通並傳遞資訊。在 1970 年代銀行利用原有的網路架構開始做「電子資金轉換」(Electronic Funds Transfer，EFT)。1980 年代初期「電子資料交換」(Electronic Data Interchange，EDI) 與電子郵件開始在企業間被普遍使用。 1980 年代末期，網路技術已趨向成熟並被一般大眾廣泛使用，不再局限於軍事及教育用途。1990 年代全球資訊網（WWW）的出現更加速了電子商務 (Electronic Commerce，EC) 的普及。本節將介紹電子商務的定義與種類。

一、電子商務的定義

　　電子商務是指將傳統商業交易的整個交易過程轉換到網際網路上進行。傳統的商業交易行為具有「一手交錢，一手交貨」的特性，但是電子商務很難做到「一手交錢，一手交貨」，通常是先付錢再取得商品，或是先取得商品再付錢；不論是採用哪一種模式，居心不良的人都可能會從電子商務交易過程中獲得不法利益。雖然電子商務交易有一定程度的風險，但是隨著網際網路普及度愈來愈高及網路技術愈來愈成熟，消費者利用網際網路沒有時空限制的優點，在家裡便可透過網際網路連線到世界上任何網路商店所提供的線上購物商場，省去中間商的營運成本，讓購買者可以用低成本但高效率的方式來購物，這就是電子商務交易的魅力。

比如說消費者在網際網路上逛到一家網路商店，並在這家商店中看到了自己喜歡的商品，於是消費者便在該商店的網頁選擇了交易方式，常用的交易方式有以下四種：

1.「貨到付款」

「貨到付款」對消費者而言是最具保障性的付款方式，但是採用這種方式付款，商家通常會要求消費者必須多支付一筆手續費給物流業者。本類付款方式屬於「一手交錢，一手交貨」型。

2.「超商付款同時取貨」

購物時指定取貨的超商 (消費者可指定最方便取貨的超商分店)，本類付款方式屬於「一手交錢，一手交貨」型。

3.「銀行或 ATM 轉帳」

消費者必須先到銀行 (包含郵局) 或使用銀行的自動提款機 (ATM) 轉帳，再以傳真或電子郵件告知商家付款資訊。商家確認付款完成後，才會寄出商品。本類付款方式屬於「先交錢，後收貨」型，購物者必須承受付了錢卻收不到貨的風險。

4.「線上直接付款」

本類付款方式是利用購物網站提供的線上付款機制 (通常是信用卡付款) 直接在線上完成付款動作。本類付款方式屬於「先交錢，後收貨」型，消費者同樣必須承受付了錢卻收不到貨的風險而且還有可能因為個人交易資料未被妥善處理，而遭受其他可能的風險如信用卡遭盜刷、個人資料外洩等損失。

雖然「電子商務」有一定程度的風險，但是「電子商務」迷人的地方卻遠超過她所可能帶來的風險，最後用一句話來定義「電子商務」：

只要和金錢交易有關，交易型態是利用網際網路來完成，便是「電子商務」。

電子商務的發展改了變消費型態，除了可以減少支付中間商的費用外，並可降低生產者基本的管銷費用，如此一來將可讓消費者以較低的價格買到相同的商品。而商品的流通，因為可透過電子資料交換機制，讓產業上下流公司間的溝通可在最短的時間內完成，這種低成本且即時的特性正是電子商務機制吸引商家的重要原因。

二、電子商務的種類

常見的電子商務類型，若以交易對象做為分類標準可分為「企業對消費者」、「企業對企業」、「消費者對消費者」及「消費者對企業」共四類，將於本小節中一一介紹。

1. **「企業對消費者」類型 (Business to Consumer，B2C)**

「企業對消費者」類型的電子商務是指企業對一般消費者的貨品銷售，此種模式是一般人最常接觸，也是最熟悉的；運作的機制是商店將商品透過網際網路技術呈現資訊流並結合金流及物流機制來完成選購、配送及付款等相關工作。常見的範例如台灣知名電子商務平台 momo 購物網、網路家庭 (PChome)、蝦皮購物、網路證券或網路銀行業務均屬於本類型。

圖 **12-2** momo 購物網首頁 (https://www.momoshop.com.tw)

從企業的角度來看，電子商務機制可替公司節省在管銷上費用的支出，因此可降低產品售價，而從消費者的角度來看，電子商務機制實現了「購物便利性」及「更低的產品價格」這兩項要求。B2C 電子商務除了是企業重要的行銷管道外，同時也是企業的公關；因為成功的電子商務服務，不僅可為企業宣傳並可帶來正面評價。

2. **「企業對企業」類型 (Business to Business，B2B)**

「企業對企業」類型的電子商務是指企業和企業之間透過網際網路相關技術來完成如電子訂單、客戶服務或技術支援等工作。1986 年美國平價連鎖體系 Wal-Mart 與成衣製造商希望能將產銷體系整合，因此利用 B2B 電子商務機制以更少的人力來管理更多的訂單，並透過網路快速傳遞的特性，讓客戶下訂單、商品運送及收款的時間流程縮短，並可讓庫存量降低，如此一來便可讓企業創造更大的獲利可能。台灣的有許多半導體公司也提供了類似的 B2B 電子商務機制，如台積電提供顧客可隨時上網查看委製產品的製作進度，讓顧客可以瞭解進度是否正常，是否可以如期交貨。

圖 12-3　台積電提供的 B2B 電子商務模式服務 (https://www.tsmc.com/chinese)

3. 「消費者對消費者」類型 (Consumer to Consumer，C2C)

「消費者對消費者」類型的電子商務是指由消費者直接與消費者之間透過第三者提供的電子商務交易平台 (如 eBay、蝦皮、Yahoo 奇摩拍賣等網站) 所完成的交易行為。

圖 12-4　Yahoo 拍賣網頁 (https://tw.bid.yahoo.com/)

無論在世界任何一個角落的人，都可把想要販售的物品登錄在 eBay 網站上，附上文字敘述、圖片及底價待價而沽，而對該項物品有興趣的人可上網參與該物品之競標，價高者得。在 C2C 電子商務平台交易的成本遠較真實世界的交易成本低，最大的不同是買賣雙方交易的場所是在虛擬的網際網路空間裡。在 C2C 的交易模式中，買賣

雙方各自出價、自行商議交貨及付款方式，交易平台只是提供一個交易的場所並會收取刊登費及一定比例金額的成交手續費。

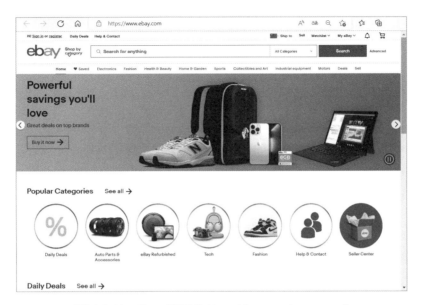

圖 12-5　eBay 網頁 (https://www.ebay.com/)

4. 「消費者對企業」類型 (Consumer to Business，C2B)

「消費者對企業」類型的電子商務是指先由消費者提出需求，再由企業配合消費者之需求提供商品或服務。本類型的電子商務與傳統的電子商務由企業先提供商品或服務再由消費者來選擇的運作方式恰好相反，通常是透過社群集體議價力量或開發社群需求而成的一種商業行為。「合購網」便是一種常見的「消費者對企業」電子商務的應用。

圖 12-6　愛合購 (https://www.ihergo.com)

12.12　物聯網

物聯網 (Internet of Things，IoT) 是一種透過網路連線將電腦硬體、應用軟體及各類感測裝置連接在一起的系統。在物聯網系統中所有的裝置都具備唯一識別碼 (UID)，通常會將物聯網系統分成三個層次，最底層是由各類感測器所構成的感測層，在感測層中感測器會偵測環境狀態並依設定透過第二層網路層來回傳所蒐集到的資料到最高層應用層。

感測層中的感測器可能是感測空氣品質、氣溫、體溫、空氣濕度、土壤濕度或 GPS 座標值等。網路層則是負責資料的傳輸，必須決定是採用藍牙、Wi-Fi、4G 或 5G 等技術中的某一項來做為資料傳輸方式。最後是應用層，物聯網系統的管理者必須決定使用者以何種方式來使用物聯網系統所提供的資訊。以下是基本的物聯網系統運作機制：

利用各類感測裝置偵測並蒐集大量的原始數據 (Raw Data)，透過網路連線將原始數據傳送至雲端伺服器，在雲端伺服器中可能會利用人工智慧結合大數據分析技術，由大量的原始數據中獲取所需的資訊，最後使用者將可藉由各種裝置查看並利用這些資訊做出適當的決策。

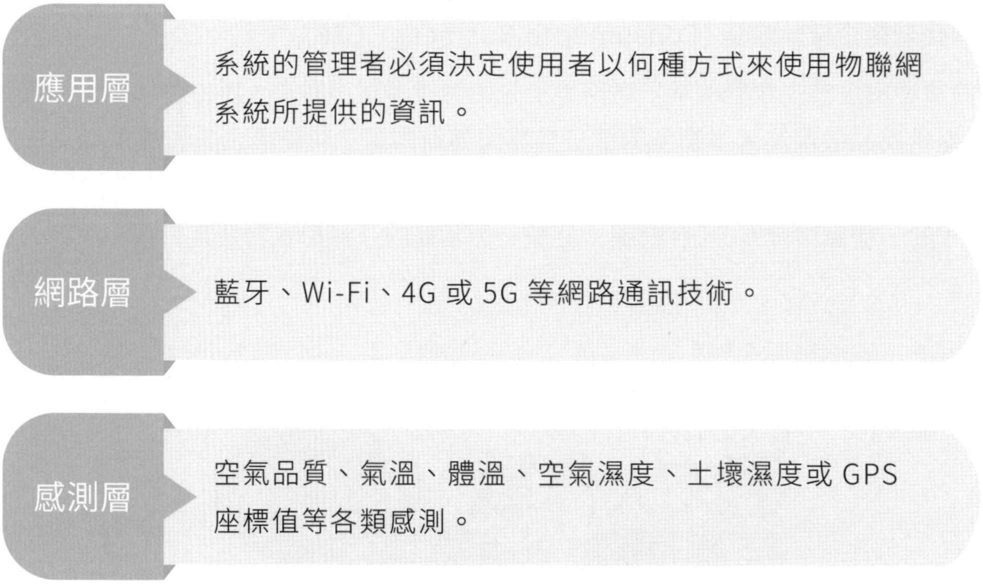

應用層	系統的管理者必須決定使用者以何種方式來使用物聯網系統所提供的資訊。
網路層	藍牙、Wi-Fi、4G 或 5G 等網路通訊技術。
感測層	空氣品質、氣溫、體溫、空氣濕度、土壤濕度或 GPS 座標值等各類感測。

圖 12-7　物聯網系統三層架構圖

以下將以「雲端伴侶動物紅外線體溫監測系統」做為實例，來說明物聯網系統的運作方式。

一、系統說明

傳統上來說獸醫院對於動物的體溫量測方式為測量肛溫，這樣的方式會造成動物極度不適。本系統利用紅外線溫度感測器來自動量測動物體溫，並利用雲端資訊系統來記錄由監測裝置所量測並回傳的動物體溫資料。本系統可即時監控受測動物的體溫狀況，若偵測異常時會以電子郵件、簡訊或 line 訊息等即時方式通報，獸醫師或飼主也可用電腦或各類行動裝置結合軟體主動做查詢動作，在察覺動物體溫異常時可立即採取適當處理動作。

在本系統中，依物聯網系統三層分別說明功能如下：

1. **感測層**：利用紅外線溫度感測器測量動物體溫。

2. **網路層**：利用 Wi-Fi、4G 或 5G 通訊來傳輸紅外線溫度感測器所量測到的動物體溫。

3. **應用層**：設計雲端資訊系統來記錄由監測裝置所量測並回傳的動物體溫資料。若偵測異常時會以電子郵件、簡訊或 line 訊息等即時方式通報，獸醫師或飼主可用電腦或各類行動裝置結合軟體主動做查詢動作，若察覺動物體溫異常，可立即採取適當處理動作。

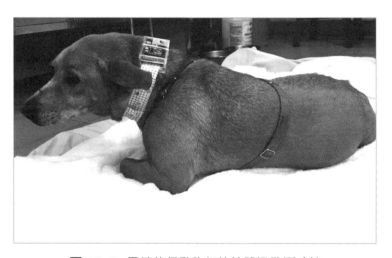

圖 12-8　雲端伴侶動物紅外線體溫監測系統

本章重點回顧

- 目前被廣泛使用的網際網路的前身為美國國防部所建置的 ARPANET，網際網路採用 TCP/IP 通訊協定與 client/server 架構。

- TCP/IP 通訊協定共分為四層由下而上分別是網路層 (Network Layer)、網際網路層 (Internet Layer)、傳輸層 (Transport Layer) 與應用層 (Application Layer)。

- IP 位址代表電腦在網際網路的唯一位址。在 IPv4 位址分類法中，IP 位址是由分成四組 8 bits 的二進位值共 32 位元來表示；而 IPv6 位址分類法中，IP 位址是由分成八組 16 位元的二進位值共 128 位元來表示。

- 子網路遮罩的用途是用來決定兩個 IP 位址是否屬於同一個子網路。

- 網域名稱伺服器 (DNS) 的作用是將網域名稱轉換成 IP address。

- 超本文傳輸協定 (HTTP) 的用途是在使用者端及伺服器端二者之間建立起傳送文字、聲音、圖片及視訊等文件之協定。

- 常見的電子商務類型有「企業對消費者」(B2C)、「企業對企業」(B2B)、「消費者對消費者」(C2C) 及「消費者對企業」(C2B) 共四類。

- 物聯網系統分成三層，最底層是感測層，第二層網路層，最高層則是應用層。

選 | 擇 | 題

( ) 1. IPv4 的 IP 位址有幾個位元？

       (A) 16   (B) 32   (C) 64   (D) 128。

( ) 2. 就現行的 IPv4 而言，將所有的 IP 位址共分為幾類？

       (A) Class A 到 Class D 四類   (B) Class A 到 Class E 五類

       (C) Class A 到 Class F 六類   (D) Class A 到 Class G 七類。

( ) 3. 在 TCP/IP 通訊協定的規範下，一個 Class B 的網路，其中網路位址占幾個位元？

       (A) 32   (B) 24   (C) 16   (D) 8。

( ) 4. 在 TCP/IP 通訊協定中，IP 位址 120.120.120.120 是屬於哪一類型 (Class) 的網路位址？

       (A) Class A   (B) Class B   (C) Class C   (D) Class D。

( ) 5. IPv6 的 IP 位址有幾個位元？

       (A) 16   (B) 32   (C) 64   (D) 128

( ) 6. 當輸入 www.gotop.com.tw 之類的網址時，需用下列何種服務以取得該主機所在的正確位址？

       (A) WWW   (B) ftp   (C) DNS   (D) telnet。

( ) 7. 在網域名稱分類中，網域機構類別為 .org 者，是代表什麼單位？

       (A) 教育或學術機構   (B) 商業組織或公司

       (C) 政府機構   (D) 財團法人或基金會。

( ) 8. 電子郵件位址 (e-mail Address) 不包含以下哪一項資訊？

       (A) 收件者名稱   (B) 領域名稱   (C) 密碼   (D) 主機名稱。

( ) 9. 收到電子郵件出現無法辨識的亂碼時，下列何者為最可能的原因？

       (A) 郵件本文的編碼方式不同   (B) 傳送郵件的伺服器當機

       (C) 發信者的發信程式中毒   (D) 接受郵件的伺服器誤判。

( ) 10. 在撰寫電子郵件時，下列何者一定要提供？

       (A) 收件人姓名   (B) 收件人位址   (C) 附件檔案   (D) 電子郵件主旨。

( ) 11. 下列通訊協定何者與電子郵件服務無關？

       (A) IMAP   (B) POP3   (C) SMTP   (D)SNMP。

( ) 12. 何者不利於電腦網站對使用者之回應速度？

    (A) 資料經常常更新　　　　　　　(B) 文字很多而且內容深奧

    (C) 圖片色彩豐富且數量龐大　　　(D) 誘人犯罪。

( ) 13. 下列哪些屬於無線傳輸的技術？① 藍牙 ② GSM ③ IrDA ④ Wi-Fi ⑤ ADSL？

    (A) ① ② ③ ④　　(B) ② ④ ⑤　　(C) ① ③ ④ ⑤　　(D) ① ② ④ ⑤。

( ) 14. 以下何者是最基本的網路檢測工具以確認對方主機的存在？

    (A) ipconfig　　(B) telnet　　(C) ping　　(D) ftp。

( ) 15. 以下何者是遠程終端機連線協定？

    (A) https　　(B) ftp　　(C) telnet　　(D) POP 3。

( ) 16. 以下針對網際網路伺服器中各元件的敘述，何者正確？

    (A) FTP：網路名稱管理公用程式對照數字的網址與文字的網址

    (B) DNS：轉譯區域網路與網際網路的郵件格式

    (C) SMTP：檔案傳輸協定的公用程式用來在伺服器上傳出或傳入檔案

    (D) WAIS/RDBFE：讓訪客存取網站資料庫文件，不需先用 HTML 解碼。

( ) 17. 教科書上說 TCP 是一種可靠的通訊協定，所謂的可靠的意思是？

    (A) 傳送資料不會遺失

    (B) 保證一定可以傳到對方

    (C) 它可以檢查以確認是否正確傳送否則會嘗試重傳多次

    (D) 要使用可靠的伺服器。

( ) 18. http 是屬於 TCP/IP 中哪一層的通訊協定？

    (A) 網路層　　(B) 應用層　　(C) 傳送層　　(D) 連結層。

( ) 19. 電腦網路上的位址解析 (Addressing) 工作是由哪一層所負責？

    (A) 工作層　　(B) 傳輸層　　(C) 網路層　　(D) 鏈結層。

( ) 20. 網路 TCP 連線採用三向交握 (3-way Handshaking) 方式，所謂的三向交握的意思是？

    (A) 使用三台電腦交握協調　　　　(B) 使用三段式交握協調

    (C) 要走三條路協調　　　　　　　(D) 有三個方法可以協調。

1. 關於 TCP/IP 協定，請問：

   (1) TCP(Transmission Control Protocol) 與 UDP(User Datagram Protocol) 都位於傳輸層，請說明這兩個協定各自有何特色？

   (2) 請詳細說明何謂 TCP 三向交握 (3-way handshaking) 協定？

   (3) 為何 TCP 三方握手協定會造成拒絕服務 (Denial of Service) 攻擊？

2. 何謂企業內部網路 (Intranet)？企業外部網路 (Extranet)？她們可以為企業帶來哪些利益？

3. 在 WWW，搜尋引擎的功能為何？代理伺服器 (Proxy Server) 的功能為何？使用代理伺服器有何優點？

4. 請說明一個電子郵件地址如：peter@gotop.com.tw 是由什麼組合而成？當使用 Outlook Express 處理電子郵件時，請舉例詳述何謂「附件」？何謂「群組」？(20 分)

5. 近年來電子商務對企業經營日益重要，請說明下列三種電子商務的模式：企業對企業（B to B）、企業對消費者（B to C）、消費者對消費者（C to C）。包括商務交易、代表性商務應用及相關說明。

6. 請解釋電子商務機制中的 (1) 金流 (2) 物流 (3) 資訊流。

7. 建置企業入口網站 (Enterprise Information Portal，EIP) 是近年來重要的資訊管理發展，何謂 EIP？它有何功能？特別是在辦公室的資料處理工作中，有何應用？建置 EIP 需要哪些技能？有哪些軟體系統可以作為建立 EIP 的工具？

8. 請說明何謂「信用卡 3D 驗證機制」？

9. 電子商務網站系統的開發，其網站的設計品質會影響其對消費者的吸引力。請問你認為一個網站的設計應包含哪些重要的品質指標？

10. 網際網路上的應用，如全球資訊網 (World Wide Web) 的應用已蓬勃發展，有所謂的 WEB 1.0、WEB 2.0、WEB 3.0 世代的演進。請比較 WEB 1.0、WEB 2.0 和 WEB 3.0 的差異。

13 資訊安全與資訊倫理

CHAPTER

本章將介紹資訊安全與資訊倫理的相關知識，包含的主題有資訊安全三要素、最小權限原則、基礎密碼學、數位簽章、憑證管理、使用者認證、網路安全、網路保護設備、資訊安全管理與資訊倫理等內容。

資訊安全的狹義解釋是保護資訊，可利用密碼學機制來達到本目的。資訊安全的廣義解釋則是達成以下四項目的：

1. **秘密性 (Privacy)**：防止明文被非法的接收者得到。

2. **鑑定性 (Authenticity)**：確定資訊確實來自發送方。

3. **完整性 (Integrity)**：防止資料被非法更改。

4. **不可否認性 (Non-Repudiation)**：防止發送方否認傳送過資料。

本章將介紹資訊安全與資訊倫理的相關知識，包含的主題有資訊安全三要素、最小權限原則、基礎密碼學、數位簽章、憑證管理、使用者認證、網路安全、網路保護設備、資訊安全管理與資訊倫理等內容。

13.1 資訊安全三要素

資訊安全三要素是指機密性 (Confidentiality)、完整性 (Integrity) 及可用性 (Availability)，簡稱 CIA。分別介紹如下：

1. **機密性**

   資料不得被未經授權的個人、實體或程序取得或揭露。達到機密性最常用的作法是採用加密技術；另外也可以使用物理保密的方式，例如用隔離方式來達到機密性的要求。

2. **完整性**

   完整性是指對資產之精確與完整的安全保證；只有具備權限的使用者才可以修改資料內容，以確保資料能維持它原來的面貌。為了達到完整性的目的最常用的作法是採用雜湊法 (Hashing) 或是數位簽章 (Digital Signature) 技術來完成。

   實例：

   使用者可以透過交通監理單位網站查詢登記在個人名下的汽機車是否有交通違規記錄，但使用者只被允許執行查詢功能，使用者無法自行修改是否已經完成繳交罰款之記錄，也就是說使用者查詢過的資料不會因為使用者的查詢動作而產生改變。

3. **可用性**

   已授權之實體在需要時可存取與使用，也就是說可用性是要確保系統能夠正常的對使

用者提供服務；當合法使用者要求使用系統時，系統應在合理的時間內作出回應並完成服務，此處所指的系統可能是電子郵件系統、檔案伺服器或資料庫系統等服務。

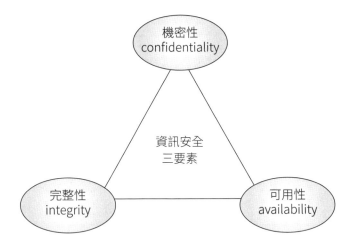

圖 13-1 資訊安全 CIA 三要素

13.2 最小權限原則

本節將介紹三個重要的觀念，分別是身份 (Identification)、認證 (Authentication) 與授權 (Authorization)。

身份是指代表使用者或系統的一個 token，例如使用者名稱 (user id) 與密碼 (Password)。

認證則是系統確定使用者的身分是否真實和正確，並且會隨著使用者的身份類別賦予不同的系統資源使用權限，也就是說哪些資源的是允許被存取，哪些資源的存取是不被允許的。

授權則是指經適當授權而獲得存取的能力。

所謂最小權限原則 (Principle of Least Privilege) 是指使用者應該只能被賦予完成某項特定業務所需的最小權限，例如當學生登錄學生資訊系統查詢自己的學期總成績時，使用者被允許的存取權限僅限於讀取資料，此時若是使用者意圖修改成績資料將不會被允許。

13.3 基礎密碼學

為了讓讀者瞭解數位簽章、憑證管理、數位浮水印等常用的資訊安全相關技術之運作原理,本節將介紹密碼學相關的基礎知識,包含了秘密金鑰系統、公開金鑰系統及單向雜湊函數。

一、秘密金鑰系統

在秘密金鑰系統 (Secret-Key Cryptography) 中,加密 (Encrypt) 及解密 (Decrypt) 動作利用同一把金鑰來處理,又稱為對稱式密碼系統 (Symmetric Cryptography)。利用下圖來解釋:

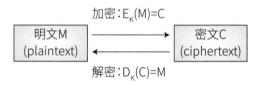

圖 13-2 秘密金鑰系統

上圖中,E 是加密程序,$E_K(M)$ 代表利用加密程序 E 並配合秘密金鑰 K 的使用可將明文 M 加密成密文 C。D 是解密程序,$D_K(C)$ 代表利用解密程序 D 並配合秘密金鑰 K 的使用可將密文 C 解密成明文 M。使用秘密金鑰密碼方法有一項重要限制就是加 / 解密所使用的金鑰必須保密不可讓第三者知道。

秘密金鑰系統最大的優點是加 / 解密速度較公開金鑰系統快,但是金鑰必須利用安全通道 (Secure Channel) 來分配、金鑰數目可能過大及不具不可否認特性等則是主要的缺點。常被使用的秘密金鑰系統有 DES 及 AES 等方法。

範例 ①

若採用秘密金鑰系統,當系統有 n 人時,則每人均必須保管 (n-1) 把金鑰,所以共有 n×(n-1)/2 把金鑰需被妥善保管。假如系統內有 100 人則每人均必須保管 99 把金鑰,共需 100×99/2 = 4950 把金鑰需被妥善保管。

二、公開金鑰系統

在公開金鑰系統 (Public-Key Cryptography) 中,加密及解密動作利用兩把不同的金鑰來處理,又稱為非對稱式密碼系統 (Asymmetric Cryptography)。

「公開金鑰系統」的觀念是由 Diffie 和 Hellman 在 1976 年所共同提出，但是當時並未建構出真實的系統。Rivest、Shamir 及 Adleman 於 1978 年根據分解大整數的難題，設計出第一個公開金鑰密碼系統 —— RSA。「公開金鑰系統」的運作機制以下圖來解釋：

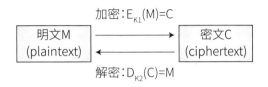

圖 13-3　公開金鑰系統

上圖中，E 是加密程序，$E_{K1}(M)$ 代表利用加密程序 E 並配合加密金鑰 K1 的使用可將明文 M 加密成密文 C。D 是解密程序，$D_{K2}(C)$ 代表利用解密程序 D 並配合解密金鑰 K2 的使用可將密文 C 解密成明文 M。使用公開金鑰密碼方法有一項重要特性就是加密所使用的金鑰 K1 (Public Key) 可公開，而解密所使用的金鑰 K2(Secret Key) 則必須保密。

在「公開金鑰系統」中的每一對公鑰與私鑰皆唯一成對，任何兩個金鑰對不會共用同一把公鑰或私鑰。編碼及解碼規則如下：

1. 使用某一把公鑰編碼過的資料唯有使用其相對應的私鑰才能解碼。(用於加解密)

2. 使用某一把私鑰編碼過的資料唯有使用其相對應的公鑰才能解碼。(用於數位簽章)

3. 公鑰與私鑰具有數學上的對應關係，但其產生方法具「不可逆」特性，也就是說，無法由公鑰推算得到其相對應的私鑰。

本法最大的優點是金鑰分配問題被簡化、具不可否認性及任何人均可對明文加密，但只有持有解密金鑰者始可解密。主要的缺點則是加解密運算過程較秘密金鑰系統複雜及速度較慢。最有名的範例是 RSA。

三、單向雜湊函數

對某些資料執行數位簽章動作前，通常會先將資料交由單向雜湊函數 (One-Way Hash Function) 處理後再對單向雜湊函數的輸出結果進行數位簽章動作。本節將介紹單向雜湊函數的特性、輸入與輸出資料間的關係。

在介紹單向雜湊函數之前必須先解釋單向函數 (One-Way Function) 及雜湊函數 (Hash Function)。

首先介紹單向函數，定義如下：

若 f 為單向函數則對於任何屬於 f 之域 (Domain) 的任一 x，可以很容易算出 f(x)＝y。對於幾乎所有屬於 f 之範圍 (Range) 的任一 y，在計算上不可能求出 x 使得 y＝f(x)。

其次介紹雜湊函數，定義如下：

「雜湊函數」的特性有以下兩點：

1. 輸入可為任意長度的訊息。

2. 輸出必須為固定長度的訊息摘要 (Message Digest)。

最後介紹單向雜湊函數，定義如下：

「單向雜湊函數」是指兼具單向函數及雜湊函數特性之函數，主要特性有以下五點：

1. 單向函數。

2. 輸入可為任意長度的訊息。

3. 輸出必須為固定長度的訊息摘要。

4. 抗碰撞 (Collision Resistance)。

5. 快速計算。

圖 13-4　單向雜湊函數

在上圖中一個長度較長的訊息原文經過單向雜湊函數處理後，得到了長度較短的訊息摘要輸出。所以可知單向雜湊函數主要的作用就是將原訊息「濃縮」成長度較短的訊息摘要。

較有名的雜湊函數範例有 MD5 及 SHA 家族，比較表如下：

表　單向雜湊函數比較表

名稱	MD5	SHA-1	SHA-256 (SHA-2)	SHA-512 (SHA-3)
提出年代	1992 年	1995 年	2001 年	2015 年
最大輸入訊息長度 (bit)	無限制	$2^{64}-1$	$2^{64}-1$	無限制
訊息摘要長度 (bit)	128	160	256	512

下表是五種不同的輸入資料由 MD5 單向雜湊函數處理後的輸出值。

表 MD5 單向雜湊函數實例

編號	輸入	輸出 (以 16 進位表示)
1	I am a student.	2f1f75e8bb00643cb05aed57f7bdb4a8
2	I am student.	64adc0e2b897b1da302acb8879baf71d
3	I	dd7536794b63bf90eccfd37f9b147d7f
4	You are students.	abb42a7f2b4c673ebbc50558ddfcc1bd
5	It is a one-way function, that is, a function for which it is practically infeasible to invert or reverse the computation.	4e701758fd51bd0cfeee03e58f0071c3

由上表可知，不論輸入的字串長度為何，輸出字串的長度均固定是 128 個位元 (bit)，也就是固定是 32 個 16 進位的數值。

13.4 數位簽章

數位簽章 (Digital Signature) 為一串數位資料 (Bit String)，作法是利用公開金鑰密碼系統之技術對數位文件進行類似手寫簽章之動作。簽署者使用自己的私鑰產生簽章，驗證者則是使用簽署者的公鑰辨認簽章的真偽。相同文件由不同簽署者簽署時，簽章不會相同，相同簽署者簽署不同文件時，簽章也不會相同。簽章檢驗工作十分容易，可由任意第三者來執行。主要使用在電子現金、電子契約、電子支票及軟體防偽等應用上。

```
03 81 81 00 6b c9 f7 c7 da 20 b1 06
96 2d 77 09 88 96 0c 36
23 8f 27 66 22 07 6e a8 5e 07 f5 36
4c 3b fd 3f 86 5b 0f 7c
f4 16 c0 d6 52 d7 32 56 ad 42 3e 13
49 46 23 20 4e 6e c1 eb
01 1b 00 31 68 da a4 9b f6 8c b5 5e
fe c8 18 3d 97 8c f1 8d
09 ed d0 96 12 1e 2a 23 e1 7d de 0e
ab 88 d2 3b bf 79 43 98
18 1b 6f 6d 2b 38 65 e4 b1 c8 98 72
42 20 51 82 ff 44 28 ca
61 02 9e de 02 bf 17 65 67 d2 a3
```

圖 13-5 公鑰範例

　　數位簽章使用的公鑰必須被公開，而私鑰必須保密，因此通常會將私鑰存入磁片或 IC 卡中以方便保存。

　　數位簽章產生及驗證過程如以下步驟：

1. **簽章者產生數位簽章**

2. **簽章者將文件及數位簽章傳送驗證者**

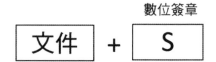

3. **驗證者驗證數位簽章**

(1) 將文件經由雜湊函數運算得到固定長度的訊息 M：

(2) 利用簽章者之公開金鑰及驗證簽章演算法對數位簽章 S 做運算得到 M'。

(3) 比較 M 是否等於 M'，若相等則代表數位簽章為真，反之則代表數位簽章是偽造的。

　　數位簽章被廣泛地使用在多種資訊安全技術中，是因為數位簽章具有以下特性，

1. **真實性 (Authentic)**

2. **不可偽造性 (Unforgeability)**：數位簽章是不可偽造的。

3. **不可重複使用性 (Non-reuse)**：數位簽章與被簽署之文件的內容相關，不可將數位簽章由被簽署之文件中單獨取出並使用在另一份不同之文件中。

4. **不可更改性**：被簽署之文件，在文件被簽署後其內容不可改變。

5. **不可否認性 (Non-repudiation)**：針對某項資料而言，該筆資料的產生者無法否認資料是由他所產生，或是無法否認相關契約的合法性。為了達到「不可否認」的目的通常是採用數位簽章 (Digital Signature) 技術來完成。

13.5 憑證管理

在公開金鑰系統中通訊雙方可不事先交換金鑰便可進行秘密通訊，這是一項十分重要的優點；另外「公開金鑰系統」也可實現「數位簽章」的想法，因此「公開金鑰系統」被普遍使用。但是「公開金鑰系統」的運作必須有一項前提，就是

通訊雙方能夠取得對方正確的公鑰

如果無法取得對方正確的公鑰，便可能使重要訊息外洩或收到偽造的訊息而誤以為真。如下圖之範例：

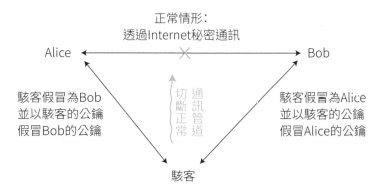

圖 13-6 公開金鑰系統攻擊範例

在上圖中駭客切斷了 Alice 與 Bob 的正常通訊管道，對 Alice 假冒自己是 Bob，對 Bob 假冒自己是 Alice，並以駭客自己的公鑰假冒為 Alice、Bob 的公鑰。在這種情形下，Alice 與 Bob 間原本應保持機密的通訊資料不知不覺中便外洩了。

為了避免以上的攻擊，必須藉由通訊雙方都信任之公正第三者經由一定程序來驗證通訊者身分資料及金鑰對，然後由公正第三者簽發憑證 (Certificate)，利用憑證來證明通訊者擁有公鑰的真實性。此處簽發憑證的公正第三者被稱為「憑證管理中心」(Certification Authority，CA)。加入「憑證管理中心」後通訊雙方實際的通訊過程如以下圖形之說明：

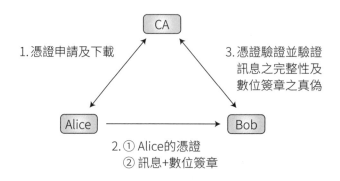

圖 13-7　CA 與通訊雙方實際的通訊過程

13.6　使用者認證

本節將介紹使用者認證 (User Authentication) 的相關做法。

一、多因素驗證

存取控制 (Access Control) 是指允許通過認證 (Authentication) 的使用者 (此類使用者可稱為「已授權的對象」) 進行存取動作，並拒絕未通過認證的使用者進行存取動作。當系統針對使用者進行認證動作時，以下幾個名詞是授予存取權限時相關的基本名詞：

1. **身分 (Identification)**：代表人或系統的一個符號 (Token)，例如：使用者名稱或密碼。

2. **認證 (Authentication)**：系統確定使用者的身分是否真實和正確。

3. **授權 (Authorization)**：經適當授權而獲得存取的能力。

4. **最小權限 (Least Privilege)**：使用者應該基於最小權限原則，只能存取執行該項業務時所需的資料與對應權限。

對於使用者身分的認證系統或方法可使用以下五種因素 (Factor) 其中之一或多個來進行，若使用的因素類別愈多，便可讓使用者身分被盜用的風險愈低。

以下將介紹各種不同的認證因素：

1. **知悉要素 (Something You Know)**：例如典型的使用者帳號與密碼。

   認證的最基本的形式被稱為單因素認證 (Single Factor Authentication，SFA)，因為只有利用一類因素進行認證，最容易被破解。例如，使用者帳號 / 密碼。

2. **持有要素 (Something You Have)**：例如智慧卡、記號等辨識裝置。

3. **生物要素 (Something You Are)**：例如指紋或視網膜等生物特徵。

   以上三類是最常見的多因素驗證方法中使用的驗證方式，以下兩類則是比較不常用的方法，一併提供給讀者參考：

4. **動作要素 (Something You Do)**：例如完成認證所必須要採取的動作。

5. **位置要素 (Somewhere You Are)**：例如欲完成認證動作的使用者必須到達某一特定位置才能完成認證。

   如果使用的因素包含上面所介紹兩類或兩類以上時，便是所謂的多因素驗證 (Multifactor Authentication)。

二、強化密碼政策

系統管理者對於使用者帳號的管理有一定的規範管理辦法，例如包括了以幾項應被注意的政策：

1. 密碼長度與複雜性。

2. 密碼逾期：一般來說人部分的組織可接受的密碼使用天數最多是 90 天，但微軟公司則是建議最多使用 42 天就應更換密碼。

3. 密碼回復。

4. 密碼失效與鎖定，包含以下三項應注意事項：

   (1) 帳號鎖定期間 (Account Lockout Duration)：帳號鎖定後，被暫停使用的時間長度。

   (2) 帳號鎖定門檻 (Account Lockout Threshold)：帳號鎖定前，密碼錯誤次數上限。

   (3) 重置帳號鎖定計數 (Reset Account Lockout Counter After)：設定後重設帳戶鎖定計數器會決定從使用者無法登入起所經過的分鐘數，再將失敗的登入嘗試計數器重設為 0。

針對密碼的管理，以下為幾項應注意的重點：

1. 強制使用單獨的使用者帳號和密碼，以維護可歸責性 (Accountability)。

2. 應考慮使用多因素驗證技術。

3. 允許使用者選擇和更改自己的密碼，包括確認的程序有 X 次機會輸入正確的密碼 *，超過後密碼將被鎖定，鎖定特定的時間後自動解除或經管理者重置後亦可解除。

4. 強制使用強密碼 (Strong Password)。

5. 強制密碼應定期變更。

6. 帳號建立後，強制使用者在第一次登入系統時立即變更密碼。

7. 密碼應避免舊密碼的重複使用，需記錄密碼的歷程 (History) 檔案。

8. 在輸入或顯示密碼資訊時予以遮罩 (Mask)。

9. 密碼不可用明文 (Plaintext) 的型式儲存在電腦系統中，也不能在網路上用明文型式傳送密碼。

13.7　網路安全

　　近年來由於網路連線技術的進步，再加上網際網路的相關應用愈來愈深入大多數人的生活，例如電子郵件、線上金融交易及網路購物等等，讓我們的生活方式有了很大的改變。透過電腦設備及網路連線技術，我們不必出門寄信、不必親自到銀行跑三點半、更可以不必出門就可以買到原本只在美國限量販售的商品。這就是網路的魔力。但是，

愈便利的生活，可能潛藏著愈多的危險

　　由於以上所說明的情境都是透過網路來傳遞資訊，如何確保資料在相互連結的網路中傳輸時的安全便是網路安全所希望達到的目標。網路安全的相關知識將在以下的內容中介紹。

---

* 　註：X 的值可由管理者設定，通常是設定為 3。

一、網路安全威脅

常見的網路安全威脅有三種可能，分別是：

1. 來自外部的入侵者

外部的入侵者會登入未經授權的主機並竊取機密資料或進行破壞動作。

2. 內部惡意的使用者

安全威脅可能是經由合法授權的使用者所引起。

3. 惡意軟體

常見的惡意軟體可能是電腦病毒或蠕蟲，藉由惡意軟體癱瘓電腦系統的運作或進行破壞動作。

二、攻擊類型

電腦犯罪是指利用電腦及網路技術來從事犯罪並可能從中獲得不法利益。若程式在設計或執行過程中缺乏人員監督或程式設計瑕疵，都可能產生漏洞讓有意犯罪者有機可乘。

電腦犯罪與傳統犯罪不同，通常具有以下三項特性：

1. 從事電腦犯罪者往往不在犯罪現場。

2. 數位證據容易銷毀且不易取得。

3. 容易跨國犯罪。

要利用電腦來犯罪，通常會利用某些特別的技術，這類型的技術被稱為「攻擊」，常見的攻擊類型有入侵系統盜取機密資料並販賣圖利、破壞實體系統、在程式中預留「暗門」(Trap Door)、非法進入不得進入之電腦系統與利用電子商務協定之漏洞獲得非法之利益等等。以下將介紹多種不同類別的攻擊類型，主要的內容有緩衝區溢位、病毒，變形病毒與蠕蟲等共 18 類攻擊。

1. 緩衝區溢位

攻擊者利用寫入過量資料到應用程式使用的記憶體空間中進行攻擊的技術稱為緩衝區溢位攻擊 (Buffer Overflow Attack)。

為避免緩衝區溢位攻擊，最常見的做法是採用「資料執行防止」(Data Execution Prevention，DEP)。「資料執行防止」是作業系統應具備的一項基本安全功能。它將記憶體區域標記為「可執行」(Executable) 或「不可執行」(Non-executable)，

藉由只允許程序使用存放在「可執行」區域中的資料來到保護記憶體內容的目的。目前常見的作業系統例如 Linux、Mac OS、Microsoft Windows、iOS 和 Android 作業系統等均使用 DEP 來避免記憶體內容被攻擊者破壞。

以下是一種常見的緩衝區溢位攻擊實例，本類攻擊動作主要的運作原理是攻擊者利用使用者開啟電子郵件附件時，系統會主動將電子郵件附件資料載入主記憶體中的特性來進行攻擊動作；此時系統若未提供 DEP 安全防護機制，便有可能導致緩衝區溢位攻擊成功進而造成損害。

2. 電腦病毒、變形病毒與蠕蟲

電腦病毒 (Viruses) 是指一種具有破壞能力的軟體，通常具有自我啟動性、複製性、傳染性、寄居性及常駐性等特性。不同的電腦病毒擁有不同的病毒碼 (Virus Pattern)，目前防毒軟體對電腦病毒的處理方式便是利用病毒碼來辨別病毒種類，並據以清除該種病毒。但防毒軟體僅能針對既有的電腦病毒進行隔離或清除等動作，對於新種或變種的電腦病毒便束手無策。因此，設計防毒軟體的公司便必須根據新種或變種的電腦病毒特性提供「病毒碼更新」服務，讓使用者的電腦得到周全的保護。

電腦病毒的生命週期一般可依照順序分為以下四個階段：

(1) 潛伏階段 (Dormant Phase)

電腦病毒處於潛伏階段時，宿主程式可以正常執行。在此階段電腦病毒是在等待觸發她執行的特定事件發生。但並非所有的電腦病毒都有潛伏階段。

(2) 繁殖階段 (Propagation Phase)

在本階段電腦病毒會開始自我複製的動作，但不一定會對宿主程式造成影響。

(3) 觸發階段 (Triggering Phase)

在此階段，電腦病毒等待特定事件發生，以便被啟動執行。

(4) 執行階段 (Execution Phase)

在此階段，代表電腦病毒已經發作，也就是電腦病毒程式已經被執行。

為了避免被防毒軟體偵測到，有些具有特殊能力的病毒可在每一次執行感染動作時一併執行將其自身程式碼進行改寫的動作，如此一來病毒碼便會與原本的病毒碼不相同，這樣就可躲過防毒軟體的偵測；利用此種技術的病毒被稱為「變形病毒」(Polymorphic Viruses)。

蠕蟲 (Worms) 具有自我複製能力，系統一旦感染蠕蟲，不需透過其他程式便會自動蔓延，因此蠕蟲比電腦病毒的感染力還大。蠕蟲未必會直接破壞被感染的系統，但常常會對網路有害，蠕蟲可能會執行垃圾程式碼以發動拒絕服務攻擊，使電腦的執行效率大幅度降低，進而影響電腦的正常使用，也可能會損毀或修改目標電腦的檔案；亦可能只是浪費頻寬。與電腦病毒不同的是，蠕蟲不需要附在別的程式內，可能不用使用者介入操作也能自我複製或執行。

3. 特洛伊木馬

特洛伊木馬 (Trojan horses) 通常是某些看似正常的程式，但程式內部卻暗藏了會造成傷害或是侵犯隱私功能的木馬程式。較常見的特洛伊木馬之功能為側錄使用者的密碼，或是在系統中開啟一道後門來做為駭客日後入侵的管道，甚至是將不知情的使用者之電腦當成日後入侵他人電腦系統的跳板。

特洛伊木馬不會自動操作或自動執行，它可能會暗藏在某些文件中，當使用者下載開啟時，特洛伊木馬才會運行，資訊或文件才會被破壞和遺失；中了特洛伊木馬程式的電腦，有可能因為資源被大量佔用，速度會減慢或莫名當機。

4. 間諜軟體

間諜軟體 (Spyware) 是指在使用者不知情或未經使用者同意，自行搜集個人資訊或監控使用者在網際網路的存取活動的電腦程式。

間諜軟體被安裝後，常有下列現象：

(1) 電腦運作速度較平常慢。

(2) 電腦運行的程式是未曾執行或從未見過的。

(3) 開啟網頁時出現各種類型的彈出視窗。

5. 勒索軟體

勒索軟體 (Ransomware) 主要目的是控制受害者的電腦或加密受害者電腦中之資料。在達到控制受害者的電腦或加密受害者的電腦中之資料後，便會要求受害者支付贖金，以便取回電腦控制權或解密電腦中之資料。較著名的幾個勒索軟體，包括 Reveton、CryptoLocker 與 WannaCry。勒索軟體通常會透過網路釣魚攻擊或點擊劫持等方式散佈。

6. 廣告軟體

廣告軟體 (Adware) 是一個附帶廣告的電腦程式，一般是強迫使用者不斷地收看廣告，以此來做為其獲利的來源。大部分的使用者是在瀏覽網頁資料時，不小心同意了軟體的授權協定而安裝了以廣告為目的的廣告軟體；廣告軟體會不斷彈出非使用者同意的廣告訊息干擾使用者使用電腦。

7. Rootkits

Rootkit 這個名詞最早出現在 UNIX 作業系統中，入侵者為了取得系統管理員等級的最高權限 (Root 權限)，或者為了清除被系統記錄的入侵痕跡，入侵者會重新組譯一些軟體工具 (術語稱為 kit)，例如 ps、netstat、passwd 等等，這些軟體通常就被稱作 Rootkit。目前的入侵技術在其他的作業系統上也陸續被發展出來，主要是針對檔案、程序、系統記錄的隱藏技術以及網路封包、鍵盤輸入的攔截竊聽技術等等。

8. 後門程式

後門程式 (Backdoors) 有時也稱為暗門 (Trapdoors)，通常後門程式是程式設計師在開發程式的過程中為了要方便程式的除錯與測試所允許的特殊功能。利用後門程式可不經正常的安全認證程序便取得系統控制權。有時當系統設計完成後，程式設計師忘了將後門程式功能移除，導致後門程式被駭客用來當作入侵系統的捷徑。

啟動後門程式的方式通常有以下三種：

(1) 設計成特定順序輸入啟動後門程式。

(2) 以特定使用者帳號啟動後門程式。

(3) 利用一些少見的事件啟動後門程式。

9. 零時差攻擊

零時差漏洞通常是指還沒有修補程式的安全漏洞，而「零時差攻擊」(Zero Day Attacks)(或稱為零日攻擊) 則是指利用這種漏洞進行的攻擊。

10. 弱點

弱點 (Vulnerabilities) 可能是由於資訊系統在設計、實作或操作上的錯誤或瑕疵所造成，弱點若被揭露將可能造成資訊機密性、完整性及可用性受到損害。

管理者可以讓系統僅提供必要功能供使用者使用、設定使用者最低存取權限原則及採用分權防禦等方式來減少讓「弱點」暴露在攻擊者面前的機會。

11. 阻斷服務攻擊

阻斷服務攻擊 (或稱為拒絕服務攻擊) (Denial-of-service Attacks，DoS attacks) 是阻止或拒絕合法使用者存取網路伺服器的一種攻擊方式。任何能夠導致用戶的伺服器不能正常提供服務的攻擊都屬於阻斷服務攻擊，例如中斷伺服器的網路連線，把伺服器硬碟取下等動作，都屬於阻斷服務攻擊。阻斷服務攻擊的目的是使受害主機無法及時接受處理或回應外界使用者的請求。

殭屍惡意軟體 (Zombie) 是一種會暗中控制網路上其他電腦的程式。透過被「殭屍」惡意軟體控制的電腦來對其他電腦發動攻擊，因此要追查此類攻擊的來源並不容易。若攻擊者掌握了大量的殭屍電腦，攻擊者便可對殭屍電腦下達對某個受害主機的攻擊動作，此時由於受害主機必須花大量的時間處理殭屍電腦所提出的請求而無法處理一般正常使用者的請求，對一般正常使用者而言，他們所提出的請求就形同是「被阻斷服務」或是「拒絕服務」。

12. 跨站腳本攻擊

跨站腳本攻擊 (Cross-site Scripting，XSS) 主要針對網站應用程式的安全漏洞所進行的攻擊。跨站腳本攻擊允許攻擊者將程式碼注入到網頁上，其他使用者在觀看網頁時就會受到影響，當應用程式收到含有不可信任的資料，在沒有進行適當驗證的情況下，就將它發送給網頁瀏覽器，以致產生跨站腳本攻擊，跨站腳本允許攻擊者在受害者的瀏覽器上執行腳本 (Script)，主要的攻擊手法是劫持使用者的 Session 進而對網站產生破壞或是將使用者重導 (Redirect) 至惡意網站。

為抵擋「跨站腳本攻擊」可考慮以下三項強化措施：

(1) 更新 Web server。

(2) 應過濾「"」、「#」與「&」等特殊字元。

(3) 加入圖形驗證碼。

(4) 使用防火牆。

(5) 審核可疑活動。

13. 資料隱碼攻擊

資料隱碼攻擊 (SQL Injection) 主要是針對資料庫內容進行攻擊，因為應用程式之資料庫層存在輸入驗證漏洞 (Input Validation Weaknesses)，所以讓攻擊者有了可以進行攻擊的可能。主要的攻擊手法是在輸入的字串之中夾帶 SQL 指令，由於在設

計不良的程式中如果忽略了檢查輸入字串之合法性，利用此類漏洞夾帶進去的指令就會被資料庫伺服器誤認為是正常的 SQL 指令而執行，因此讓攻擊者藉由此類攻擊動作獲得了未被允許存取之資料 (例如電子商務平台之客戶詳細個人資料與購買明細等資料)。

防範「資料隱碼攻擊」的最佳方式是執行輸入資料檢查動作。可以故意對應用程式輸入錯誤格式或混亂的資料，檢驗是否會引起「資料隱碼攻擊」，此類測式動作稱為模糊測試 (Fuzz Testing)。

14. 暴力攻擊

暴力攻擊 (Brute Force Attack) 又稱為窮舉攻擊 (Exhaustive Attack) 或暴力破解，是一種密碼分析的方法，即將密碼逐個推算直到找出真正的密碼為止。例如：腳踏車使用的密碼鎖已知是三位數並且全部是由 0~9 共十個阿拉伯數字組成的密碼，所以共有 1,000 個可能的組合，因此最多嘗試 1,000 次就能找到正確的密碼。

根據以上的推論可知，在電腦系統中因為採用的是二進位系統，如果密碼是二進位數字共 10 位則有約 1,000 種不同之可能密碼組合，若為 20 位數字則是約有 1 百萬種可能，所以若為 30 位數字則是約有 10 億種可能，所以密碼位數若採用越多，當攻擊者嘗試用暴力攻擊法進行破解密碼系統之動作時所要付出的成本也就越大。

字典攻擊 (Dictionary Attack) 是暴力攻擊法的有名實例，主要的作用是用來破解密碼。攻擊者透過嘗試數千或數百萬種字典中的英文單詞和常見的密碼來破解密鑰。

15. Man-in-the-middle 攻擊與 Man-in-the-browser 攻擊

Man-in-the-middle 攻擊 (中間人攻擊) 的作法是將攻擊者的電腦放置在要執行通訊動作之兩台電腦之間 (假設是 A 與 B)，此時介於 A 與 B 之間的電腦便是中間人，透過中間人進行的攻擊動作便是中間人攻擊。

圖 13-8 中間人攻擊

中間人攻擊常見的兩種方法是 DNS 欺騙 (DNS Poisoning) 與 ARP 欺騙 (ARP Poisoning)。以下將分別介紹：

(1) DNS 欺騙

在正常情形下，某個網路使用者 A 將 DNS 請求發送到使用者 B，B 在收到 A 的請求後會回應正確的 IP 位址給 A，但是此時因為攻擊者電腦已經擺放在 A 與 B 之間的連線上，此時攻擊者所控制的中間人電腦便會偽造 DNS 回應，將正確的 IP 位址替換為其他 IP，之後 A 將登入攻擊者指定的 IP，而攻擊者早就在這個 IP 中安排好了一個偽造的網站如某銀行網站，從而騙取 A 輸入資訊，如銀行帳號及密碼等。

(2) ARP 欺騙

ARP 欺騙是針對以太網路地址解析協議 (ARP) 的一種攻擊技術，此種攻擊主要是讓攻擊者的 MAC 位址被錯誤解讀成某 IP 位址，使得該 IP 位址的網路流量被誤送到攻擊者處。實際攻擊模式可以參考 DNS 欺騙。

Man-in-the-Browser 攻擊與中間人攻擊的方法大致相同，但在 Man-in-the-Browser 攻擊中，主要是使用木馬程式來攔截 (Intercept) 和操縱瀏覽器的執行與安全機制確認。本類攻擊最常見目標是透過操縱網路銀行系統的交易來達到金融欺詐 (Financial Fraud) 的目的。

16. 社交工程

社交工程 (Social Engineering) 是指對人們進行心理操縱 (此處之「心理操縱」可以解釋為「裝熟」)，使人們採取行動或泄露機密資訊。社交工程是一種以資訊收集、欺詐或系統存取為目的之騙局。

透過「裝熟」的過程蒐集了大量使用者的私人資料，例如出生年月日，身份證號碼等個資後，再利用登入的網站上使用「忘記密碼」功能。一個安全性不高的密碼恢復系統可以被用來授予攻擊者對使用者帳戶的完全存取權，此時合法使用者反而失去對自己帳戶的存取權。另外，紙本文件資料必須銷毀 (例如用碎紙機攪碎) 後才能丟棄，以免被攻擊者藉由「垃圾桶尋寶」動作獲得重要資訊。

17. 鍵盤側錄器

鍵盤側錄器 (Keyloggers)，又稱為鍵盤監聽器，是指在使用鍵盤的人不知情的情況下，透過隱蔽的方式記錄下鍵盤的每一次敲擊的行為。進行鍵盤監聽可透過軟體或硬體手段實現。

使用軟體型式之鍵盤側錄器，常用的方法是在受害者端之電腦上植入木馬程式後，透過軟體鍵盤側錄器進行鍵盤監聽動作；若使用硬體型式之鍵盤側錄器，最常用的方法則是在受害者端之鍵盤與電腦間之連線間外加一個小型之硬體裝置，透通該外加硬體裝置進行鍵盤監聽動作。不論硬體或軟體之鍵盤側錄器皆可能具備將側錄下來之資料同步傳送到入侵者的電腦上的能力。

18. 邏輯炸彈

邏輯炸彈 (Logic Bombs) 會隱藏在正常的軟體中，當某些特定的事件發生時，就會「引爆」該炸彈。特定的事件可能是某個特定的日期或時間。

三、網路安全防護機制

透過網路安全防護機制可提昇資料在通訊線路中傳遞的安全性，常見的網路安全防護機制有加密 (Encrypt)、身份認證 (Authentication)、存取控制 (Access Control)、稽核 (Audit)、監控 (Monitor) 與掃描 (Scanning) 等六種方法。這六種作法的細節整理如下表所示。

表 網路安全防護機制

防護機制名稱	作法	範例
加密	利用「秘密金鑰系統」或「公開金鑰系統」。	DES、RSA、PGP、SSH。
身份認證	利用身份認證機制來判斷某個身份的確實性。	密碼、數位簽章、指紋或聲紋等生物特徵。
存取控制	通過身份認證後，根據使用者的不同身份給予不同的使用權限。	Unix 或 Windows 作業系統會根據使用者登入系統的身份決定使用者的使用權限。
稽核	將系統中和安全有關的事件作記錄(如使用者登入系統失敗次數)。當系統遭受攻擊時，此類資料可幫助調查攻擊。	Unix 的 wtmp 系統檔案，這個檔案會記錄使用者登入與登出的歷史記錄。Windows 系統則使用「事件檢視器」(Event Viewer) 來檢視系統中各個重要記錄。
監控	指監控系統或網路是否有異常的活動，例如某個使用者持續的登入失敗。監控程式可以分成兩種：網路監控程式 (Network-based Monitor) 和主機監控程式 (Host-based Monitor)。	入侵偵測系統 (Intrusion Detecting System；IDS)。
掃描	利用已知的樣本，來掃描系統內是否有病毒或後門程式。	防毒軟體。

一般使用者可能會認為自己使用的電腦主機沒有存放重要資料，因此未安裝防毒軟體並且未經常執行修補作業系統漏洞的工作，以確保自己的主機不被病毒感染和被安裝後門程式。雖然自己使用的電腦主機沒有重要資料外洩的危險，但是卻可能成為攻擊者發動攻擊的進入點或是成為阻斷服務攻擊 (DoS) 的跳板，造成內部網路其他主機被攻擊。

13.8 網路保護設備

本節將介紹保護網路通訊安全的相關設備，例如防火牆、入侵偵測系統與入侵防禦系統等。

一、防火牆

防火牆 (Firewall) 通常位於網路防護的第一線，可利用防火牆來阻擋來自外部未獲授權的存取動作。常見防火牆種類介紹如下：

1. 封包過濾防火牆 (Packet Filter Firewall)

會根據應用程式類型允許通過或阻擋流量到特定的位址，但是必須留意的是封包過濾防火牆不會分析封包內部之資料，也就是說封包過濾防火牆不是透過分析封包內部之資料來決定封包可以通過防火牆或是將封包阻擋在防火牆外；而是根據封包位址資訊決定通過或阻擋該封包。例如封包若是導向 port 80 的網頁流量便允許，但是若封包是導向 port 23 的 telnet 流量便會進行阻擋動作。

封包過濾防火牆可區分成網路層防火牆 (Network Layer Firewall) 和應用層防火牆 (Application Layer Firewall) 兩種。網路層防火牆利用的技術是封包過濾 (Packet Filtering)，管理者依據組織的策略與需求設定好封包通過的規則，只允許符合規則的封包通過防火牆。應用層防火牆則可檢查與攔截進出某應用程式的所有封包。

2. 代理伺服器防火牆 (Proxy Firewall)

(1) 使用者將與外部網路隔離，所有與外界的聯繫均必須經由代理伺服器防火牆，代理伺服器防火牆可被視為使用者的網路與其他網路間的中介。

(2) 外部網路來的請求必須經由代理伺服器防火牆才可進入內部，代理伺服器防火牆會檢視資料並根據規則做出是否要轉發或拒絕請求的決定。

(3) 由內部網路使用者端所送來的請求會必須經由代理伺服器防火牆才能送出，若再一次發出相同之請求，將以快取方式 (Cashing) 提升資料傳遞之效率。

(4) 通常使用兩張網路卡 (NIC)，一張網路卡連結外部網路，另一張網路卡則連結內部網路；此類防火牆稱為 Dual Homed Firewall，若系統被設定有一個以上之 IP 位址稱為 Multi-homed。

3. 內容感知型封包檢測防火牆

內容感知型封包檢測防火牆 (Stateful Packet Inspection Filtering Firewall) 會記錄追蹤每一個通訊通道的狀態表內容，它會記錄封包從何處而來以及下一個封包應該從何處而來。

4. 網路型防火牆與主機型防火牆

網路型防火牆 (Network-Based Firewall) 會針對進出網路的流量進行監測。主機型防火牆 (Host-Based Firewall) 通常是指作業系統本身內建的防火牆功能或第三方提供能安裝在作業系統上的防火牆軟體，一般是用來防護進出作業系統的資料流量，不會對網路上其他設備的流量進行防護。例如，Windows 內建的 Firewall、Linux 內建的 Netfilter 與 Mac OS 內建的 Firewall。

二、入侵偵測系統

入侵偵測系統 (Intrusion Detection System，IDS) 是用來監控與追蹤網路活動的工具。透過入侵偵測系統，網路管理員可以設置系統如同防盜系統一樣反應。入侵偵測系統可以設定成檢視系統日誌，查看可疑的網路活動，以及切斷違反安全規定的活動。常見的入侵偵測系統有以下四種不同作法：

1. 行為偵測型入侵偵測系統 (Behavior-Based-Detection IDS)

行為偵測型入侵偵測系統主要尋找的是異常的行為，例如不正常的高流量或違背資訊安全政策的行為等。

2. 特徵偵測型入侵偵測系統 (Signature-Based-Detection IDS)

特徵偵測型入侵偵測系統也被稱為是誤用偵測型入侵偵測系統（Misuse-Detection，MD-IDS），主要是利用入侵活動的特徵與可稽核蹤跡來評估是否為攻擊行為。本類 IDS 的特徵是只能偵測已知入侵，對於新型態的入侵行為是不具偵測能力的。

3. **異常偵測型入侵偵測系統 (Anomaly-Detection IDS)**

   異常偵測型入侵偵測系統主要尋找的是與正常狀況不同的異常狀態。

4. **啟發式入侵偵測系統 (Heuristic IDS)**

   啟發式入侵偵測系統採用設計的演算法對網路上流量進行分析，以判別是否為攻擊行為。

   IDS 存在的目的不是阻止攻擊行為的發生，而是檢測與報告網路的不尋常事件。

三、入侵防禦系統

入侵防禦系統 (Intrusion Prevention System，IPS) 的目的是防止入侵。入侵防禦系統是一部能夠監視網路或網路裝置的網路資料傳輸行為的安全裝置，能夠即時的中斷、調整或隔離一些不正常或是具有傷害性的網路資料傳輸行為。

四、內容過濾

內容過濾 (Content Filtering) 是針對訊息內容進行監測動作，通常是藉由防火牆來進行內容過濾。可以按照使用者的需求禁止色情、暴力或者任何想要禁止被瀏覽的關鍵字出現在使用者的查詢結果中。

五、黑名單 / 白名單

「白名單」(White Listing) 是以「正向表列」的方式允許某些行為；「黑名單」(Black Listing) 則是以「負面表列」的方式禁止某些行為。

以舉辦一項活動為例來說明「白名單」與「黑名單」的差異如下：

- 「白名單」：姓名列在「白名單」上的人才能參加，不在「白名單」上的人不能參加。
- 「黑名單」：姓名列在「黑名單」上的人不能參加，不在「黑名單」上的人都能參加。

從資安的角度來說採用「白名單」做法比較安全但是限制較多。

13.9　資訊安全管理

在這個不確定的年代，任何事都可能發生，比如美國的 911 恐怖攻擊事件，讓許多企業遭受了重大的損失，也讓各國政府及企業都開始正視「企業風險管理」的需要，而「資訊安全管理」正是企業風險管理中重要的一環。

資訊安全管理的歷史可從英國於西元 1995 年推出了 BS7799 資訊安全管理標準開始，該標準於西元 2000 年被認可為 ISO/IEC17799。BS7799 分為 BS7799-1 及 BS7799-2 二部分，其中 BS7799-1 定義「資訊安全管理實施細則」，而 BS7799-2 則定義了「資訊安全管理系統規範」。BS7799 是廣泛被採用的資訊安全管理標準。

常用的資訊安全管理模型有以下四項工作。

1. **規劃 (Plan)**：根據風險評估、法律規定與商務運作要求來確定資訊安全管理的控制目標與控制方式。

2. **執行 (Do)**：執行選擇的控制目標與控制方式。

3. **查核 (Check)**：查核相關的政策、程序及標準是否符合法津規定。

4. **行動 (Action)**：對資訊安全管理系統進行評價，並針對缺點進行改進。

組織或企業導入「資訊安全管理」機制的理由，主要有以下四點：

1. 可讓員工具備較完整的資訊安全觀念。

2. 維持組織或企業的競爭優勢，因為組織或企業的關鍵資訊資產受到較完整的保護。

3. 當災害發生時可降低損失。

4. 若組織或企業通過資訊安全管理相關認證，可加強客戶的信心。

13.10 資訊倫理

本節將依序介紹隱私保護與個人資料保護法、智慧財產權與資訊倫理等內容。

13.10.1 隱私保護與個人資料保護法

隱私權 (Privacy) 是指個人具備法定的權利，個人可以選擇性地披露與有關自己的資料，並可限制其他人使用個人資料的方式。個人的私事若與大眾利益無合法關聯，其他人不得將個人資料發布公開。

個人資料保護法是提供個人的隱私權保護與保障的相關法律。個人資料保護法規範內容有以下三項：

1. **蒐集**：指以任何方式取得個人資料。

2. **處理**：指為了建立或利用個人資料檔案 (包括備份檔案) 所執行的記錄、輸入、儲存、編輯、更正、複製、檢索、刪除、輸出、連結或內部傳送。

3. **利用**：指將蒐集之個人資料做為處理以外之使用。

以下為「個人資料保護法」中較重要的內容：

1. 第二條

「個人資料」的內容包含了以下項目：姓名、出生年月日、國民身分證統一編號、護照號碼、特徵、指紋、婚姻、家庭、教育、職業、病歷、醫療、基因、性生活、健康檢查、犯罪前科、聯絡方式、財務情況、社會活動，暨其他得以直接或間接方式識別該個人之資料。

2. 第六條

「特殊或具敏感性個資」包含了以下項目：醫療、基因、性生活、健康檢查、犯罪前科及病歷。

3. 第八條

公務機關或非公務機關向當事人蒐集個人資料時，應明確告知當事人下列事項：

(1) 公務機關或非公務機關名稱。

(2) 蒐集之目的。

(3) 個人資料之類別。

(4) 個人資料利用之期間、地區、對象及方式。

(5) 當事人依第三條規定得行使之權利及方式。

(6) 當事人得自由選擇提供個人資料時，不提供將對其權益之影響。

4. 第十八條

公務機關保有個人資料檔案者，應指定專人辦理 安全維護事項，防止個人資料被竊取、竄改、毀損、滅失或洩漏。

5. 第二十七條

(1) 非公務機關保有個人資料檔案者，應採行適當之安全措施，防止個人資料被竊取、竄改、毀損、滅失或洩漏。

(2) 中央目的事業主管機關得指定非公務機關訂定個人資料檔案安全維護計畫，或業務終止後個人資料處理方法。

由於個人資料受到「個人資料保護法」所保護，因此負責保管個人資料的單位或相關人員必須謹慎管理並且做好盡量降低資料不慎外洩時的損害程度。舉例來說，電子商務平台的客戶資料系統管理員應將客戶相關資料加密管理並且遵守不儲存不必要資料的原則，以免萬一系統在駭客入侵後，客戶因資料被竊取而遭受損失。

13.10.2　智慧財產權與資訊倫理

智慧財產權 (Intellectual Property Rights，IPR) 是指因人類智慧創意，所衍生的財產權。由於智慧創意的提出，使社會或產業達成進步與提昇，進而了造福了人群，政府為鼓勵人們提出智慧創意，賦予發明或創作者各種特權，作為有效的獎勵或酬勞。智慧財產權一般有以下六項，分別是著作權、商標、工業設計、專利、積體電路之電路布局與營業秘密等。

智慧財產權中與資訊倫理最密切相關者為著作權，著作權是指法律所賦予著作人對於其所創作的著作的所有權利保護，包括著作人格權及著作財產權。最重要的是著作人於著作完成時即享有著作權，舉例來說，若您有寫日記的習慣，您所寫的日記是受到著作權法保護的對象，而且是不需要申請便可受到保護，同樣的道理，在日記裡畫的插圖或隨意用手機拍的照片也都是受著作權法保護的對象。

　　著作權所保護的對象有電腦程式著作、語文著作、語文著作、音樂著作、攝影著作、圖形著作、視聽著作、錄音著作、戲劇舞蹈著作、美術著作與建築著作等項目。一般使用者在使用電腦時安裝的軟體、聆聽的音樂、欣賞的影片、照片或圖畫，原則上都是受到著作權法所保護，因次若未取得原著作權人之同意請勿使用以免觸法。

　　資訊倫理 (Information Ethics) 是指使用者利用資訊科技或使用資訊科技所取得的資料時應有的態度與行為規範；資訊倫理是屬於一種自律與不侵犯社會道德的一種規範。資訊倫理的基本觀念就是在遵守法律的前提下，尊重個人隱私權並不盜用他人的智慧財產。由於資訊科技的發展快速且對企業或使用者的影響也越來越大，這些影響有些是正面的，但也有一些會對企業營運與個人權益產生重大的損失，特別是和資訊安全或隱私權相關的議題，因此使用者在運用資訊科技的同時也應注意資訊倫理問題以免觸法。

本章重點回顧

- 資訊安全三要素是指機密性 (Confidentiality)、完整性 (Integrity) 及可用性 (Availability)，簡稱 CIA。

- 身份 (Identification) 代表使用者或系統的一個 token，例如使用者名稱與密碼。

- 認證 (Authentication) 是系統確定使用者的身分是否真實和正確，並且會隨著使用者的身份類別賦予不同的系統資源使用權限。

- 授權 (Authorization) 是指經適當授權而獲得存取的能力。

- 最小權限原則 (Principle of Least Privilege) 是指使用者應該只能被賦予完成某項特定業務所需的最小權限。

- 在秘密金鑰系統中，加密及解密動作利用同一把金鑰來處理，又稱為對稱式密碼系統。在公開金鑰系統中，加密及解密動作利用兩把不同的金鑰來處理，又稱為非對稱式密碼系統。

- 雜湊函數的特性為輸入可為任意長度的訊息與輸出必須為固定長度的訊息摘要。

- 數位簽章 (Digital Signature) 為一串數位資料，簽署者使用自己的私鑰產生簽章，驗證者則是使用簽署者的公鑰辨認簽章的真偽。

- 數位簽章三項重要用途：認證 (Authentication)、完整性 (Integrity) 與不可否認性 (Non-repudiation)。

- 多因素驗證 (Multifactor Authentication) 是指利用兩類或兩類以上不同性質之認證因素完成認證動作。

- 緩衝區溢位攻擊是指攻擊者利用寫入過量資料到應用程式使用的記憶體空間中進行攻擊，可使用資料執行防止 (DEP) 技術來防範緩衝區溢位攻擊。

- 資料隱碼攻擊 (SQL Injection) 主要是針對資料庫內容進行攻擊，可使用執行輸入資料檢查動作來防範資料隱碼攻擊。

- 資訊倫理 (Information Ethics) 是指使用者利用資訊科技或使用資訊科技所取得的資料時應有的態度與行為規範。

選 | 擇 | 題

( ) 1. 下列何者是機密性 (Confidentiality) 的正確意義？

    (A) 確保使用的資料為未遭人竄改的正確資料

    (B) 確保網路通訊中的參與者，不會拒絕承認他們的行為

    (C) 確保資訊服務隨時可被取用

    (D) 防止未經授權者存取資料或訊息。

( ) 2. 下列哪個選項會造成資料完整性 (Integrity) 受影響？

    (A) 機密資料外洩　　　　　　　　(B) 檔案遭毀損而無法存取

    (C) 系統無法登入　　　　　　　　(D) 資料以明文方式傳輸。

( ) 3. 請問下列何項說明內容是關於可用性 (Availability) 的敘述？

    (A) 使用者以帳號及密碼登入管理資訊系統

    (B) 機房故障，導致無法使用網路服務

    (C) 親自遞送機密文件給主管核閱

    (D) 人資系統異常，導致薪資計算錯誤。

( ) 4. 使用全球資訊網時，應如何避免感染電腦病毒？

    (A) 不要儲存資料　　　(B) 不要連結到中國大陸的網站

    (C) 不要收發電子郵件　(D) 應安裝防毒軟體並避免執行由網路下載的不明程式。

( ) 5. 電腦病毒的最大特性為何？

    (A) 可使電腦當機　　　　　　　　(B) 可使電腦硬碟中的資料毀損

    (C) 可使電腦執行速度降低　　　　(D) 能不斷自我複製。

( ) 6. 下列有關病毒類型的描述，何者有誤？

    (A) 記憶體常駐病毒指的是病毒會寄生在唯讀記憶體（ROM）中

    (B) 開機磁區病毒主要的感染範圍在主開機磁區

    (C) 巨集病毒感染的都是文件檔案而非執行檔

    (C) 寄生病毒會依附在執行檔中並自我複製。

( ) 7. 下列有關惡意程式 (Malicious Programs) 的敘述何者錯誤？

    (A) 後門程式指的是未經一般安全存取程式而獲得權限

    (B) 邏輯炸彈指的是一種程式的片段，當符合某種條件時，就會「引爆」此炸彈，可能造成檔案刪除或是其他傷害

    (C) 特洛依木馬是一個藏有隱含程式碼的有用程式指令，但呼叫後它將會執行一些不需要或是有害的函數

    (D) 電腦病毒不須依附在其他程式或檔案，而可以獨立執行。

( ) 8. 以下何者的發展「安全」議題較無直接關係？

    (A) 電子簽章　　　(B) 數位浮水印　　(C) 電子商務　　　(D) 資料結構。

( ) 9. 下列有關網路上電子交易之安全性的描述何者是錯誤的？

    (A) 不可以用明碼傳送資料　　　　(B) 需要安全密碼驗證

    (C) 要有公正的驗證單位　　　　　(D) 一定要用網路芳鄰。

( ) 10. 下列哪一組成員之間沒有安全議題的關聯？

    (A) (SSH, Telnet)　　　　　　　(B) (HTML, XML)

    (C) (HTTPS, HTTP)　　　　　　(D) (FTPS, FTP)。

( ) 11. 下列何者是用來過濾內外部網路間的通訊？

    (A) 集線器　　　　(B) 伺服器　　　　(C) 防火牆　　　　(D) 路由器。

( ) 12. 以下哪一項網路裝置的主要功能在保護內部網路，以阻擋遠端使用者的非法使用？

    (A) 特洛伊木馬　　　　　　　　　(B) 垃圾郵件過濾系統

    (C) 防火牆　　　　　　　　　　　(D) 入侵偵測系統。

( ) 13. 以下哪一項技術與電腦安全最無直接關聯？

    (A) 公開金匙 (Public Key)　　　　(B) 入侵偵測 (Intrusion Detection)

    (C) 電腦防毒 (Antivirus)　　　　　(D) 資料壓縮 (Data Compression)。

( ) 14. 自然人憑證之所以可以被辨認真假，是因為憑證中？

    (A) 資料有加密　　　　　　　　　(B) 包含憑證機構（CA）對憑證的簽章

    (C) 含有身分證號碼　　　　　　　(D) 裡面含有秘密金鑰。

( ) 15. 在簽證使不能否認（Non-repudiation）之安全考量上，面對否認收發資料之安全威脅，可使用下列何種安全防護法？

    (A) 加密系統　　　(B) 數位簽章　　　(C) 時戳　　　　　(D) 身分辨識碼。

( ) 16. 數位簽章之簽署與驗證，所使用之金鑰分別為？

    (A) 送方之公鑰、收方之私鑰　　　(B) 送方之私鑰、收方之公鑰

    (C) 送方之私鑰、送方之公鑰　　　(D) 收方之公鑰、收方之私鑰

    (E) 送方之私鑰、收方之私鑰。

( ) 17. 關於對稱式與非對稱式加密之敘述，何者錯誤？

    (A) DES 是一種對稱式加密演算法

    (B) RSA 是一種非對稱式加密演算法

    (C) 非對稱式加密速度較慢

    (D) 非對稱意旨使用收方公鑰加密，用送方私鑰解密。

(   ) 18. 下列有關資訊安全的敘述，何者是錯誤的？

         (A) RSA 演算法是非對稱式加密法中常用的演算法之一

         (B) 對稱式加密法中，加、解密雙方使用的金鑰是一樣的

         (C) 對稱式密碼學的加解密的時間效率比非對稱式密碼學為佳

         (D) 對長訊息的加密而言，採用非對稱式密碼學是較佳的選擇。

(   ) 19. 如何才能確認您網路上的電腦是否為暴力密碼破解攻擊的目標？

         (A) 執行 show all access 命令

         (B) 使用防毒軟體掃描電腦

         (C) 檢查您的 window 資料夾是否有未簽署的檔案

         (D) 檢查安全性記錄檔是否有失敗的驗證。

(   ) 20. 下列哪種行為並不違反智慧財產權？

         (A) 複製有版權的軟體給他人使用   (B) 使用或張貼網路上的文章及圖畫

         (C) 推薦網上購物商品資訊與朋友   (D) 下載網上電影並分享與他人。

應 | 用 | 題

1. 請簡要說明「資訊安全三要素」。

2. 請說明如何避免電腦病毒的感染？

3. 試說明個人密碼選用的原理及如何在實務上落實。

4. 何謂資料「加密」與「解密」？說明「對稱金鑰加密法」與「非對稱金鑰加密法」之特性。

5. 數位簽章與我們的手寫簽章主要的不同何在？數位簽章在電子商務上有何用途？

6. 請說明內政部發行之自然人憑證之目的與功能。

7. 解釋名詞：

     (1) 不可否認性 (Non-repudiation)

     (2) 最小權限原則 (Principle of Least Privilege)

8. 解釋名詞：

     (1) 識別 (Identification)

     (2) 認證 (Authentication)

     (3) 授權 (Authorization)

9. 網路安全常見的威脅來源有哪些？

10. 解釋防火牆 (Fire Wall) 資料進出運作方式為何？

新思路計算機概論(第四版)

作　　者：陳維魁
企劃編輯：石辰蓁
文字編輯：江雅鈴
設計裝幀：張寶莉
發 行 人：廖文良

發 行 所：碁峰資訊股份有限公司
地　　址：台北市南港區三重路 66 號 7 樓之 6
電　　話：(02)2788-2408
傳　　真：(02)8192-4433
網　　站：www.gotop.com.tw
書　　號：AEB004300
版　　次：2023 年 05 月四版
建議售價：NT$580

商標聲明：本書所引用之國內外公司各商標、商品名稱、網站畫面，其權利分屬合法註冊公司所有，絕無侵權之意，特此聲明。

版權聲明：本著作物內容僅授權合法持有本書之讀者學習所用，非經本書作者或碁峰資訊股份有限公司正式授權，不得以任何形式複製、抄襲、轉載或透過網路散佈其內容。

版權所有 ● 翻印必究

國家圖書館出版品預行編目資料

新思路計算機概論 / 陳維魁著. -- 四版. -- 臺北市：碁峰資訊，
　2023.05
　　面；　公分
　　ISBN 978-626-324-431-3(平裝)
　　1.CST：電腦
312　　　　　　　　　　　　　　　　　　112001081

讀者服務
● 感謝您購買碁峰圖書，如果您對本書的內容或表達上有不清楚的地方或其他建議，請至碁峰網站：「聯絡我們」\「圖書問題」留下您所購買之書籍及問題。(請註明購買書籍之書號及書名，以及問題頁數，以便能儘快為您處理)
http://www.gotop.com.tw

● 售後服務僅限書籍本身內容，若是軟、硬體問題，請您直接與軟、硬體廠商聯絡。

● 若於購買書籍後發現有破損、缺頁、裝訂錯誤之問題，請直接將書寄回更換，並註明您的姓名、連絡電話及地址，將有專人與您連絡補寄商品。